福建省社会科学规划项目博士文库

Security Management of Water Resources in Chinese Agriculture

中国农业水资源安全管理

高 明◎著

社会科学文献出版社
SOCIAL SCIENCES ACADEMIC PRESS (CHINA)

出版说明

为了鼓励和支持青年社会科学工作者积极从事社会科学研究，扶持和培养一批中青年骨干和学术带头人，多出精品，多出人才，提升福建省社会科学研究总体实力和发展后劲，福建省社会科学界联合会从2010年起设立福建省社会科学规划博士文库项目，资助出版福建省社会科学类45岁以下青年学者的博士论文，推出一批高质量、高水平的社科研究成果。该项目面向全省自由申报，在收到近百本博士论文的基础上，经专家学者通讯匿名评审，择优资助出版其中10本博士论文，作为博士文库的第一辑。

福建省社会科学界联合会拟与社会科学文献出版社继续联手出版博士文库，力争把这一项目打造成为福建省哲学社会科学的特色品牌。

序

2011年中央一号文件《中共中央、国务院关于加快水利改革发展的决定》开宗明义地提出："水是生命之源、生产之要、生态之基。兴水利、除水害，事关人类生存、经济发展、社会进步，历来是治国安邦的大事。促进经济长期平稳较快发展和社会和谐稳定，夺取全面建设小康社会新胜利，必须下决心加快水利发展，切实增强水利支撑保障能力，实现水资源可持续利用。"写作《中国农业水资源安全管理》恰逢当时，其意义是不言可喻的。

水、空气和土地是构成生态环境的三个最基本的元素，也是人类赖以生存和发展的最重要的物质基础。正如《管子·水地篇》中说："水者何也？万物之本原也，诸生之宗室也，""……万物莫不以生。"随着当今出现的人口压力、资源短缺和环境恶化，如何在有限的空间内承受越来越大的资源压力，如何处理好资源开发与保护的关系，已经成为倍受关注的问题。水是生命的源泉，也是人类文明进步的基质。水丰则活，水缺则滞。水是地球上生命的基本需要，是人类生存和发展不可替代的资源，是经济和社会发展的基础。人类文明史与尼罗河、黄河、印度河等著名河流紧密相连，中国五千年沧桑变迁也与黄河、长江高度相关。

虽然地球上的水很多，但可供人们利用的淡水资源并不多，海洋水占96.57%，淡水只占3.43%，而且在淡水中冰川和永久冰雪覆盖的不易被利用的水占68.7%。早在1972年联合国人类环境会议和1977年联合国水事会议就向全世界发出警告："水短缺不久将成为一项严重的社会危机，石油危机之后的下一个危机便是水。”水资源问题已成为世界性问题，目前已有26个联合国机构参与和水有关的事务，近几年召开了数以百计的水问题国际会议。170多个国家（地区）参加的里约热内卢联合国环境与发展大会上通过的《21世纪议程》指出：“水不仅是维持地球和一切生命所必需，而且对一切社会经济部门都具有生死攸关的重要意义。”联合国环境署在2002年发布的《全球环境展望》上指出，“目前全球一半的河流水量大幅减少或被严重污染，世界上80个国家或占全球40%的人口严重缺水。如果这一趋势得不到遏制，今后30年内全球55%以上的人口将面临水荒。”同年在南非约翰内斯堡举行的可持续发展世界首脑会议上，水被列为水、能源、健康、农业和生物多样化五大可持续发展的世界性课题之首。

20世纪90年代初莱斯特·布朗（L. R. Brown）在《谁来养活中国人?》的研究报告中抛出了“中国粮食威胁”论，引发了一场范围很广的有关中国食物安全状况的争论。在1998年第4期《世界观察》上，布朗以《中国水资源的匮乏将动摇世界粮食安全》为题，再次抛出了其“中国粮食威胁”论。文章认为导致中国粮食不足的主要原因，耕地不足仅是一个方面，水的匮乏则是致命因素。冷静思考布朗所提出的水资源问题，在维护中国食物安全过程中，确实要高度保护有限的农业水资源。2003年6月，美国兰德公司高级经济顾问、胡佛研究所资深研究员沃尔夫把水资源短缺和污染列为严重影响中国经济发展的八大障碍因素中的第四位。国际公认的开发利用水资源的合理限度为40%，而我国北方的黄河、海河、淮河开发利用率都超过50%，其中海河已近90%。2030年，我国人口将达到16亿，年人均水资源量将从目前的2200立方米/人下降到1750立方米/人，落入2000~1700立方米/人的中度缺水的下限。因此，采取切实可行的措施促进水资源的可持续利用，是我国的一项重要而迫切的任务。

中国是农业大国，农业生产用水量占国家总用水量的70%以上，农业水资源短缺一直是困扰我国农业发展的瓶颈因素，尤其我国北方农业缺水形势更为严峻。但在我国农业水资源短缺的同时，又存在大量浪费！水被污染与粗放利用的现象到处可见。造成我国农业水资源危机的不仅有自然因素，也有人为原因。由于我国人口增加和耕地减少不可逆转，未来粮食的增长就只能靠单位面积产量的提高，要提高单位面积产量，重要条件之

一就是扩大灌溉面积和提高灌溉保证率，农业水资源量在一定时期内是稳定的，因此，保证农业水资源安全就成为提高农业综合生产能力的关键因素。

《中国农业水资源安全管理》正是基于以上的背景，围绕农业水资源安全是什么、农业水安全资源管理是什么样的行动、农业水资源安全管理的主体是谁、农业水资源安全管理的路径有哪些、采用什么手段进行农业水资源管理等问题进行了深入的阐述与论证。本书的主要工作体现在以下几个方面。

第一，剖析了农业水资源安全管理的难点。农业水资源属于公共池塘资源，具有使用的非排他性和消费的竞用性，在使用中会产生“拥挤效应”“公共地悲剧”和“集体行动困境”等问题。而且保护农业水资源安全的行为本身也有很强的外部性，难以通过市场途径内化，使保护者得到补偿。难点还在于：农业水资源安全管理的主体包括中央政府、各级地方政府、水利企业、政府职能部门、民间组织、农户等，是多层次和多元的；农业水资源安全管理的内容包括农业水资源本身，也包括水库、塘坝、渠道、灌溉等工程，以及水土保持、植树造林等。由此，农业水资源安全管理是一个典型意义上的奥尔森式集体行动，虽然集体是由利益相关者组成，但集体行动的逻辑并不是通常认为的那样，各主体为争取共同利益而会采取共同的集体行动，因为有时存在个人理性与集体理性的悖论。农业水资源安全事关国家发展的全局，涉及集团的整体利益，但这种集团利益具有公共性，对整个国家来讲是理性的选择，对某些经济组织和个人不一定是最优的，不同主体有着不同的行为逻辑，主体之间也会发生博弈。中央政府与地方政府、各级地方政府、流域与区域、基层政府与农户、农户与农户之间等，这些主体之间的行动不协同，正是造成农业水资源安全管理难点的根本所在。这些内容主要阐述农业水资源安全管理及其难点是什么，这是本书的逻辑起点。

第二，阐述了农业水资源安全管理的基本思路。从新中国成立到家庭联产承包这段时间，农业水资源安全管理主要表现为大规模的水利建设，依靠强制式组织动员，取得了显著的成绩。但家庭联产承包后，农民有了自主经营与就业的自由，强制式组织动员开始弱化，随着农村税费和乡镇财政体制改革，农业水资源保护和水利建设面临着新的挑战。由于政府具有“强制性”的权威、明显的组织优势，能够集中力量办大事，尤其农业水利工程建设投资时间长、经济效益低，政府的作为就不可或缺。又由于农业水资源保护是通过一系列环节完成的，如农业水资源保护、水利工程建设、节水设施与技术的应用等，有些环节是纯粹的公共物品，有些环节是俱乐部物品，有些环节是准公共物品，这样就可以利用市场机制提高农业水资源安全管理的效率，提高企业和社会经营性组织参与的积极性。农村社区通常是因自然地域形成的“地缘型”或“熟人型”社区，由同质性生产组成的社会单元体系，农民之间可以建立起共同的行为准则和互惠模式，自主组织就成为农业水资源安全管理的另一重要途径，而且可以弥补“政府失灵”和“市场失灵”的不足，相对于政府行政组织与市场机制，自主组织更容易形成“自筹资金的博弈合约”，当然，现实中也存在“自主组织失灵”。由此，实施农业水资源安全管理必须采取政府、市场和自组织三方面路径的融合，以促进农业水资源安全管理主体之间的合力生成。这些内容主要阐述农业水资源安全管理路径及其可行性，这是本书的逻辑思路。

第三，探讨了农业水资源安全的管理机制。农业水资源安全管理涉及多方主体和多种利益，需要政府、市场和社区自主组织相互配合，需要设计一系列管理机制体系，共同实施农业水资源的安全管理。合理的组织体系是农业水资源安全管理的前提，单纯依靠科层组织体系，或者参与式组织体系都不全面，必须把两者结合起来组成协同式组织体系，形成政府、市场、企业、社会组织、农民多元主体协同参与的组织体系。立法对农业水资源安全具有首要的作用，可以确定农业水资源安全管理的基本政策、原则、措施和制度。产权制度通过界定个人或团体对资源的权利边界，具有明显的优化资源配置和提高效率的功能，合理配置农业水资源初始产权，通过建立水权交易市场，可以促进农业水资源安全管理中市场机制的实施。水价在农业水资源安全管理中起到杠杆作用，调节水资源的供求关系，促进农业水资源保护和节约用水，是农业水需求管理的主要政策选择。社会资本的基本要素是信任、互惠和合作，农村社会资本是一种黏合剂，使农村社区、村民、用水协会、农村精英等，在农业水资源安全管理中变得默契。公私合作模式在“公共利益”与“私人利益”之间找到了一个结合点，有利于政府和市场功能的融合，有利于社会各方面力量参与农

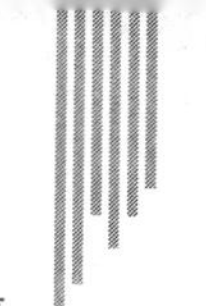

业水利建设。人与水的和谐相处是中国传统水文化的精髓，是人们的用水价值取向和用水方式的思想基础，在农业水资源安全管理中的作用是毋庸置疑的。基于以上思考，本书对农业水资源安全的立法管理、产权管理、水价管理、社会资本管理、公私合作管理和文化管理方面，进行了论证和探讨。这些内容主要阐述农业水资源安全管理的措施，这是本书的逻辑出路。

农业水资源安全的保护动力取决于人们的行为逻辑，而行为逻辑是理性人根据对内在因素与外在环境做出的判断决定的，机制可以引导人们行为逻辑的改变。本书围绕农业水资源安全管理中的“集体行动”问题，按主体利益→行为动机→激励机制→合力生成的思路，分析不同主体的行动成本和收益，构建“集体行动”合力生成的促进机制体系。从“动力”与“机制”的研究视角来探讨农业水资源安全管理这一现实问题，目的是使本书在选题定位与研究思路上有所创新。

目前关于农业水资源管理方面的论文已经较多，本书力图对农业水资源安全管理的客体、主体、思路、组织体系和机制对策等方面，进行清晰而深入的阐释，以丰富本领域的学术内涵、扩大研究视野，基于这个考虑，笔者用三年多时间写作了《中国农业水资源安全管理》。然而由于笔者的功力所限，尽管试图探索新的思维路径，也进行了多次农村实地调研，不断推敲和思索，但还是在许多方面不知不觉地陷入固有老路上去，没能达到写作之前的创新计划。本书得到众多先行学术研究的启发，笔者对列于参考文献中的作者和未能一一列出的学者表示深深的谢意！

2012. 6. 8

目　录

第1章

农业水资源安全管理的背景

1.1 农业水资源及其安全的重要性

1.1.1 水资源

人类利用水的历史，犹如人类的历史一样悠久。古希腊自然哲学家泰勒斯认为水是宇宙的本原，世界万事万物皆起源于水。与此相似，中国古代的五行学说也将水列为生命的母本，“以金、木、水、火、土杂之，以成百物”，正如《管子·水地篇》中说：“水者何也？万物之本原也，诸生之宗室也，”“……万物莫不以生。”“人，水也，男女精气合，而水流行，……凝蹇而为人。”“是以无不满，无不居也。集于天地而藏于万物，产于金石，集于诸生，故曰水神。集于草木，根得其华，华得其数，实得其量。鸟兽得之，形体肥大，羽毛丰茂，文理明著。万物莫不尽其机，反其常者，水之内度适也。”[①] 亚里士多德、黑格尔、泰勒斯等一些文学家、哲学家对水的重要性也有很好的论述。辛普里丘在《〈物理学〉注释》中描述：“每一种事物都以它们产生的东西作为营养，是很自然的，而水则是潮湿性质的本原，又是养育万物的东西。因此，水是万物的本原。”

“水”和“水资源”两词在含义上是有所区别的。地球享有“蓝色的星球或水的星球”之美称，是因为其表面绝大部分被水体包围，这只能说明水体的储量很大，但“水”不等于“水资源”。

“资源”的概念源自经济学科，是作为生产实践的自然条件和物质基础提出来的。从经济学角度而言，凡是对人类有用且数量有限（稀缺）的

① 戴望：《管子校正——诸子集成》，上海书店出版社，1986，第236~237页。

东西均可视为资源。传统上将资源分为自然资源、人力资源和资本资源三类，近年来也有人将信息视为第四类资源。自然资源一般指天然存在的自然物，如，土地、矿藏、水资源等，不包括人类加工制造的原材料。自然资源分为可再生资源及不可再生资源两类。水资源是自然资源中的重要一类，是基础性自然资源和经济资源，也是人类赖以生存的环境资源。

目前关于水资源的定义，学术界尚无公认定论。《英国大不列颠大百科全书》将水资源（Water resources）定义为“全部自然界任何形态的水，包括气态水、液态水和固态水”。这种解释适用于地球上的全部水，但在实际应用中对这种定义感到无所适从，因此1963年的《英国水资源法》，定义水资源为（地球上）具有足够数量的可用水源，该解释虽然较前科学，但仍然有泛谈之感[①]。1988年联合国教科文组织（UNESCO）和世界气象组织（WMO）给水资源下的定义是“作为资源的水应该是可供利用或可能被利用，具有足够数量与质量，并可为满足某地对水的需要而能长期、适当地供应的水源”。《中国大百科全书》的“大气科学、海洋科学”卷中的定义是“地球表层可供人类利用的水，包括水量（水质）、水域和水能资源，一般指每年可更新的水量资源”。《中华人民共和国水法》第二条规定：“本法所称水资源，是指地表水和地下水。”由此可见，水资源的定义有广义和狭义之分。

广义的水资源，指地球上水的总和。即以固态、液态和气态的形式，存在于地球表面和地球岩石圈、大气圈、生物圈之中的全部的水。地球水的总储量约为13.9亿立方千米，其中，海洋水占96.57%，淡水占3.43%。[②] 水的固态、液态和气态在太阳能驱使和日地运行规律的支配下，处于变化运动之中，存在着大体上以年为周期的水循环。水循环中最活跃的为大气降水、蒸（散）发、入渗和河川径流等，它们的年动态水量比静储量大得多。水循环中相对不活跃的为：海洋水、冰盖和深层地下水等，年动态水量只占其巨大静储量的极小部分。广义的水资源概念表达了地球上的全部水量，但忽略了水在时间、空间与质量上的差别。

---

① 薛惠锋：《水资源可持续利用的理论与实践》，西安理工大学博士后论文，1998，第9页。
② 马培衢：《农业水资源有效配置的经济分析》，中国农业出版社，2007，第13页。

狭义的水资源指在现有人类社会和技术条件下能被人类利用和对人类有价值的淡水。人类比较容易利用的淡水资源，主要是河流水、淡水湖泊水，以及浅层地下水，储量约占全球淡水总储量的 0.3%①，是直接关系人类社会生存与发展的命脉之源。地表水指河流、湖泊、水库蓄水、冰雪融水等地表水体，其输入为大气降水，输出为河川径流、水面蒸发和土壤入渗。浅层地下水包括空隙水、裂隙水、岩溶水等，是赋存于地下含水层的水体，其输入为降水和地表水的入渗，输出为河川基流、潜水蒸发和地下潜流。土壤水指赋存于土壤包气带的水量，土壤包气带处于地表和地下水面之间，其厚度是随地下水水位升降而变化的，土壤水的输入为降水和地表水的土壤入渗，输出为土壤蒸发、河川径流（土壤中流）和入渗补给地下水。陆地的地表水、土壤水和地下水，在水循环的背景下相互转化。狭义的概念考虑水资源的时间与空间、数量与质量差别，界定水资源是在现有人类社会经济和技术条件下能被人类利用和对人类有价值的淡水，强调了水资源的经济属性和社会属性。

本书是从管理角度认识水资源的，水作为资源，具有自然、社会双重属性。因此，本书认为薛惠锋（1998）的定义较为科学，水资源是指在现有经济技术条件下，能够为社会服务的具有生态价值和永续利用特性的、制约经济活动的各种水体。水资源含义必须同时兼顾经济（社会）、技术、生态三个因素。② 按照集合论的观点，水资源为：

$$D = S \cap A \cap B \cap C$$

式中：D——水资源量集合；S——地球天然产水量集合；A——利用当代技术条件可利用的水量集合；B——目前技术经济条件下可能利用的水量集合；C——生态环境允许开采利用的水集合。A、B、C、D 随着人类社会发展，在不同历史时期有不同的量值，但在一定时期内基本不变，D 就是这个时期内水资源供需平衡分析和预测的依据。

1.1.2　农业水资源

农业是指以土地资源为生产对象的部门，利用土地资源进行种植的活

① 刘芳：《流域水资源治理摸式的比较制度分析》，浙江大学博士学位论文，2010，第 33 页。

② 薛惠锋：《水资源可持续利用的理论与实践》，西安理工大学博士后论文，1998，第 10 页。

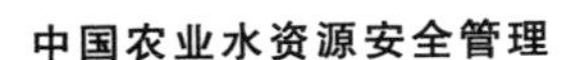

动部门是种植业；利用土地空间进行水产养殖的是水产业，又叫渔业；利用土地资源培育采伐林木的部门是林业；利用土地资源培育或者直接利用草地发展畜牧的是畜牧业；对这些产品进行小规模加工或者制作的是副业，这些都是农业的有机组成部分；对这些景观或者所在地域资源进行开发展出的是观光业，又称休闲农业。广义农业包括种植业、林业、畜牧业、渔业、副业五种产业形式。狭义农业是指种植业，包括生产粮食作物、经济作物、饲料作物和绿肥等农作物的生产活动。

本文采用狭义农业的概念，因此，农业水资源是可为农业生产使用的水资源，包括地表水、地下水和土壤水。其中，土壤水是可被作物直接吸收利用的唯一水资源形式，地表水、地下水只有被转化为土壤水后才能被作物利用。经净化处理的废污水也是一种重要的农业用水水源。大气降水被植物截留的部分也可视做农业水资源，但因其量较小（仅占全年降雨量的2.5%左右），通常被忽略。

根据调查资料，中国每年经工程调蓄、提、引为农业提供的4767亿立方米水量中，农业用水占88%，其中灌溉用水4001亿立方米，农村人畜用水137亿立方米，牧业、林业用水57亿立方米。可见农业用水中有95%用于农田灌溉。[①] 随着工农业的发展，工业用水的比例迅速增长，而随着农业结构的调整，多种经营的开展，养殖业和农村工业、副业的发展，农业用水中种植业灌溉用水的比例有减少趋势。

（1）降水

降水对农田是一种间断性的直接补给，也是农业水资源最基本的部分。在中国，年降水量大于800毫米的地区是湿润带，除降水直接提供作物生长需水外，仍需发展水利灌溉，在时间上补充雨水的不足。年降水量为400～700毫米的地区是半干旱半湿润带，降水量多集中在7～8月，需要调蓄汛期雨水所形成的地表径流，以供旱期灌溉之用。年降雨量200～400毫米的地区是干旱半干旱地带，在这类地区农业须依赖于蓄水、引水或提水工程。

（2）地表水

地表水主要是河川湖泊径流。江河在其水文动态许可范围内可为沿途

① 郑芳：《水资源的两性分析与缓解两性的相关对策》，《水利经济》2006年第2期。

提供农业用水，江河中下游平原是农业用水集中的地区，常须在河道上游修建蓄水工程，以调节水资源在时空上的不均衡。必要时可实施跨流域调水，以调剂流域间水资源的不平衡。

（3）地下水

地下水包括丘陵山区的泉水、基岩裂隙水、冲积平原地区的浅层地下水、南方喀斯特地区的岩溶水等。农业用水以开采浅层地下水为主，深层地下水一般作为应急备用水源。

农业水资源的状态往往用水安全来衡量。农业水资源安全是指水资源在质、量上能够满足农业生产的需要，能够维系良好的农业生态系统，且具有保护农业生产和生态环境不受侵害的能力。①

1.1.3　我国农业水资源安全的重要性

农业水资源是农业发展的基础和条件，是农业生产中必需的、无法被其他要素替代的要素。20 世纪 90 年代初莱斯特·布朗（L. R. Brown）在《谁来养活中国人?》的研究报告中抛出了“中国粮食威胁”论，引发了一场范围很广的有关中国食物安全状况的争论。在 1998 年第 4 期《世界观察》上，布朗先生以《中国水资源的匮乏将动摇世界粮食安全》为题，再次抛出了其“中国粮食威胁”论。文章认为导致中国粮食不足的主要原因，耕地不足仅是一个方面，水的匮乏则是致命因素（布朗，1998）。冷静思考布朗所提出的水资源问题，在维护中国食物安全过程中，确实要高度重视、保护、开发和利用好有限的农业水资源。

由于我国人口增加和耕地减少不可逆转，我国未来粮食的增长就只能靠单位面积产量的提高。要提高单位面积产量，重要条件之一就是扩大灌溉面积和提高灌溉保证率，但是由于农业水资源量在一定时期内是稳定的，农业可用水量零增长或负增长的趋势是难以避免的。因此，保护农业水资源就成为提高农业综合生产能力的关键任务。

根据侯东民（2002）的研究，2020 年我国粮食需求为 6176 亿公斤，2030 年为 6818 亿公斤，为满足这样的需求，我国粮食生产的年增长率要在 1.4% 以上。

---

① 关于农业水资源安全的内涵与外延将在第二章中进一步论述。

表 1－1　2020～2030 年粮食供需平衡表

单位：亿公斤

项　目		2020 年	2030 年
需求量		6176	6818
供给量	1% 增长速度 生产量 差额	 5267 －382	 6373 －445
	1.2% 增长速度 生产量 差额	 6062 －114	 6789 －29
	1.4% 增长速度 生产量 差额	 6340 ＋164	 7227 ＋409

资料来源：侯东民：《寻求战略突破：破解中国粮食安全问题》，中国环境科学出版社，2002，第 1 页。

我国农业用水占总用水量的主要部分，如 1998 年我国总用水量 5435 亿立方米，其中农田灌溉用水占 64.3%，林牧渔用水占 5.0%，农村生活用水占 5.3%。各流域片的用水情况是：松辽河片用水量 624 亿立方米，农业占 72.4%；海河片用水量 424 亿立方米，农业占 72.5%；黄河片用水量 395 亿立方米，农业占 77.9%；淮河片用水量 567 亿立方米，农业占 72.2%；长江片用水量 1663 亿立方米，农业占 58.5%；珠江片用水量 837 亿立方米，农业占 65.0%；东南诸河片用水量 308 亿立方米，农业占 65.3%；西南诸河片用水量 82 亿立方米，农业占 78.9%；内陆河片用水量 536 亿立方米，农业占 94.6%。① 增加灌溉面积是增加粮食的关键，灌溉面积的增加必然引起农业需水的增加，如果灌溉面积发展到 9 亿亩，用水量将从现在的 4000 亿立方米增长到 6650 亿立方米。从目前我国的水资源供应条件来看，实现 6650 亿立方米供给非常困难。这就需要在增加农业水资源供给的同时，改变农业用水模式，推行农业节水，提高灌溉水的利用系数和水分生产率。

① 姜文来、罗其友：《农业水资源现代化管理》，《农业现代化研究》2001 年第 1 期。

表 1－2　1949 年以来我国用水增长情况

单位：亿立方米，%

统计年份	农业与农村生活		工　业		城市生活		总计
	用水量	所占比例	用水量	所占比例	用水量	所占比例	
1949	1000	97.1	24	2.3	6	0.6	1030
1959	1940	94.6	96	4.7	14	0.7	2050
1965	2545	92.7	181	6.6	18	0.7	2744
1980	3912	88.2	457	10.3	68	1.5	4437
1993	4055	78.0	906	17.4	237	4.6	5198
1997	4198	75.3	1121	20.2	247	4.5	5566
2000	4075	74.1	1139	20.7	284	5.2	5498
2006			1335	23.3			5716

资料来源：《水利部统计公报》（2002 年、2006 年）

2011 年中央一号文件《中共中央、国务院关于加快水利改革发展的决定》开宗明义地提出："水是生命之源、生产之要、生态之基。兴水利、除水害，事关人类生存、经济发展、社会进步，历来是治国安邦的大事。促进经济长期平稳较快发展和社会和谐稳定，夺取全面建设小康社会新胜利，必须下决心加快水利发展，切实增强水利支撑保障能力，实现水资源可持续利用。近年来我国频繁发生的严重水旱灾害，造成重大生命财产损失，暴露出农田水利等基础设施十分薄弱，必须大力加强水利建设。""新中国成立以来，特别是改革开放以来，党和国家始终高度重视水利工作，领导人民开展了气壮山河的水利建设，取得了举世瞩目的巨大成就，为经济社会发展、人民安居乐业作出了突出贡献。但必须看到，人多水少、水资源时空分布不均是我国的基本国情水情。洪涝灾害频繁仍然是中华民族的心腹大患，水资源供需矛盾突出仍然是可持续发展的主要瓶颈，农田水利建设滞后仍然是影响农业稳定发展和国家粮食安全的最大硬伤，水利设施薄弱仍然是国家基础设施的明显短板。随着工业化、城镇化深入发展，全球气候变化影响加大，我国水利面临的形势更趋严峻，增强防灾减灾能力要求越来越迫切，强化水资源节约保护工作越来越繁重，加快扭转农业主要'靠天吃饭'局面任务越来越艰巨。2010 年西南地区发生特大干旱、多数省区市遭受洪涝灾害、部分地方突发严重山洪泥石流，再次警示我们加快水利建设刻不容缓。""水利是现代农业建设不可或缺的首要条

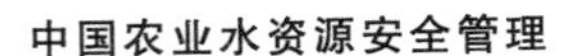

件，是经济社会发展不可替代的基础支撑，是生态环境改善不可分割的保障系统，具有很强的公益性、基础性、战略性。加快水利改革发展，不仅事关农业农村发展，而且事关经济社会发展全局；不仅关系到防洪安全、供水安全、粮食安全，而且关系到经济安全、生态安全、国家安全。”这是对农业水资源安全战略性的集中点题。农业水资源是现代农业发展的基础和条件，也是实现小康社会的核心资源。

1.2 我国水资源的状况

1.2.1 世界水资源概况

（1）世界水资源总量

地球表面70%以上被海水覆盖。地球上共有13.9亿立方千米的水。其中海洋水占96.5%，它虽然为人类提供了海洋生物资源，但作为咸水还不能大量用于农业生产。人类比较容易利用的淡水资源，主要是江河水、淡水湖泊水，以及浅层地下水，其储量仅占地球淡水总储量的1%左右。虽然我们生活在一个“水世界”，可真正能被直接用于工农业生产和生活的水比例很低。

表1-3 全球水量情况

单位：10^3立方千米，%

		体积	占全球水量的百分比	占全球淡水资源总量的百分比
海洋		1338000	96.5	
地下水		23400	1.7	
	淡水	10530	0.76	30.1
	土壤水	16.5	0.001	0.05
冰川与永久冰雪覆盖		24064	1.74	68.7
	南极	21600	1.56	61.7
	格凌兰	2340	0.17	6.68
	北极	83.5	0.006	0.24
	山区	40.6	0.003	0.12

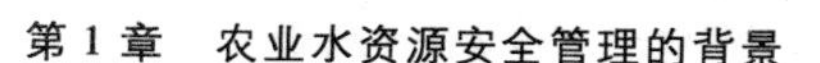

续表

	体积	占全球水量的百分比	占全球淡水资源总量的百分比
冰冻带底冰	300	0.022	0.86
湖泊水	176.4	0.013	
淡　水	91	0.007	0.26
咸　水	85.4	0.006	
沼泽水	11.47	0.0008	0.03
河水	2.12	0.0002	0.006
生物水	1.12	0.0001	0.003
大气水	12.9	0.001	0.04
总　计	1385984	100	

资料来源：Shiklomanov. l. World Fresh Water Resoures, Chap. 2 in P. Gleik (ed.), *Water in Crisis*, 1993。

（2）世界水资源的形势

第二次世界大战以后，世界经济发展突飞猛进，用水量急剧增加。全世界用水量 1900 年为 5790 亿立方米，1950 年为 13600 亿立方米，50 年中增加了 2.3 倍多，到 1980 年为 33200 亿立方米，是 1900 年的 5.7 倍。在 1900 ~ 1980 年的 80 年中，农业用水增加了近 3.4 倍，而工业用水增加了 19.6 倍。从图 1 - 1 可以看出，1940 年以后，用水量增加速度明显提高。人们通常认为用水量的增长与人口增长同步，实际上，20 世纪全球用水量增长超过人口增长的速度，特别是 1940 年以后，用水量增长速度是人口增长速度的 3 倍。① 随用水量的增加，各地区的水资源开发进度也在加快（见图 1 - 2）。

在用水量快速增加的同时，水环境恶化程度也在增加，使缺水状况更加突出，1980 年之后，全球水资源污染成为世界性难题。1999 年 11 月在荷兰海牙召开的 21 世纪世界水资源委员会论坛，向境内有河流的国家发出警告：世界上有半数以上的大江大河状况不佳，正在受到越来越严重的污染，河床和沿岸的土地使用不当和过度开发，使河流本身水质恶化、河流周围的生态环境系统遭到破坏，使河流流域内人民的身体健康以及农业

① Falkenmark, M. and Biswas, A. K, Further Momentum to Water Issues: Comprehensive Water Problem Assessment, *Ambio*, 22 (8), 1995.

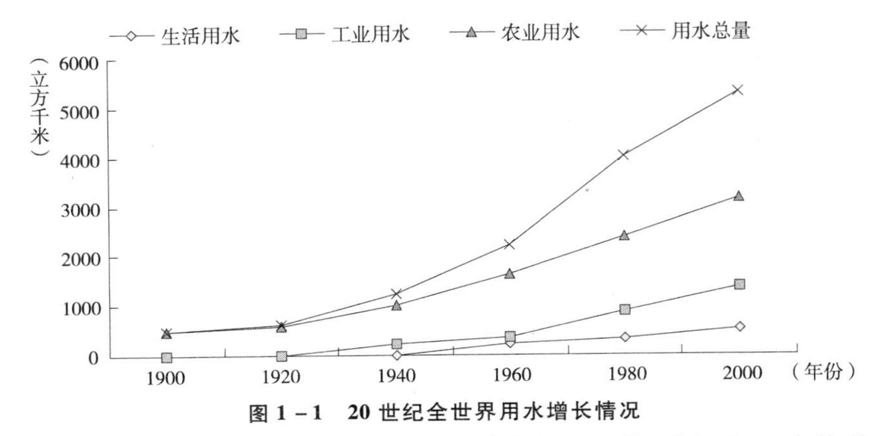

图 1－1　20 世纪全世界用水增长情况

资料来源：Biswas. A. K.，Water Development and Environment Chap. 1 in Biswas（ed）*Water Resouces Handbook*. 1997。

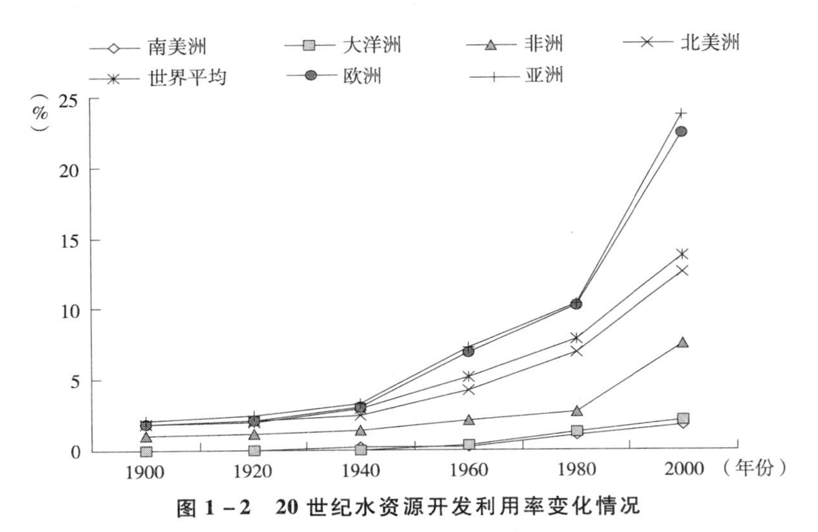

图 1－2　20 世纪水资源开发利用率变化情况

资料来源：Biswas. A. K.，Water Development and Environment Chap. 1 in Biswas（ed）*Water Resouces Handbook*. 1997。

灌溉、工业生产甚至饮用水都受到极大威胁。1992 年第一次世界环境与发展大会也指出，“世界上能逃脱淡水潜在供应来源丧失、水质下降和地表水与地下水源污染等问题的地区寥寥无几。”

2000 年 3 月第二届世界水资源论坛的资料显示，全世界水资源问题相当严重，尤其在中东、非洲和亚洲部分地区状况堪忧。全球 80 个国家约

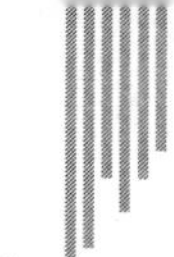

15 亿人口淡水供应不足，26 个国家 3 亿人口生活严重缺水，约有 10 亿人无条件使用清洁水，20 亿人口没有合适的卫生环境，每年有包括儿童在内的数百万人死于与水有关的疾病。21 世纪世界水资源委员会论坛发表的报告指出：由于河流遭到污染，水资源日益枯竭，1999 年产生了 2500 万“环境难民”，在数量上首次超过了由于战乱而产生的 2100 万难民。[①] 在 2001 年 3 月 22 日世界水日上，科菲·安南发表了《水的安全——人类的基本需要的权利》的献词，认为水安全是人类的基本需要，也是人类的基本权利，污水危害人类的身体健康和社会进步，是对人类尊严的侵犯。2010 年 9 月 5 瑞典斯德哥尔摩国际水研究所所长安德斯·伯恩特尔在“世界水周”上说：“我们以往从量的角度讨论水问题，比如，如何能让更多的人拥有水资源等，但我们还没有对水的质量给予足够的重视。我认为现在是聚焦水质的时候了。”

1.2.2　我国水资源状况

（1）人均量少

根据水利部于 1986 年完成的全国水资源评价研究成果，我国多年平均年径流总量为 27115 亿立方米，年均地下水资源量为 8288 亿立方米，扣除重复计算，多年平均水资源总量为 28124 亿立方米。我国河川径流居世界第 6 位，约占全球河川径流量的 5.8%，平均径流深度为 184 毫米，居世界第 7 位。[②] 因此，我国河川径流总量是比较丰富的。

表 1－4　2000～2009 年中国水资源情况

单位：亿立方米，立方米/人

年　份	水资源总量	其　中			人均水资源量
		地表水资源量	地下水资源量	地表水与地下水重复量	
2000	27700.8	26561.9	8501.9	7363.0	2193.9
2001	26867.8	25933.4	8390.1	7455.7	2112.5
2002	28261.3	27243.3	8697.2	7679.2	2207.2

① 柳宽：《21 世纪世界水资源委员会论坛最新警告》，《水科学与工程技术》，2000 年第 1 期。

② 荣华：《郊区小住宅生态技术应用研究》，同济大学硕士学位论文，2006，第 5 页。

续表

年　份	水资源总量	其　中			人均水资源量
		地表水资源量	地下水资源量	地表水与地下水重复量	
2003	27460.2	26250.7	8299.3	7089.9	2131.3
2004	24129.6	23126.4	7436.3	6433.1	1856.3
2005	28053.1	26982.4	8091.1	7020.4	2151.8
2006	25330.1	24358.1	7642.9	6670.8	1932.1
2007	25255.2	24242.5	7617.2	6604.5	1916.3
2008	27434.3	26377.0	8122.0	7064.7	2071.1
2009	24180.2	23125.2	7267.0	6212.1	1816.2

资料来源：《中国统计年鉴》（2010），第298页。

虽然我国水资源总量比较丰富，但按人均和耕地面积分配，水资源数量却极为有限。按耕地面积平均，每公顷耕地占有径流量为28320立方米，仅为世界平均的80%。年平均每人占有的径流量为2260立方米，仅为世界平均10800立方米的20.9%，列世界第109位，约相当英国每人平均占有量的1/6，巴西的1/19，加拿大的1/58。尤其是我国华北地区的海滦河流域，人均占有水资源量仅为367立方米，与世界最缺水的以色列（382立方米）、沙特阿拉伯（254立方米）相近。[①] 按照国际公认的标准，人均水资源量低于3000立方米为轻度缺水；低于2000立方米为中度缺水；低于1000立方米为严重缺水；低于500立方米为极度缺水。我国有16个省（区、市）人均水资源量（不包括过境水）低于严重缺水线，有6个省、区（宁夏、河北、山东、河南、山西、江苏）人均水资源量低于500立方米。[②]

（2）时空分布不均

从空间上看，中国水资源南北相差悬殊，北方水资源贫乏，南方水资源相对丰富。长江及其以南地区的流域面积占全国总面积的36.5%，却拥有占全国80.9%的水资源总量，西北地区面积占全国的1/3，拥有的水资源量仅占全国的4.6%。[③] 按面积平均，北方的水资源量远远低于全国平均

① 肖长来：《水文地质学》，清华大学出版社，2011，第11页。

② 石玉波：《我国水资源面临的形势与挑战》，《中国经济信息》2007第6期。

③ 朱雪宁：《我国水资源短缺的原因》，《经济研究参考》2006第61期。

水平，如海滦河区仅为全国平均的 1/2；黄河区还不到全国平均值的 1/3。

南方长江、珠江、浙闽台诸河、西南诸河等四个流域片，平均年径流深均超过 500 毫米，其中浙闽台诸河超过 1000 毫米，淮河流域平均年径流深 225 毫米，黄河、海河、辽河、黑龙江四个流域片平均年径流深仅有 100 毫米，内陆诸河平均年径流深更小，仅 32 毫米。从水资源总量产水模数看，南方四个流域片平均为 65.4 万立方米/平方公里，北方六个流域片平均为 8.8 万立方米/平方公里，南北方相差 7.4 倍。全国以浙闽台诸河流域片平均年产水模数 108.1 万立方米/平方公里为最大，内陆河流域片平均年产水模数 3.6 万立方米/平方公里为最小，前者为后者的 30 倍。20 世纪 90 年代黄河进入了枯水期，中上游来水偏少，黄河下游断流的频次、历时和河长不断增加。1997 年黄河出现了近 50 年来的最枯水年份，中上游来水比正常年份偏少一半左右，黄河下游断流 13 次，断流河段长达 704 公里，有的河段断流时间长达 226 天。

水资源年际年内变化很大。我国南方地区最大年降水量与最小年降水量的比值达 2～4 倍，北方地区达 3～6 倍；最大年径流量与最小年径流量的比值，南方为 2～4 倍，北方为 3～8 倍。南方汛期水量可占年水量的 60%～70%，北方汛期水量可占年水量的 80% 以上。大部分水资源量集中汛期以洪水的形式出现，资源利用困难，且易造成洪涝灾害。南方伏秋干旱，北方冬春干旱，降水量少，河道流量枯竭（北方有的河流断流）。我国水资源量的年际差别悬殊和年内变化剧烈，是我国农业生产不稳定、水旱灾害频繁的根本原因。

径流量的逐年变化存在明显的丰平枯水年交替出现及连续数年为丰水段和枯水段的现象，径流年际变化大与连续丰枯段的出现，使我国经常发生旱、涝及连旱、连涝现象。径流年内分配不均匀状况可用集中度和集中期表述，即径流量年内分配集中的程度和最多水出现的时间。全国集中度自东而西、自南而北逐渐增高。集中期南方出现在 7 月中旬至 8 月初，华北部分径流出现在 9 月。短期集中的径流往往造成洪水，而受台风影响，东南沿海及岛屿的河流会出现秋汛，北方大多数河流春季径流量少①。

---

① 水利电力部水文局：《中国水资源评价》，水利电力出版社，1987，第 188～191 页。

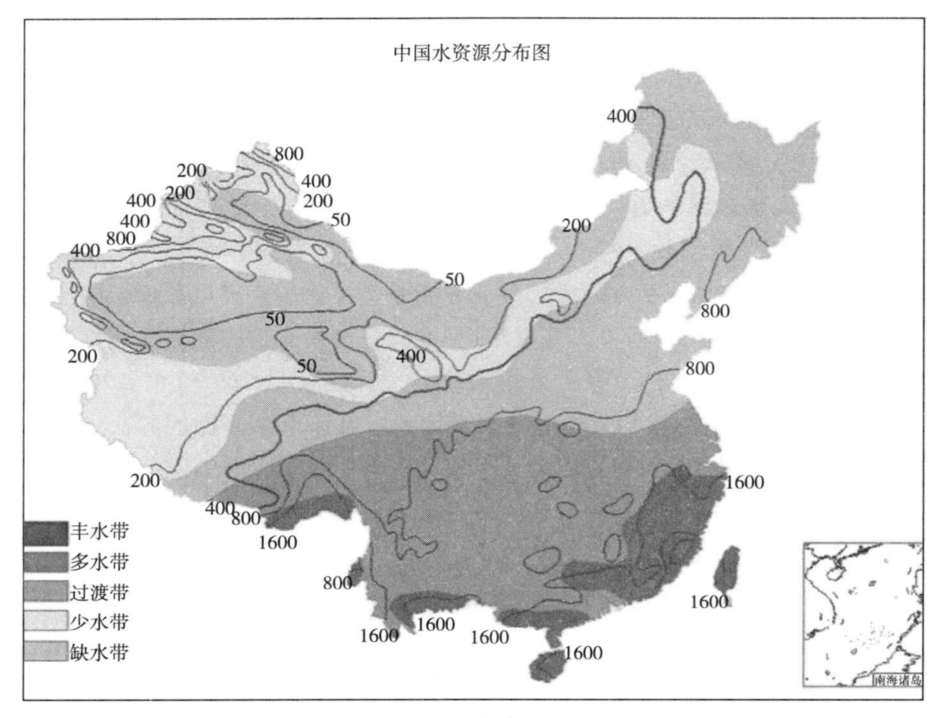

图 1－3　中国水资源分布图

（3）水资源分布与人口、土地资源配置不相称

我国北方流域片人口占全国总人口的2/5强，但水资源占有量不足全国水资源总量的1/5，南方四个流域片[①]，耕地占全国的36%，人口占全国的54.4%，拥有的水资源量却占到全国的81%，特别是其中的西南诸河流域，耕地只占全国的1.8%，人口只有全国的1.5%，而水资源量占全国的20.8%，人均占有水资源量为全国平均占有量的15倍。北方片人均水资源拥有量为1127立方米，仅为南方片的1/3。华北区人口稠密，人口占全国的26%，但水资源量只占全国的6%，人均水量仅为556立方米，不足全国人均的1/4，是全国缺水最为严重的地区之一。辽河、海河、黄河、淮河四个流域片，耕地为全国的45.2%，人口为全国的38.4%，而水资源量仅有全国的9.6%。西南区人口不足全国的20%，而水资源量却占全国

① 具体包括的区域见下表。

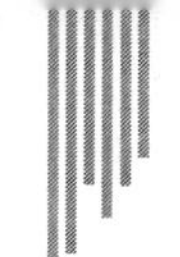

的 46%，人均水量高达 5722 立方米，是华北地区的 10 倍。

表 1－5　中国水资源与人口、耕地的组合状况

片名	区名	省、市、区	水资源总量（亿立方米/年）	人口		耕地	
				数量（万人）	人均水量（立方米/人）	面积（万公顷）	每公顷水量（立方米/公顷）
北方片	东北区	黑龙江	775.8	3543	2189.7	883.1	8785.5
		吉林	390.0	2483	1570.7	393.9	9900.0
		辽宁	363.2	3967	915.6	346.7	10476.0
		小计平均	1529.0	9993	1530	1623.8	9417.0
	占全国比例（%）		5.56	8.76		16.97	
	华北区	北京	40.8	1086	375.7	41.3	9885.0
		天津	14.6	884	165.2	43.1	3384.0
		河北	236.9	6159	284.6	655.6	3613.5
		内蒙古	506.7	2163	2342.6	496.6	10204.5
		山西	143.5	2899	495.0	369.3	3886.5
		山东	335.0	8493	394.4	658.3	4884.0
		河南	407.7	8649	471.4	693.3	5880.0
		小计平均	1685.2	30333	555.6	2984.4	5646.0
	占全国比例（%）		6.14	26.01		31.19	
	西北片	陕西	441.9	3316	1332.6	353.3	12508.5
		甘肃	274.3	2255	1216.4	347.6	7890.0
		宁夏	9.9	470	210.6	79.6	1243.5
		新疆	882.8	1529	5773.7	308.7	28600.5
		青海	626.2	448	13977.7	57.8	10841.4
		小计平均	2235.1	8018	2787.6	1147.0	19486.5
	占全国比例（%）		8.14	7.03		11.99	
南方片	西南区	四川	3133.8	10840	2900.6	629.6	49752.0
		贵州	1035.0	3268	3167.1	185.4	55819.5
		云南	2221.0	3731	5952.8	284.5	78055.5
		广西	1880.0	4261	4414.5	259.6	72421.5
		西藏	4482.0	222	201892	22.2	2016496.5
		小计平均	12751.8	22286	5721.9	1381.7	92292.0
	占全国比例（%）		46.44	19.55		14.44	

续表

片名	区名	省、市、区	水资源总量（亿立方米/年）	人口		耕地	
				数量（万人）	人均水量（立方米/人）	面积（万公顷）	每公顷水量（立方米/公顷）
南方片	东南区	上海	26.9	1337	201.2	32.3	8320.5
		江苏	325.4	6767	480.9	455.8	7140.0
		安徽	676.8	5675	1192.6	436.6	15504.0
		湖北	981.2	5439	1804	347.7	28221.0
		湖南	1626.6	6128	2654.4	331.2	49110.0
		江西	1422.4	3810	3733.3	235.0	60540.5
		浙江	897.1	4168	2152.3	172.3	52054.5
		福建	1168.7	3037	3848.2	123.6	94519.5
		广东、海南	2134.1	7009	3044.8	296.0	72106.5
		小计平均	9259.2	43370	2134.9	2430.5	38097.0
	占全国比例（%）		33.72	38.04		25.4	
全国			27460.3	114000	2408.8	9567.3	
北方片			5449.3	48344	1127.2	5755.2	
北方片占全国比例			19.84	42.41		60.15	
南方片			22011.0	65656	3352.5	3812.2	
南方片占全国比例			80.16	57.59		39.85	

资料来源：刘昌明、何希吾：《中国21世纪水问题方略》，科学出版社，1998，第5页。

各地区水资源分布与经济发展状况也极不相称，从表1－5中可以看出，东北和华北水资源总量仅分别占全国的5.56%和6.14%，但其工农业产值分别占全国的10.92%和26.86%，而西南水资源总量占全国的46.44%，其工农业总产值却仅占全国10.28%。南方片耕地每公顷水量为28695立方米，而北方只有9465立方米，前者是后者的3倍；西南区耕地每公顷水量高达92292立方米，而最少的华北只有5646立方米，前者是后者的16倍多；华北地区土地平坦，土地垦殖率达到16.2%，而西南仅5.4%，华北地区除内蒙古以外，水资源开发程度已经达到70%以上[①]。

（4）水资源质量不高

根据2008年中国水资源公报[②]，2008年国家对约15万公里的河流水

① 刘昌明：《中国21世纪水问题方略》，科学出版社，1998，第3～6页。

② 水利部：《2008年中国水资源公报》，《中国水利报》2009年9月13日第1版。

质进行了监测评价，Ⅰ类水河长占评价河长的 3.5%，Ⅱ类水河长占 31.8%，Ⅲ类水河长占 25.9%，Ⅳ类水河长占 11.4%，Ⅴ类水河长占 6.8%，劣Ⅴ类水河长占 20.6%。全国全年Ⅰ～Ⅲ类水占河长比例为 61.2%。各水资源一级区中，西南诸河区、西北诸河区、长江区、珠江区和东南诸河区水质较好，符合和优于Ⅲ类水的河长仅占 95%～64%；海河区、黄河区、淮河区、辽河区和松花江区水质较差，符合和优于Ⅲ类水的河长仅占 35%～47%。

2008 年对 44 个湖泊水质的监测评价显示，水质符合和优于Ⅲ类水的面积占 44.2%，Ⅳ类和Ⅴ类水的面积共占 32.5%，劣Ⅴ类水的面积占 23.3%。对 44 个湖泊的营养状态进行评价，1 个湖泊为贫营养，中营养湖泊有 22 个，轻度富营养湖泊有 10 个，中度富营养湖泊有 11 个。

2008 年对全国 298 个省界断面水质的监测评价显示，水质符合和优于地表水Ⅲ类标准的断面数占总评价断面数的 44.6%，水污染严重的劣Ⅴ类水占 27.5%。各水资源一级区中，省界断面水质较好的是西南诸河区和东南诸河区，淮河区、海河区、辽河区省界断面水质较差。省界断面的主要超标项目是化学需氧量、高锰酸盐指数、氨氮、五日生化需氧量和挥发酚等。

2008 年全国监测评价水功能区 3219 个，按水功能区水质管理目标评价，全年水功能区达标率为 42.9%，其中一级水功能区（不包括开发利用区）达标率为 53.2%，二级水功能区达标率 36.7%。在一级水功能中，保护区达标率为 65.5%，保留区达标率为 67.7%，缓冲区达标率为 25.9%。

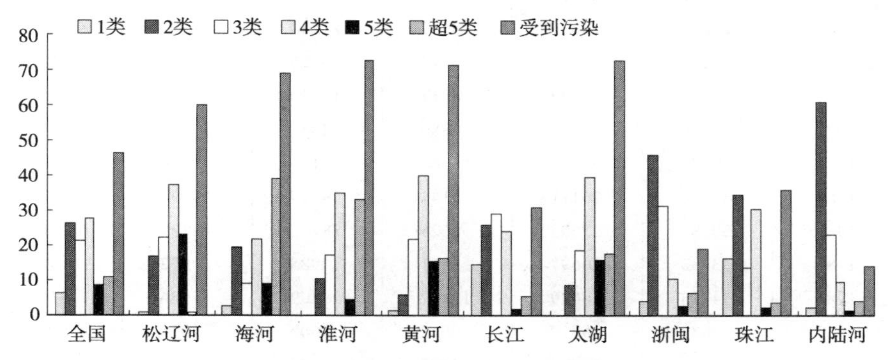

图 1－4　全国主要河流各类水质的比例

1.3 我国农业水资源短缺与浪费同时存在

农业是我国最大的用水部门。2008 年全国总用水量 5910 亿立方米，其中生活用水占 12.3%，工业用水占 23.7%，农业用水占 62.0%，生态与环境补水（仅包括人为措施供给的城镇环境用水和部分河湖、湿地补水）占 2.0%。农业水资源匮乏，农业发展受到限制，与此同时，农业水资源一直低水平利用，浪费现象严重。

1.3.1 农业水资源安全保障低

我国是一个旱灾频繁的农业大国，干旱缺水造成的灾害较其他自然灾害影响范围广，对农业生产影响最大。根据 1952～2009 年的资料统计，我国年平均干旱受灾面积为 2085.1 万公顷，严重的干旱缺水给农村生产、生活和生态环境造成重大损失，尤其是经常受旱的北方地区，水资源紧缺成为制约农业生产的重要因素之一。

表 1－6 农业受灾和成灾面积

单位：千公顷

年份	受灾面积	其中		成灾面积	其中	
		旱灾	洪涝灾		旱灾	洪涝灾
1952	9137	4236	2794	4433	2589	1844
1957	29149	17205	8083	14983	7400	6032
1962	37175	20808	9810	17286	8691	6318
1965	20804	13631	5587	11223	8107	2813
1970	9974	5723	3129	3295	1931	1234
1975	35379	24832	6817	10239	5319	3467
1978	50790	40170	2850	24457	17970	2012
1979	39370	24650	6760	15120	9320	2870
1980	44526	26111	9146	29777	14174	6070
1981	39786	25693	8625	18743	12134	3973
1982	33133	20697	8361	15985	9972	4397
1983	34713	16089	12162	16209	7586	5747
1984	31887	15819	10632	15607	7015	5395
1985	44365	22989	14197	22705	10063	8949

续表

年　份	受灾面积	其　中		成灾面积	其　中	
		旱灾	洪涝灾		旱灾	洪涝灾
1986	47135	31042	9155	23656	14765	5601
1987	42086	24920	8686	20393	13033	4104
1988	50874	32904	11949	23945	15303	6128
1989	46991	29358	11328	24449	15262	5917
1990	38474	18175	11804	17819	7805	5605
1991	55472	24914	24596	27814	10559	14614
1992	51333	32980	9423	25895	17049	4464
1993	48829	21098	16387	23133	8657	8611
1994	55043	30425	17329	31383	17049	10744
1995	45821	23455	12731	22267	10401	7604
1996	46989	20151	18146	21233	6247	10855
1997	53429	33516	11415	30307	20012	5839
1998	50145	14236	22292	25181	5060	13785
1999	49981	30156	9020	26731	16614	5071
2000	54688	40541	7323	34374	26784	4321
2001	52155	38472	6042	31743	23698	3614
2002	47119	22207	12378	27319	13247	7474
2003	54506	24852	19208	32516	14470	12289
2004	37106	17253	7314	16297	8482	3747
2005	38818	16028	10932	19966	8479	6047
2006	41091	20738	8003	24632	13411	4569
2007	48992	29386	10463	25064	16170	5105
2008	39990	12137	6477	22283	6798	3656
2009	47214	29259	7613	21234	13197	3162

资料来源：《中国统计年鉴》（2004 –2010）。

2009 年春，我国北方地区遭遇历史罕见旱灾。灾情最严重时，全国受旱耕地直逼 3 亿亩，近 43% 的小麦产区受旱，442 万人、222 万头大牲畜饮水吃紧，冀、鲁、豫、皖、晋、陕、甘等冬小麦主产省旱情最重。多省发布红色干旱预警，国家防总也拉响了历史上首次“Ⅰ级抗旱应急响应”。[①]

① 秦兰兰：《农业水资源利用限额管理制度研究》，山东农业大学硕士学位论文，2009，第 11 页。

2009年入秋后，西南地区降水持续偏少，至2010年3月下旬，云南、贵州、广西、四川和重庆5省（自治区、直辖市）大部降雨总量与多年同期相比偏少5成，部分地区偏少7成以上，接近或低于历史最小值。云南省的昆明、楚雄、曲靖等地7个月累计降水量不足100毫米，贵州省西南部分地区连续235天无有效降雨，四川攀西地区连续无雨日达160多天。据统计，2010年全国耕地累计受旱面积3.98亿亩，农作物受灾面积1.99亿亩、成灾面积1.35亿亩、绝收面积4008万亩。全国因旱造成粮食损失168亿公斤、经济作物损失388亿元，因旱直接经济总损失1509亿元。全年共有3335万人、2441万头大牲畜因旱发生饮水困难。①

2010年我国重旱区主要集中在西南地区和华北北部地区，云南、贵州、广西、重庆、四川、内蒙古、山西、河北及甘肃9省（自治区、直辖市）农作物受灾面积、绝收面积、人畜因旱饮水困难数量的合计值占全国的7成以上。这些区域受旱持续时间长，其中云南、贵州、广西的重旱区持续受旱时间长达半年，为历史罕见，内蒙古重旱区受旱时间也达3个多月。2010年严重干旱造成西南5省（自治区、直辖市）粮食作物绝收1810万亩，粮食减产350万吨，导致1297万人一度缺粮，经济作物绝收592万亩，损失190亿元。据评估，西南5省（自治区、直辖市）因旱直接经济损失达769亿元，相当于5省（自治区、直辖市）2009年GDP总和的2%；其中云南、贵州两省直接经济损失分别达478.5亿元和139.6亿元，相当于2009年两省GDP的7.8%和3.5%。内蒙古有871万亩作物因旱绝收，有46.7万平方公里草场受旱，导致4万多头牲畜缺水缺料死亡。②

2011年夏季云南全省共有25个县降水突破历史最少纪录，8月下旬也没有较大降水过程，旱区大部分旱情持续加重。持续的夏旱给灾区群众生活以及工农业生产造成极大困难，严峻形势和严重程度甚至超过2010年的“百年大旱”。③

2011年中国粮食总产量达到5.7亿吨，如果按照粮食生产的水分利用

---

① 国家防办：《2010年全国旱灾及抗旱行动情况》，《中国防汛抗旱》2011年第1期。

② 国家防办：《2010年全国旱灾及抗旱行动情况》，《中国防汛抗旱》2011年第1期。

③ http：//www.sina.com.cn，2011年8月15日中国广播网。

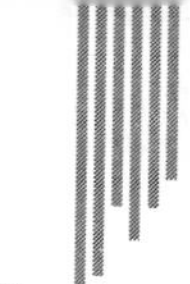

效率为 1 公斤/立方米，生产 1 吨粮食要消耗 1000 立方米水，全国每年粮食生产用水至少需要 5700 亿立方米；预计到 2030 年，中国人口总数将达到 16 亿，粮食需求也将提高到 6500 亿公斤以上。假定 2030 年灌溉用水量比 21 世纪初期的灌溉用水量（约 3600 亿吨）略有增长即达到 4000 亿吨，以目前的水分利用系数和水分生产率来计算，将无法生产出届时所需的 6500 亿公斤粮食。①

1.3.2　农业水资源浪费严重

我国在农业水资源紧缺的同时，还存在着严重的用水浪费现象，灌溉用水有效利用率仅有 25%～40%。农业长期采用粗放型灌溉方式，灌溉水量超过农作物生产所需要水量的 1/3 甚至 1 倍以上。我国农业灌溉平均每亩用水 488 立方米，农灌用水利用系数仅为 0.43，而许多国家已达到 0.7～0.8；有效利用率仅有 40%～50%，而许多发达国家已达到 70%～80%。② 很多地区还存在大水漫灌现象。在我国 8.2 亿亩的灌溉面积中，渠灌面积约占 75%，井灌面积约占 25%，灌溉水利用率总体不高，渠灌区灌溉水的利用率约为 0.45，这意味着 55% 的水即每年有 1800 多亿立方米的水在输水过程中由于渗漏或蒸发损失了③。农业用水效率方面，我国平均单方灌溉水粮食产量约为 1 公斤，而世界上先进水平的国家（如以色列）平均单方灌溉水粮食产量达到 2.5～3.0 公斤。全国总长超过 300 万公里的灌区渠道中 80% 为土渠（刘宁，2007），渠道每年的渗漏损失约为 1700 亿立方米，占总用水量的 40% 以上。同时，大部分地区仍然采取串灌、漫灌、大块灌等粗放型的水资源利用方式，渠道输水损失大，田间灌水过程中有近一半的水渗漏、蒸发掉了，水分田间利用率不足 50%，真正被农业利用的只是灌溉总水量的 1/3 左右。④

---

① 马培衢：《农业水资源有效配置的经济分析》，中国农业出版社，2007，第 19 页。

② 高余：《中国农业水资源保护的法律调控》，法律教育网，2011。

③ 谢西玲：《农户采纳节水灌溉技术的影响因素及其对策研究》，华中农业大学硕士学位论文，2008。

④ 马培衢：《农业水资源有效配置的经济分析》，中国农业出版社，2007，第 19 页。

第 2 章

农业水资源安全管理的客体

管理客体是指受管理权支配的被动方面，包括管理资源、工作要素、社会环境、自然条件等方面，既表现为静态事物，也表现为动态活动。管理客体不是某一孤立的事物，而是由多种成分构成的复合体，是由人和环境因素组成的一个处于变化中的开放系统。因此，进行科学的管理，就应该对管理客体的一切方面进行研究和系统分析。农业水资源管理是指运用法律、行政、经济、技术等手段对农业水资源的分配、开发、利用、调度和保护进行管理，以满足农业生产发展需要的各种活动的总称。因此，进行农业水资源安全管理首先要分析其管理的客体。

2.1　农业水资源系统

任何系统都具有一定的内部结构和一定的外部功能，系统结构与系统功能是相联系的。农业水资源系统是以水为主体的、具有一定结构和功能的特定系统。研究农业水资源问题，不能脱离与农业系统相关的各个要素，如果单独研究水资源，而不进行系统研究，是不可能解决水资源利用与保护问题的。农业水资源安全管理实质上是对农业水资源系统整体的管理和维护。

系统论的创始人贝塔朗菲给系统下的定义是："相互联系的与环境发生关系的各组成部分的整体。"我国著名学者钱学森提出：我们把极其复杂的研究对象称为"系统"，即由相互作用和相互依赖的若干组成部分结合成的具有特定功能的有机整体。

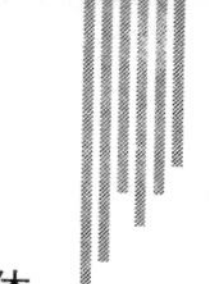

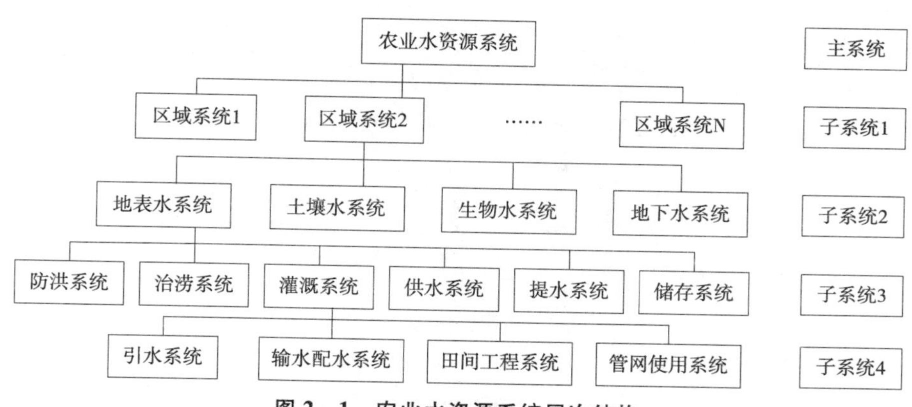

图 2－1　农业水资源系统层次结构

2.1.1　农业水资源的自然系统

本书所言的农业是指农作物种植业，包括粮食作物、经济作物、蔬菜和果树等农作物的生产，因此，这里的农业水资源是指每年可更新的种植业利用的水资源，包括地表水、地下水和土壤水。根据农业生产取水的方式，我国农业水资源大致可以分为三类：①非灌溉区（即所谓旱作农业区）的灌溉用水，这部分用水是直接取自地表、地下或接受降水；②从灌区渠道取水，这部分用水须经灌溉渠系和田间输配水系统获得；③以灌区机井或井渠联合取用地下水和地表水。农业水资源自然循环系统是指在自然规律的作用下农业水资源自身循环再生所构成的系统。农业水资源自然系统有以下特征。

（1）系统的多元性。农业水资源系统由多个子系统组成。从农业水资源来源分析，有大气降水、河流、湖泊、池塘等地表水子系统，也有土壤水和地下水子系统，各子系统既相互联系又相互独立，共同组成区域水资源总量。从耗水过程分析，有农田灌溉排水，农田蒸发，非农田蒸发，地表水体蒸发，地面径流等子系统，各子系统有其特定的循环过程。另外还有河流子系统、渠道子系统等，上述多个子系统的集合，构成了农业水资源系统的总体。

（2）系统的层次性。农业水资源系统是具有多层次结构的系统，通常可根据地理条件、行政区划、农作物分布等情况分为几个区域，各区域是相对独立的子系统，每个子系统又由其相应的分支系统组成，层次之间按

上下隶属关系分为主系统（母系统）和子系统（分系统）。系统的主、子关系是相对的，如某一干渠控制范围内的水资源系统对整个灌区而言是一个子系统，而对该干渠的各级支、斗、农渠而言则是主系统。

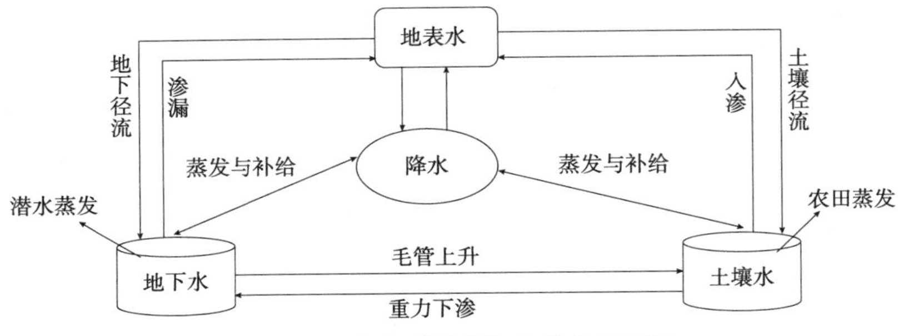

图 2-2　农业“四水”转化关系示意

（3）系统的互动性。农业水资源系统中各组成部分存在着相互联系、相互作用的关系，任何一部分（或子系统）的变化都会影响到其他部分的状态。如系统内各种水体之间存在着相互转化的关系，降水、地表水、土壤水、地下水四水之间存在着多方向、多环节、多回路的关联性。由图2-2可以看出：降雨通过入渗补给土壤水，土壤水在重力作用下补给地下水，降雨也直接影响地下水的变化，反之，地下水通过毛管作用影响土壤水，还能以地下径流的形式流回地表水。各部分之间的互动性决定了保护农业水资源必须采用系统方法。

（4）系统的动态性。农业水资源系统中各子系统的状态变量与时间因素有关，呈动态变化趋势，地表水体随季节变化而变化，由于降雨等气象因子的随机变化，系统内各子系统表现为明显的随机性。

2.1.2　农业水资源的生态经济系统

农业水资源生态经济系统是农业水资源生态系统和经济系统相互联系、相互作用和相互耦合而形成的具有一定结构和功能的有机整体，其功能主要体现在农业水资源生态系统与经济系统在物质循环、能量循环、信息传递等几方面的交流。

农业水资源与农村社会、经济以及生态环境相互耦合，构成社会—经济—生态环境—水资源系统，其中农村社会、经济、生态环境和水资源四

个子系统相互作用、相互依存，构成一个有机的整体，这个整体决定了农业水资源的安全性。四个子系统的关系如下：

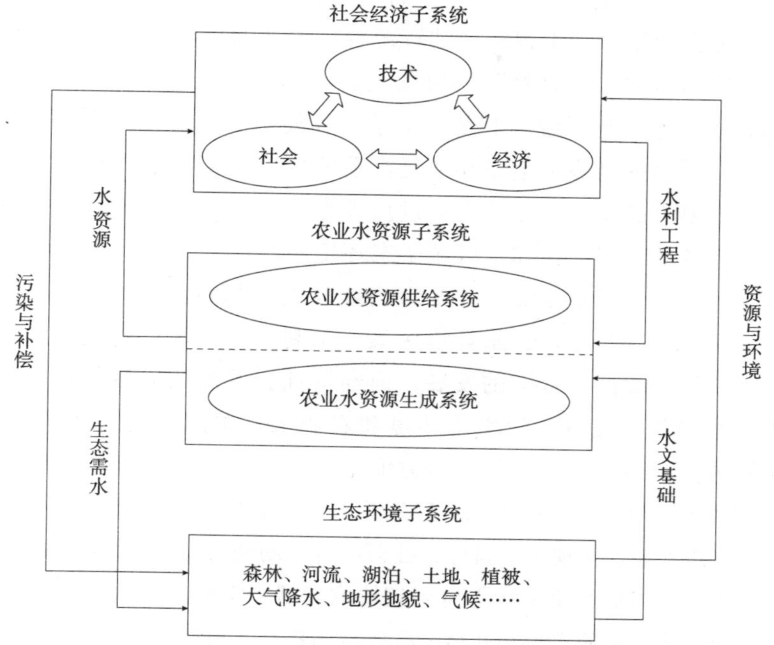

图 2－3　农业水资源—社会—经济—生态系统的概念形式

（1）农业水资源系统是农村社会、经济可持续发展的环境与资源依托。水资源本身是生态环境的基本要素，是其结构与功能的组成部分，同时水资源是一种社会生产、生活必需的资料，在生态环境结构和功能中是其他任何要素都无法替代的。因此，农业水资源系统是农村社会、经济、生态环境子系统生存与发展的支撑。

（2）农业水资源系统与其他子系统相互影响。一方面，社会、经济与生态环境子系统在发展的同时，通过消耗作用和排放废物对农业水资源系统进行影响，降低它的承载能力；另一方面通过技术进步、环境治理、水利投资等对农业水资源子系统进行恢复补偿，以提高它的承载能力。社会、经济、人文等因素对农业水资源系统有很大影响，人们以什么样的方式、什么样的伦理道德观念、什么样的人文精神利用或对待农业水资源，将对农业水资源系统变化具有重要作用，因此，人类在保护农业水资源上具有能动性。

（3）农业水资源系统受自然环境与人工环境的双重作用。农业水资源系统既是自然生态环境的组成部分，也是社会经济系统的组成部分，它存在于自然与人工的复合系统。一方面依靠自然水文循环过程产生其物质性；另一方面依靠水利工程实现其资源性。农业水资源利用的可持续实质上直接反映的是“人与自然”的协调关系。

（4）农业水资源系统与其他三个系统都处于不断变化之中。在农业水资源系统—社会—经济—生态环境复合系统中，任何一个要素出现问题都会危及其他要素的发展，而且会通过反馈作用加以放大和扩展，最终导致整个复合系统的衰退。比如，区域生态环境系统遭到破坏（如大量砍伐森林，水土流失、环境污染），必然影响或改变区域的小气候和水文循环，使得区域洪涝、干旱增加；水环境污染，水利设施损坏，可利用水资源量减少，最终会阻碍经济社会的发展；而经济社会发展的迟缓必然会减少环境治理和水利部门投资，使生态环境和农业水资源问题更难解决。因此，农业水资源安全管理要从系统工程方面入手。

在农业水资源—社会—生态—经济系统中，人类如果能够很好地利用水资源，提高生态效益、实现生态目标，社会经济活动便有良好的生态条件，可以更好地利用自然力量，使生产力得到较快的发展，实现更好的社会经济目标；同时，社会经济目标的实现和社会经济效益的提高，可以不断地为农业水资源的合理高效利用，实现生态效益和生态目标提供资金、技术和物质支持，从而保证农业水资源的合理利用和生态目标的实现。相反，如果农业水资源不合理利用、过量开采，就会导致水资源短缺和生态环境质量下降，对社会经济系统的发展产生制约作用，影响农业的可持续性，影响社会经济目标的实现。

2.2 农业水资源属性

2.2.1 农业水资源的自然、经济和社会三维属性

因为农业水资源是人类生产和生活必不可少的资源，除具有自然属性外，同时在人类对之利用中融合了经济和社会属性，因此，农业水资源包含了自然、经济和社会属性。[1]

---

① 杜威漩：《中国农业水资源管理制度创新研究》，浙江大学博士学位论文，2005。

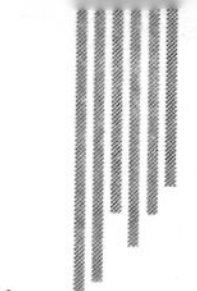

（1）农业水资源的自然属性

农业水资源的自然属性主要表现为三个方面。第一，稀缺性。农业水资源在农业产业中是稀缺的，而且随经济的发展稀缺性将日益凸显。第二，不可替代性。即水是农作物生长、发育所不可缺少的原料，是其他物质所不能替代的。第三，波动性。即受气候等自然条件的影响，农业水资源的状态具有明显的波动性。

（2）农业水资源的社会属性

首先，人们在利用农业水资源时会产生对水资源的占有、使用、支配与收益等关系，这种关系构成了一定的社会关系。其次，在农业生产中，农户的用水行为对其他经济主体会产生有利或不利的影响。从空间上看，由于水资源具有流域的特性，在一定时期内，一个地区农业用水量的增加，将会导致另一地区农业用水量的减少，特别是在一定时期内上游农业用水量的增加会直接导致下游农业用水量的减少；从时间上看，当代人对水资源的过度使用将会从数量和质量上影响后代人对水资源的使用。

（3）农业水资源的经济属性

农业水资源的经济属性表现为商品特性，是使用价值和价值的统一。农业水资源的使用价值表现在它能满足农业生产的需要，价值表现为农业水资源在供水与生产之间的交易，这种交易把农业水资源中凝结的具体劳动转化为一般的无差别的人类劳动——抽象劳动。因此，农业水资源是使用价值和价值的统一体。

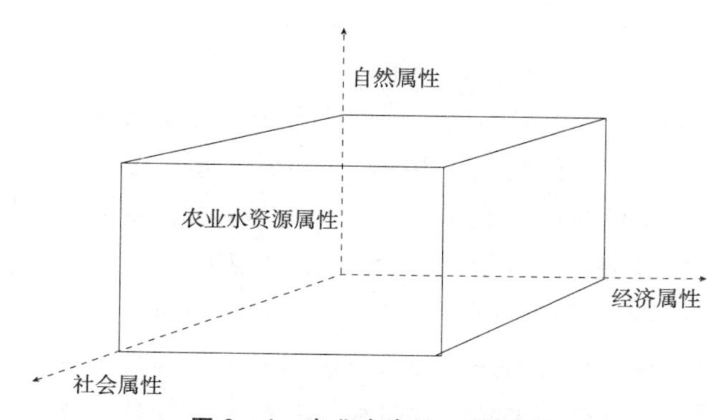

图 2－4　农业水资源三维属性

2.2.2 农业水资源的准公共物品属性

始自于马歇尔的新古典经济学为私人物品（private goods）的生产与消费提供了全面详细的理论解释，在他们的论述中，完美的市场机制可使消费者和生产者在竞争性市场上通过消费者效用最大化和生产者利润最大化而获得交换均衡和生产均衡。然而，现实经济中，除了这些私人物品，还有其他大量的非私人物品存在，这些物品可以在同一时间内被不同的消费者所消费，这些物品一旦被提供出来，一般不能排除任何消费者的消费，例如，一国的国防、公共体育设施、法律、公共卫生预防体系等。这些物品具有不同于私人物品的特点，因而被称为公共物品（public goods）。

事实上，从人类发展的历史来看，公共物品的产生要比国家的出现早得多。公共物品是人类社会共同需要的产物，早在1739年，著名的哲学家休谟在《人性论》（1739）中就提到这样的现象：两个邻居可能达成协议，共同在一块草地上排水，但同样的协议不可能在一千个人之间达成，因为每个人都想把负担转嫁到别人头上去。他的意思是说，有些服务对个人可能并没有好处，但对集体来说却是必要的，也只有通过集体行动才能完成。为此，他给公共物品下了一个直观的定义，认为公共物品是那些不会对任何人产生突出的利益，但对整个社会来讲必不可少的物品。因此公共物品的生产必须通过集体行动来实现，按照通俗的说法就是大家的事大家办。其后，亚当·斯密在《国富论》（1776）中除了认为市场这只看不见的手要发挥基本作用之外，和休谟得出的结论是一致的，那就是政府必须提供某些服务。但他们对此的解释是不同的，休谟是从人的自利本性出发说明问题，而亚当·斯密强调，大部分公共服务是否由君主提供，取决于个人能否充分提供它们，只有个人不能充分提供这些公共服务时，君主提供才是必须的。后来，约翰·斯图亚特·穆勒在其名著《政治经济学原理及其在社会哲学上的应用》（1848）中，对为什么必须由政府提供某些服务做了进一步的论证。他举了灯塔的例子来说明，认为像灯塔这样的物品，个人不可能主动建造，原因在于，这类物品的建造者和提供者很难对使用者收费以补偿建造费用并获利，解决的办法只能是由政府采用收税的办法建造和提供。给出有关私人物品和公共物品比较精确的分析性定义的还有保罗·A. 萨缪尔森，1954年他在《经济学与统计学评论》上发表了

《公共支出的纯理论》[1] 一文，提出了公共物品的定义。他认为公共物品的特征是：任何人消费这种物品不会导致他人对该物品消费的减少。“公共物品”不是“共用品”，更不是“公共财产”，公共物品的唯一特征是边际费用等于零。

后来人们在萨缪尔森定义的基础上，把公共物品分为三种类型，第一类是纯公共物品，即同时具有非排他性和非竞争性的物品。第二类公共物品的特点是消费上具有非竞争性，但是却可以较轻易地做到排他的物品，也就是布坎南的俱乐部物品。第三类公共物品与俱乐部物品刚好相反，即在消费上具有竞争性，但是却无法有效排他的物品，埃利诺·奥斯特罗姆称这类物品为公共池塘资源。[2] 俱乐部物品和公共池塘资源通称为“非纯公共物品”或“准公共物品”，公共物品具有使用上无竞争性的特点，而私人物品则是完全竞争的，即一个人对一私人物品的任何额外消费都将完全以另一个人放弃该消费为代价。非纯公共物品可能是部分竞争性的。给定公共物品的数量，增加一个人使用这种物品并不会妨碍先前的使用者对此物品的使用，但会减少先前使用者的收益，这样，在准许更多的消费者使用时存在着机会成本，这种部分竞争的现象在经济学中称为“拥挤”，而准许对公共物品更多地使用带来的机会成本，或是那些已经消费的个人的收益减少，就是“拥挤成本”。非纯公共物品一般都不同时具备非排他性和非竞争性。它们一般具有“拥挤性”的特点，当消费者的数目增加到某一个值后，就会出现边际成本为正的情况，产生拥挤成本。

农业水资源有使用上的竞争性，但很难做到使用上的排他性，因此，农业水资源是典型的准公共物品，其属性就符合上述分析的准公共物品的特征。

2.2.3　农业水资源的公共池塘资源属性

如上分析，农业水资源是准公共物品，而且属于公共池塘资源（common-pool resources）的类别，同时具有使用非排他性和消费竞争性，即难以排他

---

① P. A. Samuelson, The Pure Theory of Pulic Expenditure. *Review of Economics and Statistics*, (November 1954): 387 - 390.

② 埃利诺·奥斯特罗姆：《公共事物的治理之道——集体行动制度的演进》，余逊达译，上海三联书店，2000，第 61 页。

使用，但可为个人分别享用，具有以下特点。

（1）使用上不能排他。非排他性意味着只要供给该物品或服务，任何人均可享用，也就是说任何人都可以对该物品或服务进行消费，不必为此付出代价，如果通过物理和制度措施将受益者排除在外，会十分昂贵，这就是使用上的非排他性。《中华人民共和国水法》规定，“水资源属于国家所有，即全民所有。农村集体经济组织所有的水塘、水库中的水，属集体所有。”可以看出农业水资源是公有的，因而任何人都可以使用水资源，就这一点来说，我们不能把任何一位农民排除在水资源的使用之外，当然对于集体经济组织所拥有的水塘、水库中的水资源，属于此集体的，彼集体就不可能使用，但是在同一集体经济组织内部，还是无法实现排他性，只要属于该集体经济组织的人，就可以使用该集体经济组织所拥有的水库、水塘中的水。

（2）消费上有竞争性。所谓竞争性是指如果总量保持不变，那么 A 的消费每增加一个单位，非 A 的消费就要减少一个单位，二者是此消彼长的关系。就农业水资源而言，在水量一定的条件下，每增加一个人的消费，就意味着其他人用水量的减少，即为一个人所消费的水不能再为其他人所消费。因此，农业水资源使用上，面临着一个集体行动的困境：在存在“搭便车”或者过度利用水资源以谋求私人利益最大化的情况下，可能产生“共有资源悲剧”，如地下水资源的“抽水竞赛”等。

2.2.4 农业水资源的外部性

外部性是指经济主体对他人造成损害或带来利益，却不必为此支付成本或得不到应有的补偿，它强调经济主体对他人的影响。外部性分为正外部性和负外部性[①]。一般而言，经济个体的效用会受到他人经济活动的影

① 最早提出外部性（externality）概念的是英国经济学家马歇尔（Alfred Marshall），在 1890 年出版的《经济学原理》中，他用“外部经济”一词来描述在一个产品生产部门内部各厂商之间相互产生的一种积极的刺激和影响，而这些积极的刺激和影响在生产成本中反映不出来，是外在于单个厂商的生产活动的，所以称“外部经济”。庇古（A. C. Pigou）在马歇尔的基础上认为：生产厂商的边际私人净产值和边际社会净产值的不一致现象，就是生产的外部性，如果边际私人净产值大于边际社会净产值，则出现边际社会成本，称为“外部不经济”，如果边际社会净产值大于边际私人净产值，则出现边际社会收益，称为“外部经济”。

响，但是这些经济活动产生的外部性效果，并不会在市场上反映出来，以至于无法建立适当的市场，以满足外部性制造者与承受者之间的自愿交易。当存在外部性时，可能产生资源不当利用的情形，导致市场有效配置资源的功能失灵。外部性形成的原因是产权不能做到完全排他，或者是有些资源无法通过市场机制有效配置。农业水资源作为共同享有、分别享用的资源具有典型的外部性特征，因而容易造成农业水资源使用者的搭便车、机会主义或过度利用行为。

从经济效率来看，外部成本应由经济主体来承担，即经济主体除了负担私人成本外，还应负担外部成本。从社会角度来看，任何经济活动的边际成本，即边际社会成本都应该包括边际私人成本和边际外部成本两部分（如图 2－5 所示）。边际私人成本 MPC 包含所有使用农业水资源的生产成本，但并没有考虑外部性的因素。边际外部成本 MEC 是指一个人的用水决策对其他人的收益产生的影响。当不考虑外部性因素时，市场机制的使用量决定在 Q_c，价格为 Pc，边际社会成本（MSC = MPC + MEC）大于边际收益 MB，市场供给量过多，从而没有效率；合乎效率的产出为 Qc^*，即 MC = MB。由此看出，因为没有市场机制来内部化外部性，农业水资源配置效率无法达到帕雷托最优。

农业水资源外部性的主要表现是：

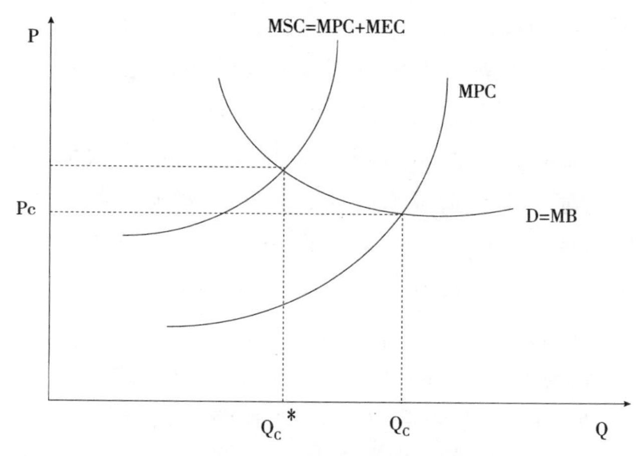

图 2－5　农业水资源使用中的外部性

（1）使用成本的外部性

尽管农业水资源的数量是波动的，并且地域、时空差异明显，但是在一定的时空条件下，一个农村社区的水资源总量是相对稳定的。对农业水资源的过度利用，将导致获取每单位农业水资源的成本上升。取水成本的外部性是指一个水权持有者在第T期若少抽取一单位的水，将会降低其他水权持有者T+1时期的取水成本，但是不会得到相应的补偿；反之，多抽取水将会增加其他水权持有者的取水成本或者说上游的水权持有者增加取水量将影响到下游水权持有者的收益，而不必承担相应的成本。比如，某水权持有者的用水行为，将增加其他用水者的井的深度、抽水泵的功率大小和井的口径等，增加他人取水成本。这必将激励每个农户不甘人后，尽量早、尽量多地使用“公共池塘水资源”。

（2）维持存量的外部性

由于农业水资源存量的相对稳定性，在某一段时期的过度开采会减少乃至破坏未来年份的可获取量。水资源存量的外部性，是指在一定时期内，一定流域内，水资源存量固定（如地下水资源）的条件之下，某一水权人在第T期多使用一单位的水，将减少其他水权人在现在或将来可获取的水资源存量，存在你多用我就得少用的现象。因此，如果某一农户想以储存当期水资源存量来提高自己的福利水平，是没有实际意义的，这也导致水权持有者尽可能地多用水，而保护农业水资源存量的动力不足。

（3）环境保护的外部性

由于共有性质，农业水资源的过度开采利用，会造成生态环境的破坏，如地下水位的下降和水资源污染等，降低水资源的再生能力，增加社会边际成本，而使用者并不承担相应的成本。如果农业水资源的使用和配置结构不合理，也会造成水污染，降低水资源质量，影响社会总福利，产生环境负外部性。当一个农户向公共池塘中排污的时候，对其他农户和整体水资源造成的影响并不明显，并且污染后果由大家共同承担，而排污的便利由排污者自己获得，这样私人成本就会小于社会成本，因此，农户就必然会产生排污的激励。如每个农户从理性的角度考虑，都选择这样的行动，最后的结果就是公共池塘可以承受的排污量被大大突破。

2.2.5 农业水资源的使用“难题”

(1)“拥挤使用”问题

农业水资源的非排他性和竞争性，导致其使用上的“拥挤性”，即在农业水资源的消费中，当消费者的数目从零增加到某一个可能相当大的正数即达到了“拥挤点”时，就会出现“拥挤效应”，影响对水资源系统的使用。在没有超过“拥挤点”的范围内，可以增加额外的消费，而不会发生竞争，即每增加一个消费者的边际成本为零；当超过“拥挤点”之后，增加更多的消费者将减少全体消费者的效用，即达到拥挤点之后，增加额外消费者的边际成本趋于无穷大，甚至会因此破坏水资源系统。由于农业水资源缺乏产权的界定，容易造成先来先用的竞争利用现象；又因其具有公开获取的性质，使用者彼此竞争利用，会造成过度使用，并且随着需求量的大幅增加，稀缺程度加重，边际收益会越来越高，竞争利用的现象也会加剧。“拥挤效应”和“过度使用”的问题在农业水资源使用中长期存在。

如图 2－6 所示，农业水资源使用者的边际成本 MC 及平均成本 AC，平均生产线 AP 及边际生产线 MP。假设农业水资源的使用权归使用者个人所有，在 MC = MP 时，Q^* 为最有效率的使用量，这种配置方式将得到 ABDC 面积的社会稀缺地租。若农业水资源为共有资源，个别使用者没有排

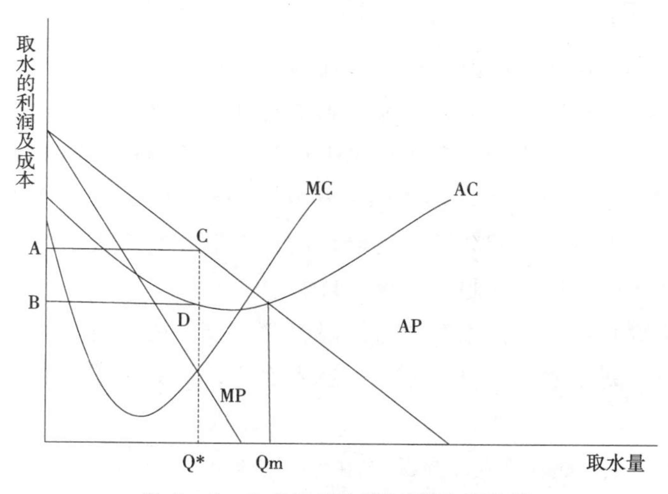

图 2－6　公共池塘资源的非效率利用

他的权利，也没有激励占有或保护稀少地租，更多使用者的加入会导致过度竞争使用，将使农业水资源利用量直到 AP = AC，即 Q_m的使用量标准，导致农业资源利用无效率。

目前我国农村家庭分散经营、水利设施集体使用，农业水资源总体短缺的现实造成农忙时节社区水资源的供给量往往会小于需求量，导致一个农户多用一部分水资源，其他农户就要少用。农业生产的季节性又使农户在抢天时时对水资源的需求具有同时性。因此农户从自利的角度，必然希望尽量多、尽量早地获得所需要的水资源，如果这时候水资源出现短缺，必然导致农户之间的争抢，或者偷水行为，造成水事纠纷，甚至演变成群体性的斗殴现象。

（2）“公地悲剧”问题

哈丁（Garrett Hardin）假想了一个对所有人开放的牧场。对每一个理性的放牧者来说，都从自己的牲畜中得到直接的收益。但是，放牧者并不只是一个，每一个放牧者都有权在这块公地上放牧。如果有人过度放牧，则其他人就要共同承担相应的成本。既然收益归自己所得，而成本共同承担，因此，每一个放牧者都有增加越来越多的牲畜，而过度放牧的动机，最终导致牧场退化，造成“公共地悲剧”。H. 斯考特 · 戈登（H. Soctt Godrno，1954）在另一篇经典性的文章《渔业：公共财产研究的经济理论》中，明确地阐述了类似的逻辑。他认为：“属于所有人的财产就是不属于任何人的财产，这句保守主义的格言在一定程度上是真实的。所有人都可以自由得到的财富得不到任何人珍惜。如果有人愚笨地想等到合适的时间再来分享这些财富，那么到那时他们便会发现，这些财富已经被人取走了。……海洋中的鱼对渔民来说是没有价值的，因为如果他们今天放弃捕捞，就不能保证这些鱼明天还在那里等他。”正如埃莉诺 · 奥斯特罗姆所说，在一个信奉公地自由使用的社会里，每个人追求他自己的最佳利益，毁灭的是所有人趋之若鹜的目的地①。

我们以农户使用农业水资源为例说明此问题。假设有 n 个农户共同使用一个河道，每个农户都自由地从河道中取水，且只是按照自己的使用需

① 埃莉诺 · 奥斯特罗姆：《公共事物的治理之道——集体行动制度的演进》，上海三联书店，2000，第 11 页。

要取水，取水量为 g_i，$i=1$，$\cdots n$。则 $G=\sum g_i$，为农户总的抽水量，V 代表单位水资源带给农户的平均净收益，C 是每单位水价。而且 $V=V(G)$，每个农户的平均净收益随总抽水量的变化而变化。当 $G>G_{Max}$ 时，$V(G)=0$；当 $G<G_{Max}$，$V(G)>0$。如果取水量大大低于河道水量，在河道水量的正常承载范围内，不会对平均收益造成太大的影响，如果取水量较大，则会对平均收益产生很大的影响。从而有：

$$\frac{\partial V}{\partial G}<0,\ \frac{\partial^2 V}{\partial G^2}<0$$

在这个博弈模型中，每个农户的问题是选择 g_i 以最大化自己的利益，可以假设第 i 个农户的利润函数为：

$$\pi_i(g_1, g_2 \cdots g_i \cdots g_n) = g_i V(G) - g_i c(i = 1, 2, \cdots, n)$$

最优化一阶条件为：

$$\frac{\partial \pi_i}{\partial g_i}=V(G)+g_i V'(G)-c=0\ (i=1, 2, \cdots n)$$

显然增加一单位开采量有正负两方面的效应，正的效应是平均收益价值 V，负的效应是水资源价值下降 $g_i v'(G)$。最优解满足边际收益等于边际成本的条件。

上述 n 个一阶条件定义了 n 个反应函数：

$$g_i^* = g_i\ (g_1, \cdots, g_i, \cdots g_n)\ (i=1, 2, \cdots n)$$

因为：

$$\frac{\partial^2 \pi_i}{\partial g_i^2}=(V'(G)+V'(G)+g_i V''(G))<0$$

$$\frac{\partial^2 \pi_I}{\partial g_i \partial g_j}=(V'(G)+g_i V''(G))<0$$

所以 $\frac{\partial g_i}{\partial g_j}<0$，就是说第 i 个农户的开采量随其他农户开采量增加而递减，n 个反应函数的交叉点就是纳什均衡：$g^* = (g_1^*, \cdots g_2^*, \cdots g_n^*)$。

纳什均衡的开采量为：$G^* = \sum_{i=1}^{n} g_i^*$，将上述一阶条件相加得到：

$$V(G^*)+(G^*/n)\times V'(G^*)=C$$

而社会最优的目标是最大化如下定义的社会总剩余价值：

$$\mathrm{Max}\ (GV(G)-C)$$

最优化一阶条件为：

$$V(G^{**})+G^{**}V'(G^{**})=C$$

比较上述最优的一阶条件与个人的最优一阶条件可以看出 $G^*>G^{**}$，可以得出这样的结论：每个人都千方百计地使个人利益最优化，但最后的结果可能是社会利益受到破坏。正像美国学者贾里尼（Orio Giarini）在《关于财富和福利的对话》中所生动描写的可持续使用资源那样：“人们究竟能捕到多少鱼？这主要取决于水体中可以捕到的鱼的总量。起先，随着人们捕捞技术的提高，渔业产量不断增加。但到了一定的临界点，尽管捕鱼投资继续增加，捕鱼技术不断改进，但捕鱼量开始减少了，甚至急剧下降。这说明，捕鱼的过程越‘有效’，它就越倾向于摧毁总量。而且，捕到的鱼越少，人们就越增加捕鱼的投资，结果却是遗憾的。”

对于公共池塘资源悲剧问题，人们已经提出了若干解决方案，或以强有力的中央集权，或以彻底的私有化来解决公共资源的悲剧。在某些情况下，还提出了政府与市场之外自主治理的可能性，即公共资源的使用者可以通过自筹资金来制定并实施有效使用公共资源的合约，但自筹资金的合约实施博弈也不是万灵药，这种安排在许多情况下具有不少弱点：牧人可能高估或低估草地的承载能力（如同水资源承载能力和水环境承载能力的估计错误）；他们自己的监督制度可能出现故障；外来的执行人在事先承诺将按某种方式行事后，可能又不实施。在现实中各种情况都可能发生，就如同理想化的集中管制制度和私有财产制度中的情况一样（Ostrom，1990），因此，避免公共池塘资源悲剧需要政府、市场以及自我组织的共同完成。

（3）“集体行动”问题

加勒特·哈丁（Garrett Hardin）模式常常被形式化为囚徒困境博弈。在囚徒困境博弈中，每个对局人都有一个支配策略，即不管其他参与人选择什么策略，对局人自己只要选择背叛策略，总会使他们的境况变得更好。然而，来自每个对局人选择最佳个人策略的均衡，并不是一个帕累托

意义上的最优结局。[①] 曼瑟尔·奥尔森（Mancur Olson，1965）在《集体行动的逻辑》一书中，以个人追求自己的福利为参照，对促使个人追求他们共同福利的困难性，作了一个与囚徒困境博弈密切相关的分析。传统群体理论认为具有共同利益的个人会自愿地为促进他们的共同利益而行动（Bentley，1949；Truman，1958），而奥尔森对传统群体理论提出了挑战。他认为："除非一个群体中人数相当少，或者除非存在着强制或者其他某种特别手段，促使个人为他们的共同利益行动，否则理性的、寻求自身利益的个人将不会为实现他们的共同的或者群体的利益而采取行动。"（Olson，1965）奥尔森的分析基本上建立在这样一个前提之上，即如果一个人在集体物品被生产出来以后，不会被排除在获取这一物品所带来的收益之外，那么这个人就不会有动机为这个集体物品的供给自愿奉献力量，即会采取"搭便车"的行为。

集体是由具有共同利益的成员组成的，但集体行动的逻辑不是像通常的观点认为的那样，因为争取共同利益而采取集体行动。奥尔森认为存在个人理性与集体理性的悖论[②]，大的集体行动十分困难，而小的集体行动相对要容易得多。集体行动提供的是一种公共品或集体产品（collective goods）。而由于是公共物品，集团没有办法排斥集团成员对于集体行动成果的分享。当集体的人数很多，而公共品效用有限，平均到每个成员的效用很小时，或者当收益不抵成本，或组织成本太高时，就无法或不足以激励集体成员采取集体行动。

集体行动指"一个团体在追逐其成员能认识到的共同利益时所采取的

① 囚徒困境博弈模型可以这样表述：甲乙两名嫌疑犯被带到拘留所，分开看管。警察确信他们犯有某项罪，但没有足够的证据来证明，他分别告诉这两个嫌犯他们面临两个选择：坦白或者不坦白。如果两名嫌犯都不坦白，警察将因没有证据而不得不在关押一段时间之后无罪释放他们；如果两人都坦白了，他们都将被起诉，但警察会酌情考虑他们的坦白行为，而适当宽大处理；但是如果一人坦白，而另一人拒不坦白，则坦白的人将会被无罪释放，而不坦白的人则会被处以重刑。由于两嫌犯之间无法沟通，甲嫌犯从自利的角度考虑；如果乙选择不坦白，对甲来说，坦白是最佳选择；如果乙选择坦白，对甲来说，最佳选择也是坦白。因此，坦白必然是甲的选择，他无法从中摆脱。同样的道理，对乙也是一样，因此，（坦白，坦白）就必然成为甲乙共同的纳什均衡策略组合。这是对二人都不利的结果。

② 显然，奥尔森与亚当·斯密不同。亚当·斯密认为在"看不见的手"的作用下，个人理性与集体理性将会自动达到一致，但这是以完全竞争和信息充分为前提假设的。

直接或通过其代表性组织实施的行动”（Marshall，1998）。这表明像共同投资于一个资源系统或排除“外来者”使用资源这类集体性工作都属于集体行动的范围。集体行动通过建立在集体产权基础之上的组织或行为人之间的协调行动来实现。集体所涵盖的范围十分广阔，它包括成员间能够互相识别的“小团体”以及规模更大或者结构更为正式的“大团体”。持续性的集体行动通常还包括规则，以及监督、制裁和冲突的解决过程（Ostrom，1992）。在“小团体”当中，每个人的行为都在其他人的密切观察之下，基于共同规范和价值观基础上的团结、互惠和社会压力是主要的治理机制。而在“大团体”中，决策不再仅仅是要获得团体内部的一致同意，而是需要由团体的代表来发挥作用，造成相互监督的困难。

由于农业水资源的公共池塘资源性质，农业水资源开发、保护和利用涉及农村水库、塘坝、渠道、提水等工程建设，涉及电力供应、水土保持、植树造林等支持系统，还涉及组织管理、流域协调等工作，这些由一家一户是不能完成的，必须采取集体行动，需要各级政府、企业、民间组织、广大农户的共同参与，必须要有一个结构合理、运行有效的组织作为依托，才能实现参与者的合作、有序和高效，否则，就会出现无序和低效。

2.3 农业水资源安全

2.3.1 水资源安全

安全是某一领域或系统的安全，是指个体或系统不受侵害和破坏，常使用的概念有国家安全、社会安全和人民生命财产安全、粮食安全、生态安全等。资源安全是指资源能保障自然环境、社会和经济发展的需要，水资源安全是资源安全概念在水资源使用上的具体应用，目前关于水资源安全的定义并不统一。

2000年在海牙召开的第二届水论坛部长级会议上发表的《21世纪水安全——海牙世界部长会议宣言》提出：“……我们拥有一个共同的目标：为21世纪提供用水安全。这就意味着保护和改善淡水、海岸和相关的生态系统，确保促进可持续发展和政治稳定性，确保人人都能够得到足够安全的水，以免

遭受与水有关的危险。”[①] 会议认为：水安全是指确保淡水、沿海和相关的生态系统得到保护；确保可持续发展和政治稳定得到加强；确保每个人能够获得足够安全的淡水来保持健康的生活；确保人们不受与水有关的灾难侵袭。

因为水与水资源是两个不同的概念，水安全与水资源安全也是两个不同的概念。基于水安全探讨的内容更为全面，但过于宽泛，边界不好界定，而基于水资源安全探讨的内容较为明确，因此，大多数学者是从水资源安全的角度分析的。

郑通汉（2003）的解释是水安全具有广义和狭义之分，广义的水安全是指国家利益不因洪涝灾害、干旱缺水、水质污染、水环境破坏而造成损失，能够满足国民经济和社会可持续发展的需要。狭义的水安全，是指在不超出水资源承载能力和水环境承载能力的条件下，水资源能够在质和量上满足人类生存、社会进步、经济发展和生态环境的需求。笔者认为郑通汉概括的狭义水安全概念指的是水资源安全。郭安军（2002）是从水资源安全预警机制的角度分析，将水资源安全的概念分了三个层次：水质的安全、供给的水量安全和需求的水量安全。洪阳（1999）认为，水安全问题是指相对人类社会生存环境发生的与水有关的危害问题。认为水是水质与水量的统一体，由于人类活动影响，水资源减少，污染加剧，改变了水文循环平衡，当长期作用累计超过承受阈值时，就会危及自然、经济社会系统的正常运转，引发水安全问题。由于人类不合理的利用，一些水体弱化或丧失正常功能，不能维持其社会与经济价值，危及人类对水的基本需求，进而会引发一系列的经济社会和环境安全问题[②]。陈绍金（2004）认为水安全的概念可表述为“一个地区（或国家）涉水灾害的可承受和水的可持续利用能确保社会、经济、生态的可持续发展”。所谓“涉水灾害的可承受”，主要是指在一定的社会经济发展阶段、科学技术和财力允许的情况下，尽量减少灾害损失，将超标准涉水灾害控制在不损害一个地区（或国家）社会经济继续发展的程度之内。因为许多涉水灾害是难以消除的，无论防治水灾标准如何提高、水灾仍然会出现，仍然可能超过防御标准，从而造成灾害损失。因此，必须随着社会经济的发展，不断提高防御

---

① 联合国教科文组织：《21 世纪水安全海牙世界部长会议宣言》，2003 年 3 月 21 日。

② 洪阳：《中国 21 世纪新的水安全》，《中国管理学报》1999 年第 10 期。

标准，将超标准涉水灾害有效地限制在一定的范围之内，以局部暂时的损失换取全国或全地区总体的持续发展。所谓“水的可持续利用”主要是指一个国家或一个地区实际拥有的水能够保障该国或该地区社会经济、生态当前的需要和可持续发展的需要。[①] 阮本清等（2004）认为水安全是指这样一种社会状态：在现在或将来，人人都有获得安全用水的设施和经济条件，所获得的水满足清洁和健康的要求，满足生活和生产的需要，同时可使环境得到妥善保护，做到以水资源的可持续利用保障经济社会的可持续发展。水安全问题是指：现在和将来，由于自然的水文循环波动或人类对水循环平衡的不合理改变，或是二者的耦合，使人类赖以生存的区域水状况发生对人类不利的演进，并正在或将要对人类社会的各个方面产生不利的影响，表现为干旱、洪涝、水量短缺、水质污染、水环境破坏等方面，并由此可能引发粮食减产、社会不稳、经济下滑及地区冲突等问题。[②]

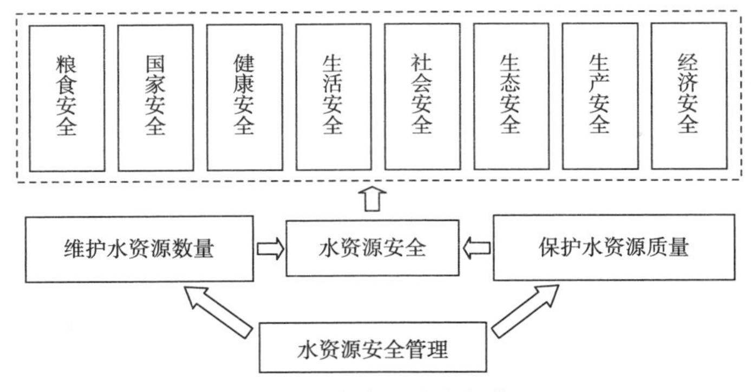

图 2－7　水资源安全与管理

综合以上研究观点，水资源安全的含义可以理解为：水资源在质、量上能够满足人类正常生活需要，能够维持社会正常运转，能够维系良好的生态系统，保证经济发展的需要。从内涵上看水资源安全包括水量安全和水质安全；从外延上看水资源安全包括与水资源安全有关的水资源承载力安全、水利工程安全和水循环系统安全。

---

① 陈绍金：《水安全概念辨析》，《中国水利》2004 年第 17 期。

② 阮本清、魏传江：《首都圈水资源安全保障体系建设》，科学出版社，2004，第 35 ~ 40 页；韩宇平、阮本清、解建仓：《多层次多目标模糊优选模型在水安全评价中的应用》，《资源科学》2004 年第 4 期。

水资源安全表现为系统安全。水资源可以分解成许多子系统，这些子系统通过综合集成可以形成区域水资源安全系统。总系统有其水资源安全问题，各个分系统也有其自身的水资源安全问题。各个子系统安全问题可称为单系统的安全问题，而总系统安全问题可称为多系统集成的安全问题。从系统的观点看，水资源安全是指“水—社会—经济”复合系统的安全问题。

水资源安全是国家安全的一个重要组成部分，它关系社会经济安全和生态环境安全，以及子系统安全，如社会经济系统下的粮食安全、政治稳定等。水资源安全对经济安全的影响主要表现在水资源能否支撑国民经济的可持续发展，水资源短缺会制约国民经济发展。水资源安全对食物安全的影响表现在两个方面，一是水资源能否支撑足够的食物生产，特别是粮食生产，二是水资源质量能否满足食物品质的要求。水资源安全与生态安全密切联系在一起，水资源是生态环境资源的组成部分，水资源的开发利用对生态环境产生重要影响，如过度水资源开发会导致生态恶化，生态恶化又会影响水资源安全。水资源安全对健康安全的影响表现在是否能提供足够的、清洁的、安全的水量满足人类的需求。

2.3.2　农业水资源安全

水资源的利用一般可分为工业、农业、生活、生态用水等，农业水资源安全属于水资源安全范畴，基于农业用水在水资源利用中的份额较大，农业水资源安全是关系水资源安全的最重要组成部分。[①] 广义的农业是指包括农林草牧副渔的大农业，狭义的农业主要指种植业，参照上文水资源安全的定义，简单地说农业水资源安全是指水资源在质、量上能够维持农村社会经济正常运转，能够维系农业良好的生态系统，农业生产不受到威胁，没有危害和损失。但不同的学者对其也有不同的定义。

刘布春等（2006）认为农业水资源安全的内涵包括三个方面，[②] 一是农业水资源安全的自然属性，即农业用水的质量和时空动态分布特性可持续地保障农业不受威胁，没有危害和损失，其中水质保障是前提（尽管农

① 叶正伟：《我国农业水资源安全与农村水利调整战略探讨》，《农村经济》2003 年第 10 期。

② 刘布春、梅旭荣、李玉中、杨有禄：《农业水资源安全的定义及其内涵和外延》，《中国农业科学》2006 年第 5 期。

业灌溉用水对水质的要求与其他行业相比是比较低的），量的有效性受地理、气候、土壤等自然条件的影响和制约。二是农业水资源安全的社会经济属性，即农业水资源安全的客体是农业，与社会经济有着密切的联系，特别是其自然属性受到社会经济条件、管理策略和利用技术等的影响和制约，同时农业水资源安全状况也会影响和制约社会经济的发展。三是农业水资源安全的人文属性，即人们对在农业水资源条件限制下的农业产量产值的期望值不同，对水资源的质量数量获取途径等的需求有差别，因此不同的人群感受农业水资源是否安全的程度也不尽相同，在量化农业水资源安全程度时需要区别对待。刘渝（2009）对农业水资源生态安全做了如下描述：简单地说农业水资源安全应该是水资源系统能保证农业发展所需的水量和水质，同时，水生态系统自身的最低需水应该得到保证，人类不能挤占过多生态用水而使生态系统崩溃。具体而言，农业水资源安全的内涵包括两个方面：一是农业水资源系统自身的安全，自身结构未受到破坏，保持良好的水质，未遭受不可逆性的破坏，地下水和地表水的开采率未超过阈值点，具有一定的循环和修复能力；二是农业水资源的服务功能，强调水资源生态系统具备提供人类生存需要的服务的功能，即农业用水的质、量和时空动态分布能可持续地为农业发展提供要素服务，其中水质保障是前提（尽管农业灌溉用水对水质的要求与其他行业相比是比较低的），量的有效性受地理、气候、土壤等自然条件的影响和制约[①]。

当然，农业水资源安全概念也有狭义和广义的区别。狭义的农业水资源安全是指淡水资源的供应能够保障种植业、牧业、林业、草业、淡水养殖业等生产的安全，广义的农业水资源安全还应涉及近海海水养殖、远洋渔业、海水淡化农业等。农业水资源安全的外延还包括由农业水资源安全引发的粮食安全、农业生态环境安全、农业经济安全、农村社会安全，以及由这些子系统引发的整个社会经济的安全和生态安全，乃至政治稳定、国家安全等。[②] 笔者认为农业水资源的主要效用是为农业生产服务的，因此农业水资源安全是指水资源能够保证农业及其生态系统正常发展需要的水量和

---

① 刘渝：《基于生态安全与农业安全目标下的农业水资源利用与管理研究》，华中农业大学博士学位论文，2009。

② 刘布春、梅旭荣：《农业水资源安全的定义及其内涵和外延》，《中国农业科学》2006 年第 5 期。

水质。

2.3.3　农业水资源安全的性质与功能

农业水资源安全是水资源在农业领域的应用性状的表现，由于农业本身是一个综合性的系统，有其特殊属性，农业水资源安全在性质与功能方面也有特殊表现。[①]

（1）农业水资源安全的性质

①农业水资源安全的系统性

农业水资源安全表现为生态、环境、工程、管理等系统性的安全，某个区域的农业水资源安全涉及系统的多方面因素，它由水资源、水环境、社会、经济、生态等相关要素构成，通过物质、能量、信息的运动、交换、储存和反馈形成一定的结构和功能。[②] 如一个农业水资源流域可以划分为许多小流域，小流域还可以划分成更小的流域，直到最小的支流或小溪为止，由此形成小流域的水安全系统，各支流水安全系统，上游、中游、下游水安全系统，全流域水安全系统等。如果上游过度开垦土地，乱砍滥伐，破坏植被造成水土流失，生态环境遭到破坏，会造成水安全问题。如果中游筑坝修库，过量取水，就会危及下游的灌溉，也同样会产生水安全问题。因此，农业水资源安全具有系统性的特征。系统中既有自然因素，又有社会因素、经济因素，各个因素是相互联系、相互制约的。

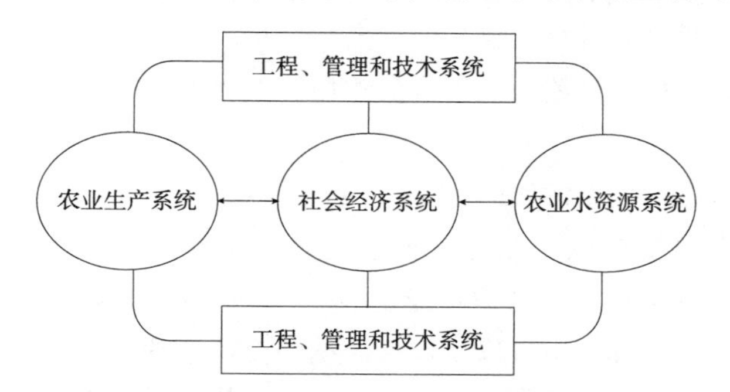

图 2－8　农业水资源安全的系统性

---

① 冯尚友：《生态经济复合系统理论》，武汉水利电力大学（研究报告），1995，第 113 页；Odum，E. P.：《生态学基础》，人民教育出版社，1985，第 135 页。

② 藤田四三雄：《水与环境》，河南科学技术出版社，2002，第 88 页。

农业水资源与环境不断进行着物质、能量和信息的交换。既有内部的关系，也有内外沟通的关系；既有力学的关系，也有非力学的关系；既有线性的关系，也有非线性的关系；既有物理型的关系，也有信息型的关系；既有单向的关系，也有多向的关系；既有稳定的关系，也有不稳定的关系，等等。农业水资源系统的复杂性，导致农业水资源安全管理存在较多困难。

②农业水资源安全的多目标性

农业水资源安全目标是多方面的，在总体安全目标中可分解出几类子目标，如经济目标、生态环境目标、社会目标、水资源目标、水环境目标等。各目标下又有一系列的子目标和目标指标族，从而构成安全系统的目标体系。[①] 根据中国农业与农村可持续发展的目标“保持农业生产稳定增长，提高食物生产和保障食物安全，发展农村经济，增加农民收入，改变农村贫困落后状况，保护和改善农业生态环境，合理、永续地利用自然资源，特别是生物资源和可再生能源，以满足逐年增长的国民经济发展和人民生活的需要”[②]，农业水资源安全目标可以分解为农村社会安全、粮食安全、生态安全等方面（如图 2－7）。

③农业水资源安全的动态性

农业水资源系统的结构和组成要素与其变化速度均处于动态变化之中，处于不停的循环过程中，水分蒸发、大气水分输送、地表水和地下水循环，以及各种形式的蓄水也是处于变化之中，即一个地区的农业水资源总量处于变动之中。这些随机因素的作用，使得农业水资源安全也具有动态性。

④农业水资源安全的协同性

农业水资源安全建立在各个子系统之间相互协同、良性互动的基础上，其安全的系统具有“结构功能统一率”，外界与其本身对系统的作用可以使系统良性循环，也可以使水资源循环急剧恶化。开发利用农业水资源对安全系统的影响不是各系统之间的简单叠加，系统对开发活动（压

---

① 陈绍金：《水安全系统评价、预警与调控研究》，河海大学博士学位论文，2004。

② 《中国 21 世纪议程——中国人口、资源与环境发展白皮书》，中国环境科学出版社，1994，第 77 页。

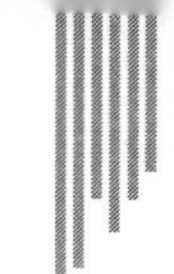

力）的响应也不是一种线性关系，而是一种复杂的“协同”“阈值”和“复合”的非线性关系①。

⑤农业水资源安全的利益外部性

农业水资源安全的利益是指在保障农业水资源安全过程中，给人们提供的各种效用或好处，既包括货币形式的利益，也包括非货币形式的利益。货币利益通常是指能够用货币计量的并能通过市场交换实现其价值的利益。非货币利益则是那些不能用货币计量、不能通过市场确认价值的，但又对人们的生产生活具有重要作用的利益，如良好的生态环境给人们带来的各种利益。经济效益、生态效益、环境效益、社会效益及景观效益构成了农业水资源安全利益的整体。从农业水资源安全主体角度，还可以把农业水资源安全利益划分为内部利益与外部利益两类。内部利益是直接由保障农业水资源安全的主体得到的效益，如产品销售后的货币收入，其主体均可获得直接的效用。外部利益是由保障农业水资源安全主体提供，而其他社会成员无须付费就能享用的利益。如生态系统变好，空气清新，景色优美，水质改善等。农业水资源安全具有很强的利益外溢，主要体现在以下几方面。

第一，代际外部利益。保障农业水资源安全的代际利益是指通过对农业水资源系统的维护，对后代人产生福利影响，即当代人的保障农业水资源安全行为对后代人福利的影响。从当代人与后代人两方来看，当代人是行为的主体，而后代人只能承受当代人行为所产生的后果，后代人的要求能否得到满足、得到公平的待遇，取决于当代人的策略行为。

第二，环境外部利益。由于进行了农业水资源安全维护，改善区域的生态环境，可能给周边地区带来额外的收益，产生环境正外部性。这种利益既为当代人享有，也为后代人创造了美好的生活环境，这个层次上的利益完全是由保护主体无偿提供的。

第三，设施外部利益。保障农业水资源安全依靠一定的取水和储水设施的投入，水利设施一旦投资建成，不但有利供水，还会产生出综合效应。如农村中小型水库的建成不仅可以灌溉，还可以进行水产养殖、水土保持等。农业水资源安全不仅为其主体带来利益，而且会给社会其他人带

① 畅明琦：《水资源安全理论与方法研究》，西安理工大学博士学位论文，2006。

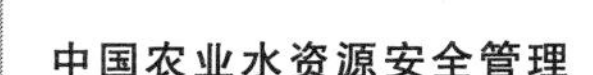

来利益。

可见，农业水资源安全的利益有内部利益，也有外部利益，内涵十分丰富。农业水资源安全的利益是由其保障主体创造的，既然农业水资源安全有以上重要的利益，那么就要让其实施主体的付出得到社会的认可和回报，才能激励所有保护主体的积极性，动员更多的社会组织和个人加入保护农业水资源安全的行列。这也是本书的研究目的之一。

（2）农业水资源安全的功能

农业水资源安全作为国家安全的一部分，其功能主要是保证国家的可持续发展，尤其是农业的可持续发展，具体体现在经济安全、社会安全和生态安全方面。

①经济安全功能

农业水资源的经济安全功能是指经济发展不因水资源而受到制约。水资源安全是农业安全的基础，农业安全相应地分解为食物安全、收入安全和就业安全，这些内容是经济发展的支撑。农业水资源的经济安全功能具体体现为农业水资源在农业生产中的持续供给，人与水资源具有良好的交换关系，这是农业水资源维护经济安全的基础能力①。

②社会安全功能

农业水资源的社会安全功能是指不会因水资源而导致社会不稳定，体现为农业水资源能满足人类的食品需求和社会文化需求。食品总量应满足人口总规模不断扩大的要求，人均食品水平不能因人口的增长而降低（当代与后代保持在同一生活水平上）；水资源供应充足，能保证农村社会正常的生产与生活，有利于社会安定；农业水资源还应能保证生态环境具有一定的文化价值和休憩价值。

③生态安全功能

农业水资源的生态安全功能是指生态系统能够不因水资源问题而恶化，体现在农业水资源系统的生物—自然平衡、生态系统良好、生产能力持续。农业水资源是生态环境系统中能量和物质循环的重要介质，对调节气候、净化环境起着不可替代的作用，对人类活动具有较好的缓冲、抗逆和净化作用。

---

① 中国水利水电科学研究院：《谢家泽文集》，中国科学技术出版社，1995，第27页。

2.4　农业水资源安全的支撑条件

在一定的区域内实现农业水资源安全，需要自然、社会和经济条件的支撑，既包括农业水资源自身的条件，也包括区域社会经济发展水平以及管理水平。

2.4.1　农业水资源自然承载力

农业水资源自然承载能力是实现安全的基础支撑条件。每个地区的农业水资源自然承载能力都是有限的，且因水的时空分布特性不同而有很大的差异。如果农业水资源的开发利用在自然承载能力范围之内，就具备了水安全的条件。目前国际惯例是以水资源利用率不超过 40% 为上限，[①] 否则安全性就难以保证，且会对生态系统产生较大影响。农业水资源的开发利用应控制在水资源自然承载能力之内；否则，将会威胁农业水资源的安全性。

2.4.2　区域社会经济基础

区域社会经济基础表现在资源、人力、技术和资本总体水平上，区域农业水资源安全的社会经济基础表现为由水系统、经济系统和社会系统紧密耦合的综合体，农业水资源安全的维护必须依托一定的社会经济基础。区域如果社会经济落后、经济贫困就没有能力维护水安全。因此，在不发达的地区进行农业水资源安全保护任务更为艰巨。

2.4.3　农业水利工程水平

农业水利工程是保护和开发利用农业水资源手段和能力的体现。由于农业水资源的流动特性，如不采取工程措施进行拦蓄调控，就会时过境迁，“付之东流”。因此，水利工程往往是农业水资源安全的重要指标。

2.4.4　农业水资源管理能力

农业水资源管理需组织、协调、动员社会各方面共用参与。农业水资

① 陈绍金：《水安全系统评价、预警与调控研究》，河海大学博士学位论文，2004。

源相关的管理制度、管理组织、管理体制等，都是构成农业水资源安全的重要条件。

2.5 农业水资源安全的管理

2.5.1 农业水资源危机的类型

危机是相对自然环境和人类社会生活中正常的规律与秩序而言的，一般我们所说的危机是指一系列终止正常行为或瓦解社会关系、秩序的事件正在迅速展开，并不断增加着危险，迫使相关的系统必须在有限的时间内做出反应和抉择，采取更多控制或调节行动，以维持系统正常活动的情况①。

农业水资源危机是由于自然变化与人类活动引致的大范围长时期的农业水资源供应紧张，农业水资源过度开发导致的生态环境退化，降低了农业生产体系的持续抗旱能力，危及农业的可持续发展。从生态经济系统角度看，农业水危机是农业水资源系统与农业生态经济系统的协调关系受到严重破坏。由农业水资源的危机容易导致其他方面的危机，如农业水资源短缺→农业生态经济系统失衡→农业发展乏力→农产品产量萎缩→食品危机→社会危机（见图 2－9）。

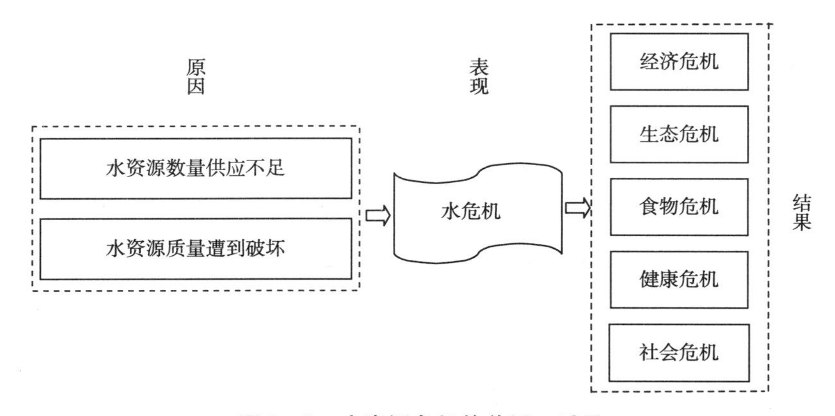

图 2－9 水资源危机的前因、后果

① J. 多尔蒂：《争论过的国家关系理论》，世界知识出版社，1987，第 9 页。

表 2－1　农业水资源危机的类型

类　型	原　因
自然型农业水资源危机	天然降水少，干旱，土壤性能差，河流与地下水源缺少等导致供水不足
污染型农业水资源危机	由于人类活动排放的污染物或能量造成的水污染使农业水资源失去使用价值而形成的缺水
工程型农业水资源危机	农业水利与灌溉工程建设不足和缺乏维修、更新，老化失修严重，影响了供水能力
浪费型农业水资源危机	与人们的用水习惯、用水观念和用水技术有关，导致农业水资源粗放利用
管理型农业水资源危机	农业水资源产权模糊，水价不合理，管理主体缺失，体制不完善，职责不清造成农业水资源不合理使用

2.5.2　农业水资源安全管理的主要内容

农业水资源安全管理是通过工程、非工程、管理、法律、行政、经济、技术等方面的手段，对农业水资源及其相关系统进行优化调控，提高农业水资源和农业水环境的可持续承载能力，实现农业水资源的科学利用和持续利用①。根本目的在于实现农业水资源永续地满足当代人和后代人对农业水资源的需求，推动农村经济、社会、资源和环境的协调发展。根据农业水资源安全管理的主体、内容和手段等可划分为不同的类别。①按照农业水资源的供求关系，农业水资源安全管理包括两个方面：一是农业水资源需求管理，其核心是在不影响农业生产的前提下，控制和减少农用水资源的需求（消耗）量，节约农业生产用水，提高农用水资源的利用效率；二是农业水资源供给管理，指组织动员各个方面的力量，促进农业供水工程建设，通过工程措施提高利用水平，减少水的无效消耗，以增加农业水资源的供给能力。②按照管理方式的不同，农业水资源安全管理又可分为基于政府机制、市场机制和社会机制的管理等内容②。

① 孙才志、杨俊、王会：《面向小康社会的水资源安全保障体系研究》，《中国地质大学学报（社会科学版）》2007 年第 7 期。

② 沈满洪：《中国水资源安全保障体系构建》，《中国地质大学学报（社会科学版）》2006 年第 1 期。

表 2－2　农业水资源安全管理的内容

管理类型	管理的内容
农业水资源安全的供给管理	水土流失治理 农业水环境保护 农业水源建设 农田水利工程 点源、面源和内源污染治理
农业水资源安全的需求管理	农业节水激励 农业水价形成机制 农业水资源产权建设 农业产业结构优化 水权交易制度
农业水资源安全的组织与政策管理	农业水资源管理体制 农业水利工程投融资机制 管理组织和政策 经济管理措施 经济补偿机制 农业水环境监测 农业水资源安全预警
农业水资源安全的技术管理	农业水资源的开发技术 农业水资源的节约技术 污染防治技术 新技术的推广与使用
农业水资源安全的立法管理	农业水资源管理的立法 有关农业水资源的法律、法规的实施细则 农业水资源保护的相关执法

第3章

农业水资源安全管理的主体

管理主体是指掌握管理权力，承担管理责任，决定管理方向和进程的有关组织和人员，由管理者和管理机构两个部分组成。一般而言，可以把一个组织内的管理者（或管理机构）分为高层管理、中层管理和基层管理三个层次，低一层的管理者既是管理活动的主体，又是更高一层管理主体的管理对象。研究农业水资源安全管理，必须要对其主体进行深入分析。

3.1 农业水资源安全管理主体的构成

农业水资源的属性特征决定了农业水资源安全管理主体的多样性，正因为主体的多样性，也决定了主体结构与主体行为的复杂性。

从农业水资源所有者角度分析，2002年我国对《水法》进行了修订，新《水法》第三条规定："水资源属于国家所有。水资源的所有权由国务院代表国家行使。农村集体经济组织的水塘和由农村集体经济组织修建管理的水库中的水，归各该农村集体组织使用。"可见，农业水资源所有者有国家和集体两种。

从农业水资源使用者角度分析，有代表国家的中央政府，实施跨区域农业水资源的调动使用；有各级地方政府，进行行政区域内的开发利用；有各种企业，如种植和渔业养殖企业等；有农户、农场等。

从农业水资源管理者角度分析，《水法》第十二条规定："国家对水资源实行流域管理与行政区域管理相结合的管理体制。"第十三条规定："国务院有关部门按照职责分工，负责水资源开发、利用、节约和保护的有关工作。县级以上地方人民政府有关部门按照职责分工，负责本行政区域内水资源开发、利用、节约和保护的有关工作。”显然，农业水资源管理者包括中央政府、地方政府以及各级政府的水资源管理部门。

从农业水资源保护投资者角度分析，在农业水资源保护中有国家投入、地方政府投入、企业投入、个人投入以及志愿者投入。

可见，农业水资源安全管理的主体是多层次、多元结构的，包括中央政府、各级地方政府、水利企业、政府职能部门、民间组织、农户，等等。本书根据在农业水资源安全管理中的主导作用情况，把主体分为四个类别，即中央政府、地方政府、政府的管理机构、农户及其集体（主要指村民委员会和农村集体组织①、用水协会和农业企业），当然，还有非营利组织②，但在我国农业水资源领域涉及的还很少。

3.1.1 中央政府

现代意义上的政府有广义和狭义两种不同理解。广义的中央政府是指掌握社会公共权力的各种国家政权机关的总和，包括立法机关、行政机关和司法机关。狭义的政府仅指国家政权机关中的行政机关。而经济学上的政府一般指广义的政府（张曙光，1995）。严格地说，政府、国家、统治者是有区别的概念，政府指的是政体安排，国家更多地偏重地域和疆界的概念，而统治者指的是具体控制权力人。但是国家的管理职能是由政府来行使的，政府最终要掌握在统治者手里，因此，对这三个概念有时没有必要作太多的区分（赵晓，2003），本书采用的是广义上的政府概念，“中央政府”是指广义上的中央政府，主要包括中央国家权力机关（议决或立法机构）和中央权力执行机关（行政机关），而不单指中央国家行政机关。

中央政府作为农业水资源安全管理的主体有三方面特征：①强制性。中央政府可以通过宪法、法律法规、条例等来组织动员社会资源实施集体行动并达到一定的目的；中央政府也可以通过其合法的权威对社会资源和活动进行管制，从而对农业水资源利用方向进行控制。因为，中央政府的

---

① 由于村民委员会、农村集体由农户组成，按1998年实行的《中华人民共和国村民委员会组织法》规定，村民委员会是农民利益的代表，农村集体的主要决定，须经2/3村民同意，因此，可以认为村民委员会与农村集体是农户的联合，在利益上和农户是一致的。

② 非营利组织是指不是以营利为目的的组织，有时亦称为第三部门，与政府部门（第一部门）和私部门（第二部门）并列，形成第三种影响社会的力量。

“强制性”权威，使中央政府在充当农业水资源管理主体的角色时，其组织的有效性一般而言是比较高的，特别是在组织大规模的集体行动时更是如此。②委托性。因为中央政府领导与支配各级地方政府，中央政府把农业水资源保护的任务委托给不同层级政府，形成上下的委托—代理关系，但是中央政府的行为预期，可能由于其各级代理人——地方政府的行为差异而有所不同。③集中性。体现在中央政府在保障农业水资源安全上能够集中人力、物力、财力，解决某些农业水利重点工程。

3.1.2　地方政府

地方政府与中央政府是相对应的两个术语。中央政府是单一制国家中拥有最高权力的政府。在单一制国家中，地方政府都是中央政府的下属政府，“中央”与“地方”属于上下隶属的关系。在联邦制国家里，联邦政府与联邦成员政府之间，不存在上下隶属关系，即不存在中央与地方关系：联邦政府不是联邦成员政府的中央政府。但不论单一制国家还是联邦制国家，都是统一的整体国家，都有一个代表整个国家的政府——全国性政府（国家政府）。在这一国家内治理国家一部分地域的政府，则是一种地域性政府（地域政府）。“地域”与“国家”之间是一种部分与整体的关系。联邦制国家的联邦成员政府是地域政府。而地方政府则是单一制国家内的地域政府，是中央政府管辖下的地域政府。

关于地方政府的含义和范围，学术界的观点颇不一致。例如，《国际社会科学百科全书》是这样解释地方政府的：“地方政府一般可以认为是公众的政府，它有权决定和管理一个较小地区内的公众政治，它是地区政府或中央政府的一个分支机构。”《美国百科全书》对地方政府的解释与上不同，认为“地方政府，在单一制国家，是中央政府的分支机构；在联邦制国家，是成员政府的分支机构。”对于中国“地方政府”的概念，笔者认为有广义与狭义之分，广义上的“地方政府”是指掌握地方性的社会公共权力的各种政权的总称，由党的领导机构、人民代表大会及其常务委员会、人民政府、审判机关（人民法院）、法律监督机关（人民检察院）组成；狭义上的地方政府仅指地方性的行政机关（人民政府）。

新中国成立初期，我国地方政府的层级为四级，即大行政区政府—省（自治区、直辖市）政府—县政府—乡（镇）政府。1954 年，为了加强中央的集中统一领导，中央决定撤销大区一级的行政机构。这样，地方政府的层级就由最初的四级制改为四级制与三级制、两级制并存。这种地方政府的层级结构在1954年宪法中得以确立，并为1978年宪法和1982年宪法重新肯定，成为我国地方政府层级的基本制度。

2004年第十届全国人民代表大会第二次会议通过的《中华人民共和国宪法修正案》，规定我国地方政府层级主要有三种类型：（1）两级制。它仅存在于直辖市的市区，其层级是：直辖市政府—市辖区政府。（2）三级制。直辖市政府—郊区政府—乡（镇）政。（3）四级制。省（自治区）政府—地级市政府—县政府—乡（民族乡、镇）政府。根据我国《宪法》和《地方组织法》的规定，地方各级政府是地方各级国家权力机关的执行机关，是地方各级国家行政机关，负责组织和管理本地区的行政事务。地方政府施政中的角色定位，是一种制度性安排，包括地方政府的行政角色、地方政府的经济角色和地方政府的公共服务角色。在我国的政府体制中，省级政府以及省以下的各级政府都称为地方政府，地方最高一级政府是省级政府，县级政府、乡镇政府直接面向农村地区居民提供公共服务，是直接服务农村地区的政府，一般称为基层政府。

3.1.3 政府的水资源管理机构

2002年第九届全国人大常委会第29次会议通过的《水法》规定："国家对水资源实行流域管理与行政区域管理相结合的体制。国务院水行政主管部门负责全国水资源的统一管理和监督管理工作。国务院水行政主管部门在国家确定的重要江河、湖泊设立的流域管理机构，在所管辖的范围内行使法律、行政法规规定的国务院水行政主管部门授予的水资源管理和监督管理职责。县级以上地方人民政府水行政主管部门按照规定的权限，负责本行政区域内水资源的统一管理和监督工作。""国务院有关部门按照职责分工，负责水资源开发、利用、节约和保护的有关工作。县级以上地方人民政府有关部门按照职责分工，负责本行政区域内水资源开发、利用、节约和保护的有关工作。"①

水利部为国务院的水行政主管部门。在流域管理方面，全国分为七大

---

① 《中华人民共和国水法》（2002），第十二条、第十三条。

流域管区，由长江水利委员会、黄河水利委员会、海河水利委员会、淮河水利委员会、松辽水利委员会、珠江水利委员会、太湖流域管理局流域管理机构负责管理[①]。在行政区域管理方面，各省级行政区域将水利（务）厅（局）作为省级水行政主管部门，对辖区内水资源实行统一管理和分级管理，省以下水行政主管部门在当地政府和上级主管部门的领导下开展工作。[②] 流域管理委员会和省（地、县）水利厅（局）往往下设灌区管理机构，灌区管理机构又按照流域分层管理。因此，农业水资源管理职能部门的结构，如图 3－1 所示。

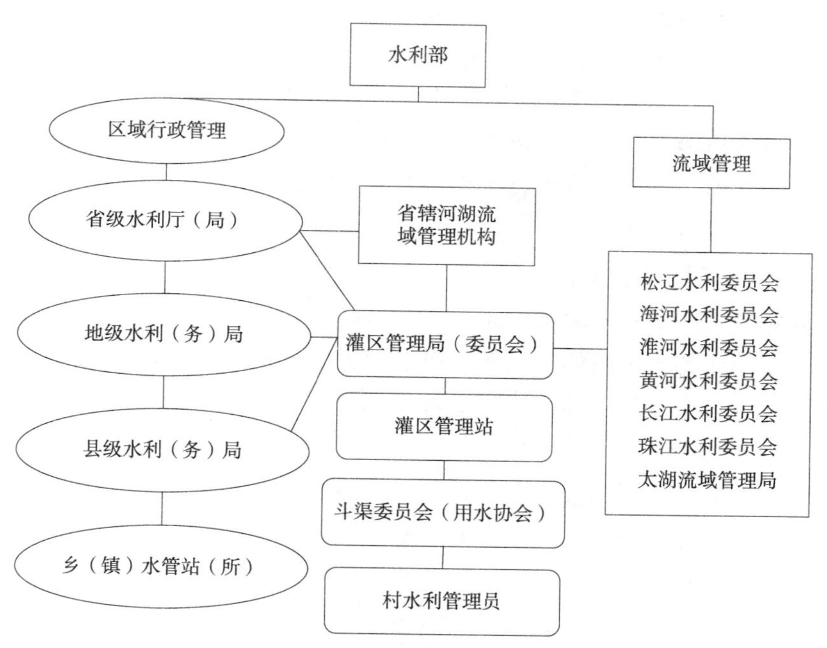

图 3－1　农业水资源管理的职能部门

各级环境保护部门以及国土资源行政主管部门在水环境质量和水源涵养方面，也有其明确的职责，但从农业水资源管理组织体系和农业水利投资、建设、维护方面的直接性考虑，本书没有进行主要分析。

---

① 何士华、徐天茂、武亮：《论我国水资源管理的组织体系和管理体制》，《昆明理工大学学报（社会科学版）》2004 年第 3 期。

② 吴季松、袁弘任：《水资源保护知识问答》，中国水利水电出版社，2002，第 23 页。

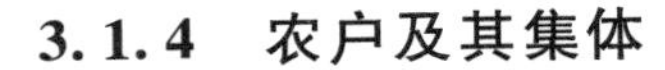

3.1.4 农户及其集体

（1）农户

农户被界定为以婚姻、血缘关系为纽带组成的农村家庭。由于目前农民就业渠道和方式的多样化，农村中存在许多完全脱离农业生产的家庭，而作为农户最本质的特征是从事农业生产，至少应该有部分成员从事农业生产，且农业营业人员收入构成其家庭收入的主要部分之一。如果一个农村家庭根本不从事农业生产，那么它实际上已经不具备农户的基本特征，也就不能称其为农户了。本研究所指的农户是以婚姻、血缘关系为纽带组成的完全或部分从事农业生产的农村家庭。

20 世纪 80 年代我国农村突破了人民公社“三级所有，队为基础”的体制，以农户为单元，实行家庭联产承包责任制，使农民获得了土地经营使用权，从而农户成为我国农业生产最基本、最直接的单元，也是农业水资源利用的微观主体。

（2）农民用水者协会

在国外，用水者协会（Water Users Association，简称 WUA）是指在灌溉系统中结成的农民团体。也称为用水者组织（Water Users Organization）、农民组织（Farmers Organization）、灌溉联盟（Irrigation Union）、灌区用水者协会（Irrigation District Users Association）等。[①] 我国农民用水者协会一般是以灌区一条支渠或较大斗渠控制的灌溉范围为水文边界，由该范围内的受益农民自愿参加，依照国家有关法律法规，通过民主方式所组成的灌区合作管理组织。用水者协会的性质为非营利性经济合作组织，经当地民政部门登记注册后，具有独立法人资格，实行独立核算，自负盈亏，实现经济自立。灌区用水者协会负责所辖区域内灌排系统的管理和运行，协调用水户与灌溉水源单位（供水公司或供水单位）的关系，保证协会内用水户的正常灌溉用水，确保灌溉资产的保值和增值，同时向供水公司或供水单位交纳灌溉水费。灌区用水者协会则向用水户收取灌溉水费。通过政府授权，工程设施的维护与管理职能部分或者全部由用水者协会承担，协会通过民主的方式进行管理，负责灌区内斗渠及以下渠道、田间工程的管

① 刘伟：《中国水制度的经济学分析》，复旦大学博士学位论文，2004。

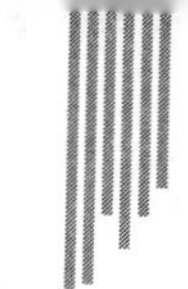

理、维护及用水调节。农民用水者协会是参与式灌溉管理的具体组织形式，是村民自治的具体体现，其实质是“民主管理，广泛监督”。[①]

农民用水者协会有以下特点：其一，农民用水者协会是由一定水文边界范围内，比如说一条河流的流域范围或一条渠道灌溉范围内的农民用水户自愿组织起来的，而不是按行政区域划分的。这是因为行政区划常常与河流水域的分布不一致，按流域来管理，农民自愿组织，用民主管理的方式，实行自主建设，自己受益。其二，用水者协会按自主、民主原则组建和运行，协会有章程、制度，拥有灌排设施，负责人由民主选举产生，受法律保护，能承担民事责任，在大中型灌区内与供水机构是合同供水合作伙伴关系，不附属于政府或灌区专管机构。其三，用水协会在财务上是一个独立的主体。有向用水户收取水费的权力，同时有向供水单位缴纳水费的义务，协会成员在享有用水权利的同时，承担相应的维护工程出工集资的责任和义务。

（3）村民委员会

1982 年宪法规定村民委员会是基层群众性自治组织，其职能是办理本居住区的公共事务和公益事务，调解民间纠纷，协助维护社会治安，并且向人民政府反映群众意见和提出建议。1998 年第九届全国人大常委会第 5 次会议审议通过了《中华人民共和国村民委员会组织法》，村民自治作为国家在乡村社会的一项制度安排最终定型化。村民自治的实行确立了乡村社会新的治理结构——“乡政村治”。它不仅重新构造了农村基层的行政组织与管理体系，也力图重新划定国家权力与社会权力、农村基层政府与农村基层自治组织的权力边界，从而为乡村社会的自我组织和管理提供了一定的社会与政治空间，也为农民的经济自主和政治民主提供制度与组织框架。2010 年第十一届全国人大常委会第 17 次会议修订《中华人民共和国村民委员会组织法》，在第一章总则第二条中明确：“村民委员会是村民自我管理、自我教育、自我服务的基层群众性自治组织，实行民主选举、民主决策、民主管理、民主监督。”

从法律上看，村委会的性质是被明确规定了的，它是基层群众性自治

① 赵立娟：《农民用水协会形成与有效运行的经济学分析》，内蒙古农业大学博士学位论文，2009。

组织，属于非行政组织。而在实际运作中，村委会是在村党支部领导下开展工作的，受上级影响大，带有明显的“政府化”倾向，事实上是乡政府在农村的进一步延伸，担负着与上级政府对应的职能。因此，村委会的性质（法律上所明确的）与其在实际运作中的“政府化”共存。村民委员会既要办理村务，又要执行政务，扮演着双重角色，成了具有行政权力的“准政府”（吴士健、薛兴利、左臣明，2002）。

（4）村干部

在相当长的时间内，村干部一直扮演着类似于乡镇基层政府领导的“双重角色”，他们既是国家利益代理人，受乡镇政府之托，负责村庄行政任务；又是村庄利益当家人，代言村民的意愿和偏好，因而是处于国家与农民互动交汇点上的中介人。但是，随着村民自治和全面取消税费等多项改革措施的出台，现实生活中影响村干部“双重角色”和行为逻辑的因素日益复杂。一方面，村干部无论是从“行政人”的角度出发，还是从“经济人”的角度出发，都仍然需要配合乡政府，继续扮演代理人的角色。另一方面，从村干部的境遇转变来看，随着村民自治的深化和完善，村干部的合法性基础与权力授权来源发生了由上至下的转变，乡镇已经不能任意决定村委会干部的任免与去留。相反，来自村庄方面的影响力则越来越强。这些都是村干部进行理性选择时要慎重考虑的因素。

3.2 农业水资源安全管理主体的作为

明确地讲，在农业水资源安全管理上，中央政府、地方政府、政府职能管理部门、流域管理机构、企业、农民用水者协会、村民委员会和农户都具有很大的作为，他们的作为不可或缺，但由于他们的主体身份不同，地位不同，职能不同。因此，他们作为的方式与内容并不一样。

3.2.1 中央政府的作为

中央政府的作用范围能够辐射到全国范围，其政令在国土范围内具有号召性。第一，组织机构在全国范围内具有隶属性和传递性。中央政府设立总揽全国政务的中央机关，在中央机关的隶属下设立相应的下属各级机构。第二，核心权力和最高权力属于中央政府。在社会组织体系中，中央政府拥有

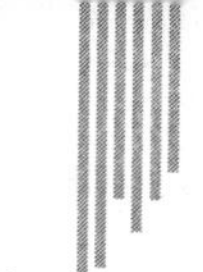

核心、最高的权力，一个国家社会与经济全面发展的最主要权力都掌握在中央政府手中。中央政府直接制定出或者由各个部门代表中央政府制定的全局性政策，具有在全国范围内发挥效力的作用。第三，中央政府权力的作用范围是全国性的，全权管理国家行政区划内的事务。对国内重大事项的处理，以及全国性重大方针政策的出台，都属于中央政府的权力范围。

中央政府作为水资源管理主体和水权的代表者，在水资源安全管理方面具有举足轻重的作用。中央制定的政策、法令、规章制度、教育引导方式等对保障农业水资源安全都有直接影响，同时中央政府的经济发展模式、中央政府行为又间接影响下级政府和农户。因此，中央政府行为在农业水资源安全管理过程中处于主导地位，它可以把各种权力、手段有效结合起来，提高公众的积极性。概括起来，中央政府在农业水资源安全管理上的作为有以下几方面。

（1）农业水资源安全管理制度与政策的制定

中央政府在农业水资源安全管理中具有统筹全局的地位，具有农业水资源法律法规建设、管理制度创新、确立管理体系和组织机构的权力。

（2）农业水资源安全保护的投资

对比较利益较低的农业进行补贴是世界各国通行的做法，随着政府职能的转变，对于公益性特征显著的农业水利与水资源保护工程，中央政府应是主要的投资主体。随着工业化进程的加快，我国开始以工业反哺农业，为保证粮食生产的稳定性，需要中央政府加大财政转移支付力度，支持农业水利设施的建设与维护。

（3）农业水资源安全的监管

我国水资源的终极所有权属于国家，中央政府要负责农业水资源的监管，根据法律管理农业水资源的供给者与使用者的行为，协调各地方政府之间的关系，维护农业水资源管理中的安全性和公正性。

3.2.2　地方政府的作为

根据我国《宪法》和《地方组织法》的规定，地方各级政府是地方各级国家权力机关的执行机关，是地方各级国家行政机关，负责组织和管理本地区的行政事务。地方政府存在于一个国家的有限区域内，具有从属性；地方政府有明确的管辖范围，有完整的组织体制，有独立的财源。地方政府的职责就是对辖域社会实施公共管理。地方政府在履行职责的过程中，通过自身的活动，为当地社会的持续发展创造有利的环境和条件，从而推进整个社会的进步。

地方政府的作为主要有以下几方面：第一，负责本行政区内农业水资源的管理和监督工作；第二，负责本行政区内农业水资源的开发、利用、节约和保护工作；第三，领导行政区内灌溉、排涝、水土保持工作；第四，组织行政区内农村水利工程建设；第五，编制行政区内农业水资源利用规划；第六，进行农业水资源保护和水利建设动员及投入。

3.2.3 政府水资源管理机构的作为

根据《中华人民共和国水法》（2002）总则第十二条，国家对水资源实行流域管理与行政区域管理相结合的管理体制，即“国务院水行政主管部门负责全国水资源的统一管理和监督工作。国务院水行政主管部门在国家确定的重要江河、湖泊设立的流域管理机构（以下简称流域管理机构），在所管辖的范围内行使法律、行政法规规定的和国务院水行政主管部门授予的水资源管理和监督职责。县级以上地方人民政府水行政主管部门按照规定的权限，负责本行政区域内水资源的统一管理和监督工作”。各级政府水行政主管部门和流域管理组织以及下设的灌区管理组织，在农业水资源安全管理中的作为分别如下。

水利部在农业水资源安全管理方面的主要作为是：①拟定水利工作的方针政策、发展战略和中长期规划，组织起草有关法律法规并组织实施。②统一管理水资源。组织制定全国水资源战略规划，负责全国水资源的宏观配置。组织拟定全国和跨省（自治区、直辖市）水长期供求计划、水量分配方案并监督实施。③组织实施取水许可制度和水资源有偿使用制度。拟定节约用水政策，编制节水规划，组织、指导和监督节水工作。④按照国家资源和环境保护的有关法律法规，拟定水资源保护规划；组织水功能区的划分和向饮水区等水域排污的控制。④组织指导江河、湖泊、水域的开发、利用、管理和保护。组织、指导水政监察和水行政执法；协调并仲裁部门间和省（自治区、直辖市）间的水事纠纷。省、市、县水行政主管部门职能与水利部的作为相类似。

流域组织作为水利部的派出机构，属于事业单位，其下设的水资源保

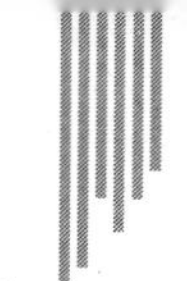

护局仍为水利部和国家环保部双重领导。流域管理组织（局、委员会）的作为主要有：①负责《水法》等有关法律法规的实施和监督检查，拟定流域性水利政策法规，负责职权范围内的水行政执法和查处水事违法案件，负责调处省际水事纠纷。②组织编制流域综合规划及有关的专项规划并监督实施。③统一管理流域水资源。负责组织流域水资源调查评价；组织拟定流域内省际水量分配方案和年度调度计划；组织指导流域内重大建设项目的水资源论证。④组织流域水功能区划，提出限制排污总量意见，负责对省界和重要水域的水质水量监测。⑤组织指导流域内江河、湖泊、水域的开发、利用、管理和保护。

灌区管理组织与农业水资源有直接的密切关系。“灌区”通常是指在一处或几处水源取水，具备完整的输水、配水、灌水和排水工程系统，能按农作物的需求并考虑水资源和环境承载能力，提供灌溉排水服务的区域。灌区是一个半人工的生态系统，它是依靠自然环境提供的光、热、土壤资源，加上人为选择的作物和安排的作物种植比例等人工调控手段而组成的一个具有很强的社会性质的开放式生态系统（朱瑶等，2003）。一般 30 万亩及 30 万亩以上的为大型灌区，30 万亩以下 1 万亩以上的为中型灌区，1 万亩以下的为小型灌区。有的灌区管理组织由省（市、县）水利厅（局）设立，有的由流域管理组织设立，名称为灌区管理局、处、委员会等，按流域情况下设灌区管理站（委员会）、斗渠委员会等，属于事业单位，在农业水资源利用与保护中作为很大，主要有以下几个方面：①负责统一调度灌区内的用水，努力确保灌区内农业灌溉用水的供水；②负责组织灌区内工程设施的检查监测、维修养护和运行管理；③负责灌区内水费的收缴工作；④保护灌区生态环境。

3.2.4　农户及其集体的作为

（1）农户的作为

在以家庭联产承包责任制为核心内容的农村经济制度安排下，农户作为自主经营、自负盈亏的微观经济主体，有限理性、追求自身效用的最大化和一定程度的机会主义倾向自然成为其最基本的特征①。农户成为我国

① 杜威漩：《中国农业水资源管理制度创新研究》，浙江大学博士学位论文，2005。

农业生产最基本、最直接的单元，也是农业水资源利用的微观主体。在农业水资源安全保护中，农户不仅是供给者，也是消费者，具有角色的双重性。农户的作为主要有以下几方面：第一，使用节水设备与技术，集约利用农业水资源；第二，进行农田水利建设；第三，参与农业水资源管理，第四，保护农业水资源环境；第五，进行水土保持。

（2）村民委员会的作为

村委会（村委会在村党支部领导下开展工作，村委会与党支部可以理解为一体）无疑是正式、合法的村级基层管理组织。2010 年修订的《中华人民共和国村民委员会组织法》第二章村民委员会的组成和职责中，第八条规定："村民委员会应当支持和组织村民依法发展各种形式的合作经济和其他经济，承担本村生产的服务和协调工作，促进农村生产建设和经济发展。村民委员会依照法律规定，管理本村属于村农民集体所有的土地和其他财产，引导村民合理利用自然资源，保护和改善生态环境。"村民委员会来自于村民，活动在村民之中，熟悉村民的生活并了解村民的意愿。村民在生产、生活上有什么要求和困难，需要给予什么样的支持和帮助，对政府及行政人员有什么意见、要求和建议，都可以通过村委会向政府提出。因此，村委会在农业水资源安全管理中有重要的作用，尤其在"一事一议"[①] 中村委会起到的作用更加重要。村委会的作为主要有以下几方面：第一，组织村民进行农田水利工程建设；第二，协调农户之间的用水关系；第三，协助上级完成农田水利工程的规划、建设和管理任务；第四，协助组织成立农民用水者协会，并支持其开展工作。

（3）农民用水者协会的作为

由于农民用水者协会是以用水农户为主体，由农民自愿组织起来的自我管理、自我服务的农村专业灌溉管理组织，属于具有法人资格，实行自主经营、独立核算的民间社团组织。[②] 政府与农民用水者协会之间既不是上下级关系，也不是指导与被指导的关系，在某种意义上二者是一种合作伙伴关系。在农业水资源利用与保护中农民用水者协会的作为主要有以下

① "一事一议"是指村民兴办直接受益的农田水利基本建设、道路维修、植树造林和村民认为需要兴办的其他集体生产生活等公益事业时，经民主程序确定自愿出资出劳的行为。

② 赵立娟：《农民用水协会形成与有效运行的经济学分析》，内蒙古农业大学博士学位论文，2009。

几个方面。

①组织农户。农民用水者协会的产生采用民主选举的形式，先在各斗渠成立用水者小组，后每个小组选出一名组长（大组可能选两名），代表他们参加支渠的用水者大会，成立用水者协会。根据章程，大会代表选举出用水者协会执行委员会。执委会负责提出一年的用水计划，供大会讨论审批。这样为农民提供了可以表达共同利益的论坛，提高了农民组织化的程度，有利于其他地方性自愿组织的出现（Cernea，1993）。由于个人可以从合作中获得收益，农民之间就可以建立信任，从而使其他方面活动的合作更为容易。从用水户组织产生的背景看，主要是随着灌溉技术的发展，在灌溉系统的建设和使用中需要农民之间的集体行动和共同努力（青木昌彦，2001）。我国长期以来，灌溉管理部门在进行灌区规划与建设时重点一般都放在干渠级以上的渠道，对于支渠级以下的渠道，无暇顾及。当涉及许多村庄的大型水利工程竣工后，局部灌溉系统的建设、维护和使用就需要依赖村级社区的自治管理。组建农民用水者协会替代水管部门的职能，将灌区末级固定渠道交付协会管理、维护，变成农民自己的工程，达到建、管、用相结合，权、责、利相统一，把渠道管理与群众利益直接联系起来，可以增强用水户的主人翁意识和工程管理的责任心，提高农民维护渠道、改善灌溉条件的意识。

②提高农业水资源管理效率。农业水资源和水利工程按流域分布设置，与乡（镇）、村的行政区域划分交叉、重叠，农灌紧张时，上下游、左右岸用水矛盾突出，渠道上抢水、筑坝拦水现象增多，人为地造成了水资源的浪费。成立农民用水者协会后，实行统一管水，协会成员都必须遵守，可杜绝因争水造成的矛盾冲突，有利于农村的社会稳定。同时，利用高新技术，在水量和时间上，提高输水可信度和可预测性，能够改善灌溉用水的分配和输送，尽可能地增加上下游用水分配的公平性。上游的协会对灌溉水进行合理的再分配能够减少水量浪费，不仅下游可以得到更多的水，而且增加了整个流域的水资源利用率（李友生等，2004）。如果农民用水者协会分摊维修成本，农民就会更好地对水工程的条件进行监督，就会减少对设施的破坏，维护工程质量，农民用水者协会本身并不能显著地提高农业生产率，但是通过提高水服务和扩大灌溉面积，可以提高农业生产率和农业产量。

③提高农业水资源利用的公平和协调性。农民用水者协会可以克服单个农户的不足，增加个人与外部谈判讨价还价的能力，由组织出面与外部集团进行谈判，具有更大的力量，更有利于获得外部力量的支持；同时更容易协调村与村、上下游、河流与池塘、供水者和用水者之间的关系；还可以使农户用水公平，比如水费收缴是农民用水者协会各项工作中的一个环节，一些水利设施缺乏地区，水费按照灌溉面积平均分摊到每个农户，造成用水无节制，大水漫灌比比皆是，而且水费收缴层次多、收缴不规范、搭车、代收、克扣等现象增加了农民的负担。农民用水者协会减少了水费征收的中间环节，保证了用水户在水费收取和使用管理上的知情权和监督权。

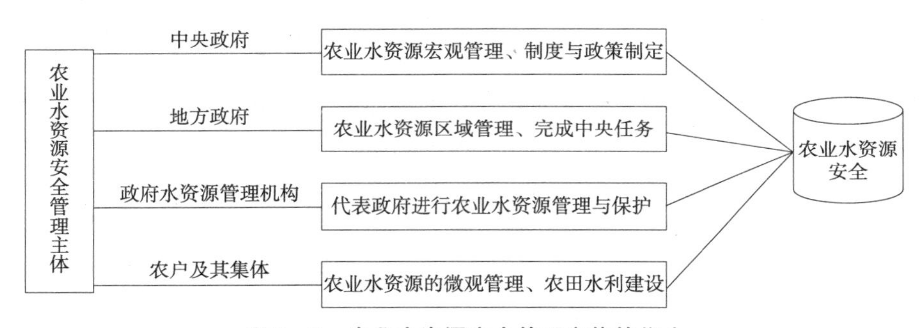

图 3－2　农业水资源安全管理主体的作为

3.3　农业水资源安全管理主体的行为逻辑

3.3.1　农业水资源安全管理主体的逻辑理论

（1）行为人的假设

第一，理性假设。这一假设认为，人类普遍存在着使自己经济利益最大化的愿望和动机。人在经济活动中总是受利己主义动机所驱使，任何经济决策都是根据趋利避害的原则和成本—收益分析做出的。这一假定其实与亚当·斯密在《国富论》中所论述的“经济人”理论是一致的。斯密之后，经济学家们就把人类行为界定为追求财富最大化。这种假定有利于经济学家们对经济问题作深入分析。但在许多情况下，人类行为远比传统经济理论中的财富最大化的行为假定更为复杂，非财富最大化动机也常常约

束着人们的行为。后来诺思把诸如利他主义、意识形态和自愿负担约束等其他非财富最大化行为引入个人预期效用函数，建立了更加复杂、更接近于现实的人类行为模型。非财富最大化动机往往具有集体行为偏好，人们往往要在财富与非财富价值之间进行权衡。这种权衡过程实质上就是在这两者之间寻找均衡点的过程。制度作为一个重要变量能够改变人们为其偏好所付出的代价，改变财富与非财富价值之间的权衡，进而使理想、意识形态等非财富价值在个人选择中占有重要地位。

第二，有限理性假设。有限理性（bounded rationality）是指人的行为是有理性的，但这种理性又是有限的。人有着想把事情做得最好的愿望，但人的智力是一种有限的稀缺性资源。因此，所有协议、契约或合同都不可避免是不完全的。在诺思看来，人的有限理性包括两个方面的含义，一是环境是复杂的，在非个人交换形式中，由于参加者很多，同一项交易很少重复进行，所以人们面临的是一个复杂的、不确定的世界，而且交易越多，不确定性就越大，信息也就越不完全。二是人对环境的计算能力和认识能力是有限的，人不可能无所不知。由此可以得到一个结论：制度通过设定一系列规则能减少环境的不确定性，提高人们认识环境的能力。

第三，机会主义行为倾向的假定。这是指人对自我利益的考虑和追求的意识，是指人具有随机应变、投机取巧、为自己谋取更大利益的行为倾向。制度经济学认为，人在追求自身利益的过程中会采用非常微妙隐蔽的手段，会通过投机的方式实现自身利益的最大化。因此，如果交易—协约双方仅仅建立在承诺的基础上，那么交易双方潜在的风险是很大的。这就是说，虽然协约双方都作出了承诺，签署了协议，但此后的实践结果却并不确定。人的机会主义行为倾向也是人类社会各种制度产生的一个重要来源。①

（2）理论依据

农业水资源安全管理是一个典型意义上的奥尔森式的集体行动②。集

---

① 樊根耀：《生态环境治理制度研究》，西北农林科技大学博士学位论文，2002。

② 引自曼库尔·奥尔森《集体行动的逻辑》，三联书店，上海人民出版社，1995。奥尔森在《集体行动的逻辑》中揭示了一个具有共同利益的集体并非必然产生集体行动的根源在于集团内广泛存在的“搭便车”现象，为了克服这种“搭便车”困境，奥尔森设计了一种强制和“选择性激励”的组织策略，前者指依靠一种中央集权的方式来迫使集团成员参与集体行动，而后者指正面的奖励与反面的惩罚相结合，对参与集体行动的成员实施奖励，而对不参与者进行惩罚。

体是由具有共同利益的成员组成的，但集体行动的逻辑不是如通常的观点认为的那样，因为争取共同利益，而会采取集体行动。因为个人理性与集体理性的悖论[①]，大的集体行动十分困难，而小的集体行动却相对要容易得多。集体行动提供的是一种公共品或集体产品（collective goods）。所以集团没有办法排斥集团成员对于集体行动成果的分享。当集体的人数很多，公共品效用有限，平均到每个成员的效用很小时，或者当收益不抵成本，或组织成本太高时，就无法或不足以激励集体成员采取集体行动。

曼库尔·奥尔森（1965）在《集体行动的逻辑》一书中，以个人追求自己的福利为参照，对促使个人追求他们共同福利的困难性，作了一个与囚徒困境博弈密切相关的分析。奥尔森认为，除非一个群体中人数相当少，或者除非存在着强制或其他某种特别手段，促使个人为群体的共同利益行动，否则理性的、寻求自身利益的个人将不会为实现他们共同的或群体的利益而采取行动。即如果一个人在集体物品被生产出来以后，不会被排除在获取这一物品所带来的收益之外，那么这个人就不会有动机为这个集体物品的供给自愿奉献力量，而会采取“搭便车”的行为。

帕森斯[②]的社会行动理论和科尔曼[③]的理性选择理论，也能为我们分析农业水资源安全管理提供理论依据。塔尔科特·帕森斯认为，社会行动最基本的单位是单元行动，单元行动具有如下性质：①有一个行动者；②有某种行动目的；③有一定的行动情境，这样的情境包含两个要素，即行动者能加以控制的手段要素和不能控制的条件要素；④有一定的行动规范取向。单元行动就是由目的、手段、条件、规范这样一些要素构成的。每一种行动都涉及主观目的，并构成行动中的意志自主因素。这种意志自主的努力，使行动情境得以区分为手段与条件。而规范作为一种主观要素，对

① 显然，奥尔森与亚当·斯密不同。亚当·斯密认为在“看不见的手”的作用下，个人理性与集体理性将自动会达到一致，但这是以完全竞争和信息充分为前提假设的。

② 塔尔科特·帕森斯（Talcott Parsons），美国社会学家，结构功能主义（在20世纪50～60年代曾是西方社会学中占主导地位的理论和方法论）的代表人物，早期的主要理论倾向是建构宏大的社会理论，后期开始从宏观转向较微观的理论，对社会学的发展作出了极大的贡献。

③ 詹姆士·科尔曼（James S. Coleman，1927～1995年），是美国的社会学家，他的理性选择理论在方法论上是以个体行动为起点和出发点，以宏观的社会结构为研究目标，实现微观与宏观的连接。

行动者的这种努力起着调节作用。单元行动中相互关联的这些性质，构成了各种行动科学的共同参照系。

科尔曼的理性选择理论认为，行动者是理性的人，行动者的行动是为了达到一定的目的，通过人际互动或社会交换所表现出来的社会性行动，这种行动需要理性考虑对其实现目的有影响的各种因素。对一个行动者而言，不同的社会行动会产生不同的社会效益，而行动者的行动原则就是为了最大限度地获得效益。人的理性行动不仅追求经济效益，还包括社会的、文化的、情感的、政治的等目的。人的基本社会行动要素是行动者、资源利益和利益结构。对人的行动有决定性影响的因素有两个：一是个人的利益和偏好，一是结构制约。制约包括市场结构、权威结构、信任结构。经济机制在市场环境中发挥着主要作用，而在权威结构和信任结构中权力、社会资本和社会规范起着主导作用。

在农业水资源安全管理中，若干个利益相关者或单位组成了利益集团。在这一利益集团内，一方面，农业水资源安全事关国民经济发展的全局，属于集团的整体利益，而且这种集团利益具有公共性，这使得保障农业水资源安全行动集团中的每个成员都能共同且均等地分享农业水资源安全的整体收益，而不管其是否付出了成本或付出成本了多大；另一方面，保障农业水资源安全行动中的若干集团成员，如中央政府、地方政府、村委会、农户、企业等，具有完全不同于集团收益的纯粹的个人利益，且存在着这样的一种可能：如果某个个人的行动使集团的状况得以改善，而集团状况改善后个人所分享的收益与改善集团状况所付出的成本相比微不足道，集团成员又不同意分担实现集团目标所需要的成本且不能给予行动者特别的激励，则集团成员就缺乏采取行动的利益冲动，因此，研究农业水资源安全管理主体的行动逻辑非常重要。

（3）理论判断

假设农业水资源安全管理的成本为 C，它是农业水资源安全规模或水平 T 的函数，$C=C(T)$。一般地，随着农业水资源安全规模或水平 T 的增加，边际成本呈现递增趋势，$dC/dT>0$。同样，设 S 为保护农业水资源安全的总收益，它也随着保护农业水资源安全规模 T 的变化而变化，是农业水资源安全规模或水平的函数，$S=S(T)$。由于边际报酬递减规律的作用，$dS/dT<0$。就整个社会农业水资源安全行动集团而言，农业水资源安全

的净收益 R 等于总收益与总成本之差，即：$R=S-C=S(T)-C(T)$。

农业水资源安全管理的社会最优水平由保护农业水资源安全的边际收益与边际成本决定，只有当：$dR/dT=0$；$dS/dT-dC/dT=0$；$dS/dT=dC/dT$，即边际收益等于边际成本时，农业水资源安全才能达到社会最优水平。由于农业水资源安全行动是由集体行动中的个人和单位完成的，个人和单位的行为又取决于保护农业水资源给个人和单位所带来的相对好处，也就是说，个人或单位保护农业水资源安全的行为基础是寻求个人或单位净收益 Ri 的最大化。

我们假设集体行动中成员 i 所获得的保护农业水资源安全的收益为 Si，其大小取决于保护农业水资源安全总收益 S 的大小及其成员收益占总收益份额 Ki 的大小，其中 Ki 值的大小取决于集团成员力量的相互对比，Ki 受到集团规模的大小、成员在集团中地位的高低及经济实力和影响力大小等因素的影响。显然，$Si=KiS$ 或 $Ki=Si/S$。若保护农业水资源的成本不能在集团成员中分担，则个人和单位保护农业水资源安全的净收益 $Ri=Si-C$。

显然，只有当：$Ri>0$；$Si-C>0$；$Si>C$；$KiS>C$ 时，单独行动的个人和单位才会采取保护农业水资源安全的行动，此时成员所分享的保护农业水资源安全收益大于成本。从而使成员采取保护农业水资源安全行动具有经济上的合理性。

集体行动成员 i 的保护农业水资源安全最优水平由个人或单位的边际收益与边际成本所决定，即：$dRi/dT=0$，$KidS/dT=dC/dT$。可以看出，个人所确定的保护农业水资源安全最优水平低于社会或集团所要求的社会最优保护农业水资源安全水平。若保护农业水资源安全成本在集团成员之间进行分摊，且成员 i 成本分摊的比例为 Fi，则成员 i 所承担的保护农业水资源安全保护成本为 FiC，此时成员的净收益 Ri 为：$Ri=KiS-FiC$；保护农业水资源安全规模由 $KidS/dT=FidC/dT$ 所决定。

为了激励需要，国家对保护农业水资源安全行动中的有关成员采取诸如奖励、惩罚等措施，从而对成员的收益和成本函数进行调整。如果成员采取符合社会利益的保护农业水资源安全行动将得到 m 的奖励，若成员的行为违背了社会利益其相应的惩罚为 n，m 和 n 也是保护农业水资源安全规模或水平的函数，则此时个人的净收益为：$Ri=(Si+m)-(C+n)$。此时个人和单位保护农业水资源安全的最优水平由 $dSi/dT+dm/dT=dC/$

$dT + dn/dT$ 决定。

如果个体成员只能获得其保护农业水资源安全所产生的部分收益，却不得不承担更多的保护农业水资源安全成本，由于保护农业水资源安全作为一种公共物品，不能排除集团内任何成员对这一公共物品的享用，“搭便车”的逻辑将进一步降低某些个人或单位保护农业水资源安全的动力，使成员保护农业水资源安全的行为具有偏离社会最优状态的自然倾向。因此，要切实保护农业水资源安全，就必须调整个体成员的成本收益函数，使个人或单位保护农业水资源安全的边际成本和边际收益处于合理状态。

3.3.2　农业水资源安全管理主体的利益取向

利益对人的行为具有激励作用，对主体的意向、行为具有一定的导向作用，是促使人们实现农业水资源安全的重要动力。有学者指出，“利益导向是一定的功利原则和价值标准在人的利益活动中的具体化，它指导利益主体按照历史必然性要求采取最有价值的行为方向与行为路线，规范和引导人们在利益追求中趋利避害，追求合理利益，反对不合理利益。”[①] 因此，为了更好地激励农业水资源安全主体的行为，首先应分析其主体行为的利益。中央政府、地方政府、政府的代理机构、农户及其团体都是利益主体，保障农业水资源安全的动力就来源于主体利益的实现。研究保护农业水资源安全，主体利益及其实现是一个基本的问题。离开了主体利益分析，可能一切问题都无从谈起。因此，必须从保护农业水资源安全的主体——中央政府、地方政府、政府的代理机构、农户及其团体的利益角度出发，才可能认清农业水资源安全管理的动力根源。

对利益的追求是人类发展的动力，又是可持续发展之源，也是不可持续问题难以解决的症结所在。因此，在农业水资源安全研究中必须首先分析主体间的利益差别。

在现实生活中，利益的具体表现是丰富多彩的，既可以从利益主体的角度分类，如阶级利益、社会利益、个人利益、国家利益、地区利益等，也可以从利益内容方面分类，如政治利益、经济利益、物质利益、精神利

① 斯蒂格利茨：《经济学》，中国人民大学出版社，2001，第 53 页。

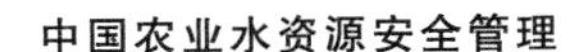

益等。在保障农业水资源安全中涉及的利益关系，主要是国家的整体利益、地区的局部利益和农户的利益，或者是中央政府、地方政府以及农民的利益关系。

在保护农业水资源安全的行动中，若干个具共同利益的单位组成了利益集团。在这一利益集团内，一方面，保护农业水资源安全事关国民经济发展的全局，具有集团的整体利益，这种集团利益具有公共性。另一方面，保护农业水资源安全行动中的若干集团成员，如中央政府、地方政府、政府的代理机构、农户及其团体等，又具有各自完全不同的集团利益。因此，保护农业水资源安全的主体有着共同利益，但他们的利益取向又有很大的区别。

笔者对中央政府、地方政府和农户及其团体①的利益取向的差别，做如下分析。

（1）中央政府的利益取向

中央政府是我国最高国家权力机关的执行机关和最高国家行政机关，担负着全面领导和组织我国一切重大国家行政事务的管理职责，拥有宪法赋予的广泛的职权。中央政府的利益取向就是国家利益，它不但要考虑区域、农村、农户的利益，也要考虑全国、城市、全体人民的利益，不仅要考虑经济的发展，而且要考虑社会的稳定，中央政府是从国家长治久安、社会和经济和谐发展、综合国力提高的全局的战略高度，去对待保障农业水资源安全问题的。因此，中央政府保障农业水资源安全的利益取向是全局的。

（2）地方政府的利益取向

与中央政府相比，地方政府有其自身的特点：一是权限的双重性，即一方面有执行中央政府意图的职能，完成中央政府的部署；另一方面享有领导地方的权力，以实现地区社会经济发展目标为基本内容，对其管辖的地区社会和经济活动等进行领导和管理。二是地位的从属性，即地方政府不但受到同级立法机关的约束，而且要服从上级领导机关的制约。三是权

① 由于各级水资源政府管理机构可以看做各级政府的代表和执行者，因此不做单独分析；按照村民自治法规定，村委会和农民用水者协会等农村组织由农民选举产生，代表农户的利益，所以作为一个群体类别。

限范围的有限性，即地方政府的权限只能体现在本地区，并且受到中央政府及法律的约束。四是行为动机的区域性，即地方政府始终以地区利益为其行为选择的依据，对维护地区利益的热情和代表地区利益的理性，使地方政府成为地区利益的代言人。五是作用的多方位性，即地方政府的作用涉及地方的方方面面，对本地区的社会政治、文化教育、经济等进行全方位的领导和管理。六是利益取向的双重性，即地方政府在中央政府的领导下，必须体现国家的整体利益要求，但同时，地方政府又要在以大局为重的前提下去争取地区利益的实现。七是地方政府是一个具有适用性的主体，即地方政府会在外界环境或其他主体的行为刺激下，做出合理的选择，及时调整自己的行为。地方政府的上述特点导致地方政府在保护农业水资源安全利益取向方面是双重性的，既取向全局的，又兼顾地方的，这就使地方政府在保护农业水资源安全的问题上与中央政府可能一致，也可能出现分歧。

（3）农户的利益取向

农户作为“自然人”，他们的行为选择是由投入—产出比较收益最大化决定的，我们以一个农户农田水利投入为例来说明。假定农户都面临这样一个生产函数：

$$Q=f(L, K, E)$$

上式表示在技术一定的条件下，农业产出是劳动、资金、土地等要素的函数，其中 L 表示投入的劳动，K 表示投入的资金，E 表示土地，Q 表示农业产出。这里 L、K、E 要素的投入对于产出 Q 来说都是不可缺少的。任何一种生产要素投入的增加和减少都可能引起产出 Q 的增加和减少。但是，这种产出的增加在生产要素边际收益递减规律的作用下是有一定限度的。为了便于问题分析，首先假定土地 E 是一定的，那么对于产出 Q 来说则有：

$$Q=f(K, L)$$

于是，L、K 之间就形成了一条等产量线（见图3－3）。在单位农业水资源促进农业收入有一定限度的条件下，一个理性的农户绝不会无止境地对农田水利追加劳动 L 的投入和资金 K 的投入。因为他们清楚要素投入的比较利益原理，他们会在农田水利与其他投入中选择最佳的投入方式。

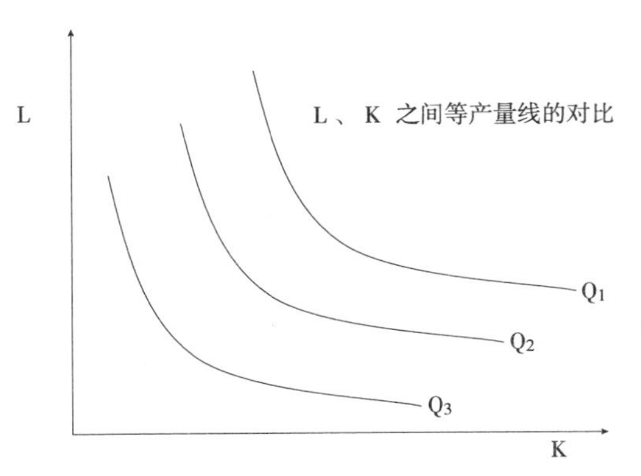

图 3-3　农田水利中劳动与资金等投入的等产量线

将 $Q=f(L, K)$ 两边全微分，即得：

$$\frac{\partial f}{\partial L}dL+\frac{\partial f}{\partial K}dK=0;\ MRTS=dL/dK=\frac{\partial f}{\partial K}/\frac{\partial f}{\partial L}$$

$\partial f/\partial K$，$\partial f/\partial L$ 分别为 K、L 的农业边际生产力或边际收益，即 $\partial f/\partial K=MR_K$，$\partial f/\partial L=MR_L$。在具体的农户行为安排中，他们是在利润最大化的驱使下，做出使 $MR_K=P_K$，$MR_L=P_L$ 的选择，即边际收益等于预期产出率。资金投入农田水利的成本不高于资金的边际收益，劳动力投入农田水利的成本不高于劳动力的边际收益。否则，农户作为理性经济人就会将资金和劳动力由农田水利投入转向其他。对农户来说，L 的机会成本应是非农田水利投入的劳动力收入或出卖劳动力的收入，K 的机会成本应是投资于非农田水利的收入。当农户农田水利投入的机会成本大于机会收入时，农户就必然将一部分资金和劳动力转向其他方面，而不是农田水利。

3.3.3　农业水资源安全管理主体的行为逻辑[①]

（1）中央政府的行为逻辑

中央政府在保障农业水资源安全上既有成本，也有收益。

成本方面，可分为直接成本和间接成本。直接成本是指中央政府采取保护农业水资源安全行动，如实施农田水利工程、进行农业水资源规划、

---

① 高明：《农业水资源保护的主体及其行为逻辑分析》，《西北农林科技大学学报（社会科学版）》2010 年第 1 期。

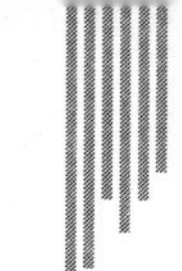

农业水资源治理、实行水资源用途管制、制定农业水资源保护法规条例、执行农业水资源保护政策等直接支付的费用；间接成本主要是指实行农业水资源保护政策影响其他行业发展，制约某些产业发展速度，中央政府财政收入下降等。

收益方面，也可分成直接收益和间接收益。直接收益包括因保障农业水资源安全保证了农业生产特别是粮食生产的增长，粮食产量增加，且食物的安全性提高。又可分为短期收益和长期收益。短期收益表现为农业生产的增长及其对国民经济发展所形成的产品贡献、市场贡献和要素贡献①，长期收益表现为后代人的可持续发展得到了保护。间接收益包括生态环境改善、食物安全保障对国民经济其他部门的促进作用以及由此带来的政府支持率上升和社会安定。

两利相权取其重，两害相权取其轻。在保护农业水资源安全的得与失面前中央政府如何决策？农业水资源是农业生产的基础，农业是粮食的基础，保障农业水资源安全直接关系到食物安全，食物安全又关系到社会的稳定，如果不保护好农业水资源，中国的粮食安全和社会稳定就无法得到保证。2011 年中央一号文件指出："水利是现代农业建设不可或缺的首要条件，是经济社会发展不可替代的基础支撑，是生态环境改善不可分割的保障系统，具有很强的公益性、基础性、战略性。加快水利改革发展，不仅事关农业农村发展，而且事关经济社会发展全局；不仅关系到防洪安全、供水安全、粮食安全，而且关系到经济安全、生态安全、国家安全。要把水利工作摆上党和国家事业发展更加突出的位置，着力加快农田水利建设，推动水利实现跨越式发展。"② 可见，从理性出发，中央政府有较强烈的保护农业水资源的意愿，保护农业水资源安全是中央政府所遵循的行为逻辑。

（2）地方政府的行为逻辑

地方政府是一个经济人、政治人、道德人的集合体③。在向市场经济体制的转轨过程中，地方政府的特性不断发展变化，呈现出复杂性和多样性的特征。由于地方政府本身存在的生存、发展等根本问题，行政状况等

---

① 黄守宏：《论市场经济条件下农业的基础地位》，《经济研究》1994 年第 1 期。

② 2011 年中央一号文件《中共中央、国务院关于加快水利改革发展的决定》，2010 年 12 月 31 日。

③ 赵全军：《中央与地方政府及地方政府间利益关系分析》，《行政论坛》2002 年第 3 期。

具体问题以及其地方行政官员自身所存在的经济利益和政治前途等问题，地方政府事实上也存在着自身的政治和经济利益。

从逻辑上讲，有了地区，就有了地区利益。地区利益的内涵包括两个方面：一是本地区经济发展的需要和满足；一是地方政府官员追求政绩的需要和满足。地区利益是客观存在的，但要把它表现出来就必须要有一个能够代表和实现它的主体。在传统的计划经济体制下，地方政府只是行政等级制中的一级组织，既没有独立的经济利益，也没有相应可供控制的社会资源，地方政府在权力和利益方面处于明显的从属地位，只能被动地接受和执行中央政府的指令性计划，而不能超越其管理对象范围和层次制定有悖全局的政策，它最基本的选择是按照中央政府赋予的权力去实现国家整体利益。在那样的条件下，我们把国家、集体、个人看做社会主义计划经济条件下的三个利益主体，往往只是注意到不同所有制关系之间的利益差异，而模糊了客观存在的地区利益。

在向市场经济体制转轨的过程中，中央赋予了地方相对独立的利益和一定的经济管理自主权，使地方政府的利益主体地位逐渐突出，其隐性的经济人特性也走势趋强，表现得越来越明显。中国渐进式改革的一个重要特征，是针对计划经济体制下国有企业一统天下的局面，分两个阶段培育进入现代市场经济的微观主体：第一阶段是在大力发展非国有制经济的同时，把中央对国有经济的大部分控制权转换为地方政府控制权，充分发挥地方政府在经济发展中的主观能动性；第二阶段是按建立现代企业制度的要求，明晰产权关系，实行政企分开，把经济增长的推动主体由地方政府转换为各类企业，奠定企业在市场经济中的微观主体地位。经过两个阶段的发展，形成了过渡时期中国地方政府成为推动经济增长主体的格局，造就了目前中国特有的以地方行政利益为边界的市场竞争关系和经济增长方式。其中最为显著的事实是，放权让利改革战略和“分灶吃饭”财政体制的实施，使地方政府担当了推动地区经济增长的重任，其掌握的经济决策权和可支配的资源也得到了相应的拓展。因此，在转轨时期的中央与地方关系中，强化了地方政府的经济人特性，造就了地方政府与中央政府利益博弈的可能。

地方政府在保障农业水资源安全上同样有成本与收益的问题。

成本方面既包括地方政府执行国家保护农业水资源安全政策、采取农

业水资源保护措施、兴修水利工程等行动所花费的直接成本，也包括地方政府为了保护农业水资源而限制某些企业发展所带来的地方财政收入的减少，后者构成地方政府保护农业水资源安全的间接成本。

收益方面包括地方农业经济发展，生态环境改善，也包括因执行国家保护农业水资源安全政策所带来的政治安全和荣誉收益，当然，执行保护农业水资源安全政策而免受的惩罚也可列入收益之内。地方政府要博得上级政府的赏识与当地群众的拥护，因此，在其行为的选择上必然衡量“政绩利益的最大化”。当前在地方经济需要增长和人们生活水平需要提高的强烈意愿驱使下，加之保护农业水资源的生态效益在短期内不容易转化为现实价值，以及中央政府对地方政府的政绩考核标准存在缺陷，地方政府是否决定保护农业水资源安全，其意愿强度如何，是在一定前提条件下进行利益比较而选择的。

（3）农户的行为逻辑

农户的特征可以用理性人来概括。① 美国人类学家 S. 塔克斯发表的《便士资本主义：危地马拉印第安人经济》认为，农民对价格的反映是和资本家一样的，尽管他们的资本只有几便士。诺贝尔经济学奖获得者西奥多·舒尔茨在《改造传统农业》中，认为过去人们所指责的传统农业中小农愚昧落后，经济行为缺乏理性的观点是错误的，这种观点是一种幼稚的文化差别论②。他进而指出在考虑成本、利润及各种风险时，农民都是很会盘算的生意人。农民所种植谷物的数量，耕种的次数和深度，播种、灌溉和收割的时间，手工工具、灌溉渠道、役畜与简单设备的配合等等，这一切都很好地考虑到了边际成本和收益。农民在自己的小型、独立和需要筹划的领域里，把一切活动都安排得很有效率。也就是说，农民是在现有的条件下最大限度地利用可图的生产机会和资源的人，是相当有效率的，是理性的经济人③。波普金进一步认为小农是一个在权衡了长短期利益及

---

① 所谓经济人是理性的，是指人在经济活动中总是受到利己动机的驱使，在进行经济决策时总是深思熟虑地通过成本—效益分析或者趋利避害的原则，对各种可能的机会和目标以及实现目标的手段进行权衡取舍，以便为自己带来最大限度的利益。

② 西奥多·舒尔茨：《改造传统农业》，商务印书馆，1999，第 23 页。

③ S. Popkin. *The Rational Peasant*: *The Political Economy of Rural Society in Vietam*. Berkeley, 1979.

风险因素之后，为追求最大生产利益而做出合理选择的人，是“理性的小农”。[1] 小农对他们所支配的资源做最有效的安排，在权衡了长、短期利益之后做出合理抉择，是理性的小农，传统农业其实是有效率的，生产要素的配置行为也符合帕累托最优原则。我国改革开放之后，农户成为市场经济的独立法人。市场经济就其本质而言是一种物质利益经济，这一本质迫使农户的主要目的是追求物质经济利益的满足，即从本质上讲任何市场竞争主体的行为都是一种趋利性行为，正是这样一种完全趋利性的行为推动着整个社会的飞速发展。农户保护农业水资源安全的收益包括农业水资源安全所带来的农业收入的增加，也包括农业水资源安全形成的对其生活保障等间接收益。因此，农户保护农业水资源安全的行为动机取决于比较收益的大小。

通过对中央政府、地方政府、和农户保护农业水资源安全的行动逻辑的分析，我们可以得出这样的结论：中央政府有保护农业水资源安全的积极性，但要使地方政府与农户具有同样的积极性，还需要进行激励。

3.4 农业水资源安全管理主体间的关系

3.4.1 主体间行为不一致的理论基点

亚当·斯密确立了“经济人”的基本内涵与特征，虽然在这之后，中外经济学家一直没有停止过对“经济人”现象进行证伪和批判。争论的结果并未改动“自利原则”，它不仅是西方经济学体系的“阿基米德支点”，同时也是用于解释人类行为最有效的工具。农业水资源安全管理中的农户是这样，地方政府也是这样，因为他们都具有双重利益的特殊属性，不仅是公共利益的代表，具有公利性的典型特征，而且也是自身利益的使者，必然表现自利性的驱动。

从直观上看，农业水资源的破坏性利用是非理性的，但我们从国家、地区、部门、单个企业与个人的层面去思考，则存在国家与微观经济主体、中央政府与地方政府、整体与局部的理性出发点和行为逻辑的不同。保护农业水资源安全对整个国家来讲是理性的，但对局部经济组织和个人

---

① 韩喜平：《关于中国农民经济理性的纷争》，《吉林大学社会科学学报》2001 年第 3 期。

不一定是最优的选择，因为不同层面的主体在保护农业水资源中的成本与收益不同，而且具体到每个人的数值也不一样。因此，造成主体表现的复杂性。

在分析保护农业水资源安全主体间的行为差别时，一般用到博弈论的分析思路。博弈论是现代数学的重要分支，博弈论考虑的问题是：在一个游戏中当游戏参加者采取不同策略时，他们会得到不同的收益，为了提高各自的收益，他们应该采取什么样的策略。采用“囚徒困境”[①] 或者“智猪博弈”[②] 都可以分析保护农业水资源安全主体的表现情况。“囚徒困境”博弈中单次发生的囚徒困境，和多次重复的囚徒困境结果不会一样。在重复的囚徒困境中，博弈被反复地进行。因而每个参与者都有机会去“惩罚”另一个参与者前一回合的不合作行为。这时，欺骗的动机可能被受到惩罚的威胁所克服，从而导向一个较好的、合作的结果。作为反复接近无限的数量，纳什均衡趋向于帕累托最优。“纳什均衡”中包含这样一条真理：合作是有利的“利己策略”，但必须按照你愿意别人对待你的方式来对待别人，而且只有他们也按同样方式行事才行，这是一个严格的规定。

“智猪博弈”能在农业水资源安全管理中应用，是因为农户、村委会、用水协会、乡镇政府、县以上地方政府、中央政府，以及政府的代理机构，他们的群体大小、地位、能力与所得收益有很大差别，可以用“大猪”和“小猪”来分析。因为农业水资源安全管理各主体的成本与利益（收益）不同，各主体对自己的利益考量不同，博弈也就在所难免。关键的问题是要寻找“游戏规则”，使博弈和纳什均衡趋向于帕累托最优。

---

① 囚徒困境（prisoner's dilemma）是博弈论非零和博弈中具代表性的例子，反映个人最佳选择并非团体最佳选择。虽然困境本身只属模型性质，但现实中的环境保护等方面，也会频繁出现类似情况。

② 在博弈论（Game Theory）经济学中，“智猪博弈”是一个著名的纳什均衡的例子。假设猪圈里有一头大猪、一头小猪。猪圈的一头有猪食槽，另一头安装着控制猪食供应的按钮，按一下按钮会有 10 个单位的猪食进槽，但是谁按按钮就会首先付出 2 个单位的成本，若大猪先到槽边，大小猪吃到食物的收益比是 9∶1；同时到槽边，收益比是 7∶3；小猪先到槽边，收益比是 6∶4。那么，利益分配格局决定两头猪的理性选择：小猪踩踏板只能吃到 1 份，不踩踏板反而能吃上 4 份。对小猪而言，无论大猪是否踩动踏板，小猪将选择“搭便车”策略。这一博弈模型得以成立的条件是，首先，大小猪之间虽然有力量上的强弱之分，但大猪并不能强迫小猪做出某种行为，不论大猪还是小猪，其行为都是自主的。其次，大猪和小猪都具有智慧，能对自己行为的收益作出理性分析。

3.4.2 主体间的主要关系分析

（1）中央政府与地方政府的关系[①]

我国中央政府成立伊始，就非常重视农业水资源保护工作，成立了农田水利建设的行政主管机构，负责全国的农田水利建设工作。在过去60多年中农田水利建设都受到中央政府的高度重视，尤其党的十一届三中全会之后，中共中央在1982年至1986年连续五年发布以农业、农村和农民为主题的中央一号文件。2004年至2011年又连续八年发布以“三农”（农业、农村、农民）为主题的中央一号文件，这些中央一号文件都包含了农业水利的内容。2011年中央一号文件《中共中央、国务院关于加快水利改革发展的决定》明确提出：“加大公共财政对水利的投入。发挥政府在水利建设中的主导作用，将水利作为公共财政投入的重点领域。各级财政对水利投入的总量和增幅要有明显提高。大幅度增加中央和地方财政专项水利资金。从土地出让收益中提取10%用于农田水利建设。进一步完善水利建设基金政策，延长征收年限，拓宽来源渠道，增加收入规模。加强对水利建设的金融支持，支持农业发展银行积极开展水利建设中长期政策性贷款业务。多渠道筹集资金，力争今后10年全社会水利年平均投入比2010年高出一倍。”[②] 可见，中央政府是农业水资源保护的积极倡导者和推动者，但中央政府也有财政支付能力的约束，需要地方政府的积极投入。

事实上在农业水资源保护方面中央政府与地方政府是一种委托代理关系，中央政府是委托人，地方政府是代理人。由于中央政府与地方政府的效用目标不尽一致，如果委托人对代理人监督不力或代理人行动不可观测，就可能会产生逆向选择问题。

中央政府在财力一定的情况下，不可能对农业水资源保护进行全额投资，而且，中央政府认为，在实行财政包干体制后，地方政府在区域性的水资源保护上有更多的投资责任。2005年后，中央政府一方面为了发展农

---

① 高明：《农业水资源保护的主体及其行为逻辑分析》，《西北农林科技大学学报（社会科学版）》2010年第1期。

② 2011年中央一号文件《中共中央、国务院关于加快水利改革发展的决定》中第三节“突出加强农田水利等薄弱环节建设”。

村经济、减轻农民负担，决定取消农业税，从而割断了基层政府的大部分财源；另一方面又要求地方和基层政府承担农业水利的责任，为农村经济发展创造条件，从而形成了基层组织财权和事权不对称的“中央请客、地方买单”的格局。因此，中央政府除了转移支付外，还给予地方政府自筹政策，即当上级财政拨款不足以弥补开支时，乡镇一级财政有权自筹，村一级也可以通过“一事一议”等程序来筹集农业水利建设的资金。

然而，地方政府在投资权限扩大的情况下，有理由根据地方财政收入最大化这一目标函数进行投资选择，由于农业水资源投入周期长、比较利益低，因此，在地方政府的投资优先序中，一般被排在后面。现实的情况是：中央政府制定政策以调动地方政府的积极性，但地方政府往往利用自身的信息优势，“软化”中央政府的水资源保护政策，并千方百计地争取中央政府对本地区的更多投入。这样，地方政府与中央政府的各自希望是：中央政府希望在中央投入一定的情况下，通过政策激励地方政府对水资源保护投入更多；地方政府则希望中央有更多的投入，自己投入少一些。

中央政府为了达到自己的目标，往往寄希望于政策的制定与监督。但是，由于农业水资源保护委托—代理链过长、代理层级过多、信息不对称，地方政府处于博弈的优势，在实际工作中地方政府往往夸大本地区农业水资源保护的需求，争取中央的投入，同时夸大地方政府的投入，争取业绩，这两方面逐级上报，逐级“加水”，使中央政府得到的信息极不真实。有些地方政府的农业水资源保护投入，是为了得到上级政府的投入而进行的“配套”，因此，中央政府与地方政府的博弈有“智猪博弈”的特征。

地方政府喜欢“聪明猪”的选择，与现行的行政体制和干部考核制度有关。首先，在以目前的财税体制为基础的权力利益格局中，地方政府是一个有着独立利益诉求和广阔逐利空间的“谋利型政权经营者”，其利益诉求主要表现为短期内地方的经济发展。这使得地方政府在农业水资源保护上会权衡自己的利益得失，以自己的利益最大化作为行为的标准和最终的目的。其次，从约束角度看，由于上下级政府间信息传递链条过长，地方政府有足够的能力控制“私人信息”和辖区“自然状态”信息，导致了地方政府在农业水资源保护上的机会主义倾向。

（2）乡镇政府与农户的关系

乡镇是乡村和集镇的统称，它既是一个社区性概念，又是一个行政性概念。在行政意义上是指整个国家行政体系中处于最低一级的政权。国家按一定条件在乡村（包括集市）设置的行政机构，称乡人民政府；按一定条件在集镇设置的行政机构，称镇人民政府，二者统称为乡镇政府。现行宪法规定："省、直辖市、县、市、市辖区、乡、民族乡、镇设立人民代表大会和人民政府。""地方各级人民政府是地方各级权力机关的执行机关，是地方各级行政机关。"这些规定表明，乡镇政府是乡镇人民代表大会的执行机关，是最基层的一级行政机关，它根据党的路线、方针、政策和国家的法律、法规，直接领导农村的政治、经济、文化和其他有益农村建设的各项社会活动。乡镇政府作为最基层的政府，面对的是乡镇范围内的公众，是最广泛、最直接与广大农村居民相联系的一级政府。乡镇政府具有"双重角色"，即同时担当上级政府和基层农民的"代理人"，其基本职能表现在两个方面：一是国家政治控制和行政管理的职能，二是社区公共管理的职能。与此同时，乡镇政府和上面的县级政府还共同承担着提供庞大而又重要的社会公共服务的责任，

税费改革前，乡镇政府通过组织和动员农民用劳动力最大限度代替资本，以及通过摊派和集资的方式，承担农村水利建设的职能。税费改革后，乡镇政府和村级财力都大大减弱，农业水利建设完全由乡镇财政来提供已经不现实。按照经济学"理性经济人"的基本假设，任何政府行为主体在其行动过程中都会追求自身效用的最大化，而乡镇政府由于层级低，监督成本高，自利性明显，如果来自县级以上政府部门的财政转移支付不足，缺乏硬性约束的农业水利设施建设就会落空。近几年有些乡镇政府极力推崇农业水利建设"市场化"解决方案，通过承包、拍卖，实施谁用水谁付费等方式，目的是弥补乡镇政府投入的不足，把本应由乡镇政府承担的投入转嫁给农业用水者（主要是农户）。近几年的实际情况也是这样，农户的用水成本普遍增加，实质上反映了乡镇政府与农户的博弈。

乡镇政府的愿望是上级政府能够提供足够的转移支付，或者通过"一事一议"的办法向农民集资，来解决农业水利问题。

而对农户来说，他们希望基层地方政府能够免费提供水利服务，有时为了能争取到地方政府的投入，甚至会采取保持水利短缺或部分短缺的策

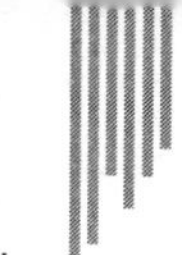

略，作为向地方政府要价的理由，因为他们知道，如果农户自己兴修水利满足需要，地方政府就不会另外投资；如果水资源不能满足农业生产，则地方政府可能会给予投资。

由以上分析可知，乡镇政府在农业水资源保护上的基本思路是：向上级政府争取资金或让农户通过村集体“一事一议”的办法自己解决。农户则是期待政府给予解决，等靠是农户的基本心态。

（3）农户与农户的关系

税费改革后，实施“一事一议”使农户在农田水利建设选择上有了前所未有的自由，但也出现了每个农户都极大限度地追求理性，而最终造成无理性的“合成谬误”或称为“囚徒困境”的尴尬现象，主要表现为村民组织难、交易成本高、免费搭车现象严重。农民“原子化[①]、边缘化”的现状使集体合作存在障碍，农户变得愈发具有“个体理性”、“善分不善合”。因此，很多人分析农户在农业水资源安全保护问题上利用“囚徒困境博弈”，推导出“不合作”的结论，认为具有理性的农户之间无法形成“集体理性”，农民之间的“不能合作”会严重削弱农业水利的供给。

然而，我国农村社区是以地缘为纽带、以农业生产为基础，基本上由同质性劳动人口组成的社会结构简单、人口密度较低的地域社会（程贵铭，1998）。费孝通认为，中国传统农村社区是一个“熟人社会”，它建立在亲缘、地缘、业缘基础之上，其中亲缘甚于地缘，地缘甚于业缘，同时它有明确的地域界限，村庄社区内成员有很强的认同感。“熟人社会”的特点是人与人之间存在一种私人关系，人与人通过这种关系联系起来，构成一张张关系网。[②]

笔者认为在保护农业水资源安全上农户关系可能有两种情况：“合作”与“不合作”，既可能出现负和博弈或零和博弈，也可能出现正和博弈，关键在于农村社区的组织状况。

第一，无组织状态：负和博弈（零和博弈）。如果乡镇政府、村委会

---

① “原子化社会”的思想最初见诸马克思的“马铃薯理论”。马克思认为，小农经济基础上的村落社会，正如一个个马铃薯被装成一袋马铃薯一样，全都挤在一起好像很团结似的，实际上是各不相干的（《马克思恩格斯全集》第 8 卷第 217 页）。

② 胡拥军、毛爽：《农村社区公共产品合作供给的决策机制》，《兰州学刊》2011 年第 1 期。

和农村自我组织缺乏对农户的协调，而且农村社区关系淡薄，农户处于“原子化、边缘化”状态，在农业水资源的保护上没有政府组织、农民合作组织（自我组织）、农村社会精英和家族的出面协调，没有规章制度，农户处于无组织的状态，就可能会出现负和博弈或零和博弈。因为农业水资源使用很难排他或排他的成本非常高，农民搭便车和机会主义的选择就是理性之举了。正是这种集体行动的逻辑困境，阻碍了农民在保护农业水资源上的劳动和资金投入。

第二，有组织状态：正和博弈。如果农村社区的社会关系密切，组织化程度高，农户就可以在水资源保护上达成共识、进行合作。这是因为：①作为“熟人社会”的社区成员之间的合作程度依赖于一系列正式或非正式的共同规范，可能是历史积淀下来的村规民约，可能是某种农村帮扶义助的既定方式，也可能是长期生产生活形成的规矩惯例等等（胡拥军，2008）。在农村社会中人们流动低，范围小，农民的生活局限于村庄，在村庄生产、生活和实现人生的价值，农民对村庄的预期长远，宗族组织和村庄舆论的力量强大。从博弈论的角度，不同形式的社会资本既是社区成员重复博弈的均衡结果又是重复博弈的前提条件。“熟人社会”可以有效地边缘化不合作者，使他们在日后的生活中产生信任危机，因此不合作者很少。②水资源使用者的数量集中、分布相对固定，农民居住在某一特定区域，人口规模变动不大，他们之间也彼此熟悉，水资源使用者的人数和范围边界一般都能被清晰界定。一定流域的小型农田水利设施的使用者在特征、数量、分布情况以及相互之间的利益等方面具有相似性或是差异性，对水利设施的开发和维护都有影响。当使用者数量少，居住集中，利益相似，用途相同，收益来源一致时，水利设施的建设和维护就比较容易，否则，就比较困难。世世代代都居住在某一特定区域的农户，他们之间也彼此熟悉，小型水利设施使用者的人数和范围边界一般也都能被清晰地界定。因此，他们合作的可能性就很大。③每一个农户的策略行为及其结果都是可以被长期相互观察的。农户是否遵循大家共同遵守的规则，也都是明确的。声誉道德约束着每个人遵循共同规则，而所有水利设施使用者之间的相互监督和制约，将有利于农户集体行动愿望的产生。④农户使用农业水资源是年复一年的，对投入与产出的关系也比较清楚，他们对长期使用的水利设施的状况和

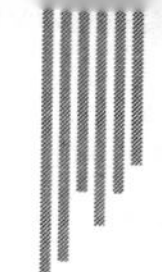

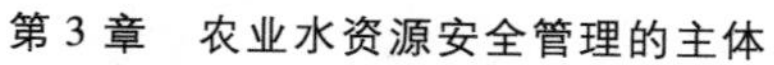

信息也是非常清楚的。农民长期试错和重复博弈，会改变个体农民的策略行为，变不合作为合作，逐渐认识到合作则双赢，不合作则亏损，使农民个体产生合作思维，认知合作的重要性。因此，组织化程度高的社区，农户更接近于长期合作动态博弈，是“熟人社会”的形式，而不是像“囚徒困境”那样的非合作静态博弈。

第 4 章

农业水资源安全管理的路径

4.1 农业水资源安全管理的路径类型

由第 2 章和第 3 章可知，农业水资源具有公共池塘资源的属性，农业水资源安全管理的主体具有多样性。这就产生了所谓的集体行动难题，怎样有效地解决这些问题呢？根据前人对公共池塘资源的研究，我们可以采取政府的行政工作促进农业水资源安全，也可以采取市场制度促进农业水资源安全，另外，还可以在小范围内采取自我管理促进农业水资源安全。本章将对农业水资源安全管理的政府管理路径、市场机制路径和自主组织路径，以及三种路径联合使用的方式进行探讨。

4.1.1 政府直接管理

以政府或国家为主导的强制性管理是水资源保护中应用最为广泛的形式之一。按照庇古（Arthur Cecil Pigou，1877～1959）的观点，导致市场配置资源失效的原因是经济当事人的私人成本与社会成本不相一致，从而私人的最优导致社会的非最优。因此，政府采取措施使私人成本和私人利益与相应的社会成本和社会利益相等，则资源配置可以达到帕累托最优状态。由于农业水资源具有非排他性，每个人都认为无论付费与否都可以获得收益，那么他就不会有自愿付费的动机，这导致对于农业水资源的投资无法收回，私人企业自然不会投资于此；同时农业水资源所具有的竞争性，使每个人都有尽量取用以满足自己需要的动机，这无疑会导致过度使用，这时候，往往需要强制力来加以约束。政府之所以适合提供公共产品，关键在于它能够凭借其政治权力，把提供公共产品

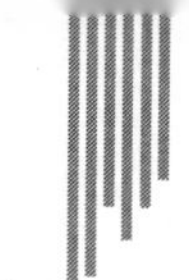

的“成本”与“收费”直接结合起来。使追求效用最大化的个人或企业产生合理化的行为。一般认为，政府应该具有的经济职能包括资源配置、收入分配和稳定经济三个方面。这三个方面的职能都能够成为政府进行农业水资源安全管理的依据。[①] 以政府或国家为主导对农业水资源安全进行强制性管理的手段包括：①运用行政手段进行直接管理。②运用经济等手段进行间接管理。

4.1.2　市场机制

罗纳德·科斯（Ronald Coase）认为在不存在交易成本和谈判成本的条件下，受外部性影响的各方将会就资源配置达成一致意见，使这种资源配置既是帕累托最优的，又独立于任何事先的产权安排。要解决外部性问题，无需政府的干涉。这被称为科斯定理（Coase theorem）。在农业水资源安全管理中，同样也可以通过产权协商来协调各方的利益，实现没有社会成本的优化管理。这一制度把外部性问题的解决变成了个体的分散决策和单个选择，而且将事后的治理或索赔变成了事先的协商，因此在微观管理中有一定的实用价值。科斯所极力主张和推崇的纯粹市场制度，其实质是用区别于政府干预的产权方式和市场制度来解决“外部性”的问题。从客观效果上看，它与庇古税形式的作用一样，都是将外部成本内部化，最终实现帕累托最优。但它的优势在于无需政府的介入，灵活性强，能大大降低管理成本，且避免了政府的指令控制缺乏效率的弊端。由于科斯式的纯粹市场理性无需政府的介入，而完全靠个体的相互作用，因此，必须有相对完整的环境和资源等法律环境，为参与其中的个体提供法律规范。

4.1.3　自主组织管理

与依靠政府的强制性管理和科斯式的市场机制不同的是，自主组织管理依靠个体间的相互作用而自发形成的规范来约束。这种形式与哈耶克（Hayek）理论强调的“自发秩序”有着基本相同的含义。资源自主治理的最大特点在于，它不是借助于外部代理人，而是由一群委托人相互沟通、

① 黄春雷：《农村社区公共池塘型水资源治理问题研究》，华中农业大学硕士学位论文，2006。

协商之后自发达成的，它的运行也无须外部力量的介入，而是依赖个体内部的特定协调方式。从理论上讲，即使在没有外部力量强加的条件下，个体间也可能产生相互合作的行为，这一均衡被称为对“公地悲剧”的“没有制度的解决”[①]。这样的制度安排无须将公地悲剧的解决诉诸政府的强制性措施，而是通过当事人内部的谈判和协商，特别是借助各博弈方之间存在的合作的可能性，将不合作博弈转化为合作博弈，并且形成相应的替代性制度安排。这样，就在国家的强制性制度安排与科斯式的纯粹市场理性之间找到了一条中间道路。事实上，在世界各地的灌溉系统、近海渔场、森林、草地等小规模的资源利用系统中，这样的替代性制度是屡见不鲜的。只要能够满足一定的条件，如直接而充分的信息分享，完全对称的使用收益以及适当的监督条件等，这种制度形式就是有效的。[②] 自主组织管理的前提，是利用公共资源的一群委托人之间存在着足够的社会资本，这些社会资本将引导各行为主体产生合作行为。[③]

4.2 农业水资源安全管理的政府路径

4.2.1 实施政府直接管理路径的依据

戴维·伊斯顿（David Easton）认为，任何社会存在的基本条件都是确立一些机制，以便做出权威性的决议来规范各种利益的分配[④]。对公共物品的供给更是如此，公共物品的供给与消费必然涉及一个权威机构，即由谁来供给、由谁来生产、由谁来分配，权威机构的产生实质上涉及公共物品的交易成本问题。人们的社会性活动需要稳定的秩序，否则行动者的机会主义倾向就难以制约；如果人人都想通过“搭便车”的办法来享用公共物品，公共物品的供应就会严重短缺；如果行动者给他人造成“外部性”，私人协议又不能克服，整个社会就会处于无序状态，社会福利水平便会大大降低。假设上述各种权利冲突都可以通过连续的一次性交易的私人协议

① Fisher, *Environmental and Natural Resource Economics*, Cambridge University Press, Cambridge, 1981: 184.

② Hayek, *The Fatal Conceit*, University of Chicago Press, 1988: 11.

③ 樊根耀：《生态环境治理制度研究》，西北农林科技大学博士学位论文，2002。

④ 唐士其：《西方政治思想史》，北京大学出版社，2002，第51～53页。

来解决，权威结构当然是不需要的。但是，连续的一次性交易的私人协议的成本通常是巨大的；因为实际社会中充满了无法预见的不确定性因素（信息不充分），一次性交易的私人协议需要不断修改，反复谈判，其成本是非常巨大的。而且，这种反复的私人谈判难以产生稳定的秩序。一个可行的办法是，人们确认一个权威（谁来充当权威当然是一定条件决定的），由它来主持制定规则，维护规则，并解决不确定性因素引起的权力冲突。这样做的好处是大大降低了交易成本。因此，政府作为公共利益的代表，在公共物品供给中具有责无旁贷的作用。

可见，政府提供公共物品的目的，是为了维持一种社会秩序，以实现其统治和管理。现代政府的产生，是社会成员“权力让渡”的结果。随着人们社会活动和交易的复杂化，单个利益主体都无法或不愿处理各人所面临的一切事务。于是，各个利益主体会调节自身的需求结构，以“让渡”部分私人权力和私人利益为代价，换取各利益主体间的有限度地协调一致，共同创设公用条件，从而保证自身利益的有效实现。各利益主体所“让渡”的权力形成了一个以维护每个人利益为目的的公共利益的代表者——政府。

主张通过中央集权的力量来解决公共池塘资源的滥用或退化问题的学者主要有奥普尔斯、海尔布罗纳、爱伦费尔德以及卡鲁瑟和斯通纳等。奥普尔斯认为“由于存在着公地悲剧，环境问题无法通过合作解决……所以具有较大强制性权力的政府的合理性是得到普遍认可的”。[①] 卡鲁瑟和斯通纳在对发展中国家水资源发展情况进行研究后认为，解决“公地悲剧”与公共池塘资源利用的持续性问题的原则或者说唯一的原则就是一个外部规制者的强力介入。[②] 由中央政府自上而下执行农业水资源开发利用的政策，以规制来促成理性的集体行动，也是大多数国家采取的普遍做法。[③]

由农业水资源的特点，许多文献得出了相似的结论：为了防止农业水

---

① Ophuls W. Leviathan or Oblivion. In *Toward a Steady State Economy*. ed. by H. E. Daly. San Francisco：Freeman，1973：215 - 230.

② Carruthers I.，R. Stoner. *Economic Aspects and Policy Issues in Groundwater Development*. World Bank Staff Working Paper No. 496，1981.

③ 雷玉琼、胡文期：《混合产权交易制度：公共池塘资源治理的有效路径》，《江西财经大学学报》2009 年第 5 期。

资源的耗竭性使用，应实行政府管理的路径。“囚徒困境模型”和“集体行动的逻辑”也为政府管理提供了理论依据。[①] 对需要集体行动来解决的农业水资源管理安全问题而言，由政府提供的必要性可以概括为：

（1）节约管理成本

管理农业水资源安全具有以下特征：第一，农村水利设施系统性强、规模较大、投资的时间跨度很长，一般私人部门难以承受。第二，农业水资源供给需要巨额投资，沉淀成本大，资本回收周期长，难以吸引私人投资者，在资本市场不发达的情况下，私人部门就缺乏投资建设的积极性。第三，农业水资源涉及区域之间、城乡之间、政府之间、农户之间、流域之间的多方面关系，如果这些个体单独协调，会发生大量社会成本。政府凭借权力优势和组织网络，可以产生规模效应而节约成本。

（2）保证公平分配

农业水资源是农业生产的基础性资源，政府根据农业水资源的自然状况和需求状况，制定水资源管理制度与政策，能够保证公平使用，特别是保证弱势群体的基本需求。

（3）纠正市场失灵

农业水资源提供具有自然垄断和外部性的特点，区域之间和流域之间的不对称、自然垄断等会造成配置的低效率等市场失灵问题，所以需要政府管制；而水资源使用的外部性特征，意味着私人或企业的生产成本低于社会成本，受负外部性影响的群体的损失得不到必要的补偿，因此，庇古和科斯分别从征税和产权界定的角度，论证了应促使外部效应内部化，而这也必须借助政府进行管制或进行制度安排。

4.2.2 农业水资源安全管理中的“政府失灵”

公共选择中的均衡理论解释政府实现社会福利最佳目标的条件包括：①社会中存在一个无所不能的政府，在这个政府中存在一个博学而仁慈的统治者或计划者。②在一组公共品的消费者或使用者中每个个人都愿意真

① Easter, K. W., N. Becker, and Y. Tsur. 1997. “Economic Mechanisms for Managing Water Resources: Pricing, Permits, and Markets,” in A. K. Biswas (ed.) *Water Resources: Environmental Planning, Management and Development*, McGraw - Hill, New York.

实地显示自己对公共品的需求偏好，或者，即使存在虚假的公共品需求偏好，精明的政府计划者在制定公共品供给决策时，也能够加以识别并有足够的手段予以完全剔除。③在一组公共品的消费者或使用者中，公共品的生产成本由该组中的每个个人缴纳的税款来分摊，所有的人都能够精确地计算出各自从公共品的消费中所获得的收益，并按其收益的多少来自觉地分摊其成本。④政府计划者能够设计出一种不存在效率损失的税制结构并据以向社会公众征收税收。[①] 然而，在现实社会中这些条件是极难实现的甚至是根本不可能实现的。正因如此，会出现"政府失灵"的问题。

"政府失灵"[②] 作为政府干预政策所伴生的现象，近几年来引起人们越来越高的重视。《新帕尔格雷夫经济学大辞典》把"政府失灵"定义为"由政府组织的内在缺陷及政府供给与需求的特点所决定的政府活动的高成本、低效率和分配不公平"。"政府失灵"的主要表现就是行政效率低下，公共经济学认为政府低效率是政府制度内在缺陷所致，其原因主要在于：无产权约束；官员们用的是公众（纳税人）的钱，从而不必关心费用问题；高度垄断，政府行政部门不像私营企业那样存在市场竞争；无明确的考核指标，私营企业有利润这个硬指标，而政府行政部门则因其产出都是非营利性的而不能使用这个指标，由于公共物品的投入与产出之间并不存在清晰的关系，故也难以对政府行政部门的"生产活动"进行有效的成本分析。

"寻租是经济学和政治学都十分关注的社会现象，它既是政府失灵的典型表现之一，也是政府低效率的重要原因。"[③] 寻租赖以存在的前提是政府权力对市场交易活动的介入，实质是权钱文易。寻租活动涉及两方面的行为主体：一是寻求政府特别优惠的市场经济主体；二是拥有稀缺资源配置权力的政府官员。政府官员在寻租行为中未必扮演一个被动的被利用的角色，为了谋取经济利益，他们往往会利用手中的权力进行主动的创租

① 吴俊培、卢洪友：《公共品的"公""私"供给效率制度安排——一个理论假说》，《经济评论》2004 年第 4 期。

② 政府失灵（government failure），一般指由于对非公共物品市场的不当干预而最终导致市场价格扭曲、市场秩序紊乱，或由于对公共物品配置的非公开、非公平和非公正行为，而最终导致政府形象与信誉丧失的现象。

③ 黄恒学：《公共经济学》，北京大学出版社，2002，第 144 页。

(Political Rent Creating) 和抽租 (Rent Extracting) 活动。这是权力的一种异化和蜕变，是对公共权力的非公共利用，最直接的后果就是资源配置的扭曲。由于自然资源的数量是有限的，而希望获得这种稀缺性资源使用权力的利益主体又很多，因此还会出现竞争性寻租，各寻租者会竞相抬高租金希望自己能够在竞争中取胜。政府在自然资源产权界定中的主导作用赋予了政府官员配置稀缺资源的权力，而各利益主体之间竞争性寻租的加剧则从客观上促使了政府官员权力的扩大与强化。这样的结果最终会使政府官员手中掌握的这种关键性权力更加具有分量，他们会积极利用手中的权力进行创租，为自己争取更大的利益。而且随着资源稀缺性的加剧，拥有稀缺性资源的配置权力对于政府官员将更加具有吸引力，这样还会引发另外一个层次的寻租，即政府官员为获得稀缺资源配置权力的寻租。

现阶段中国地方政府官员的效用函数可以表达为下式（靳涛，2003）：效用 = F {中央满意度 [可观察发展指标，微观经济主体满意度]，地方垄断租金}。中央满意度是通过微观经济主体满意度和可观察发展指标来实现的，从我国的行政体制来看，微观主体和中央政府之间缺乏有效的沟通交流渠道，信息传递困难，微观经济主体满意度对中央的满意度影响很小，最终对地方政府的影响也很小。这样地方政府或者部门官员就缺乏对需要较长期限才能显现出效果的农业水利进行建设的动力。从这个函数可以看出，地方政府官员主要追求的是中央满意度和地方垄断租金。

我国《水法》明确规定国家对水资源实行流域管理与行政区域管理相结合的管理体制。由于流域内各地方都具有自身利益，拥有相关权力的各地区官员都会尽可能向上一级主管部门为本地区争取更多利益，这种突出地方局部利益的现象就是一种宏观层次的资源配置扭曲。同时各级政府官员也都具有自身的利益追求，他们会尽可能地运用自己手中掌握的权力为自己谋取好处。具体表现为各级政府官员为了突出其任期内的政绩，会采取短视化行为，压缩后代的平等用水权益，挤占生态用水来支持各种工业生产性用水，在生产性用水的分配中，会根据各用水企业提供的租金大小进行水量权的分配等，这是微观层次的资源配置扭曲。

政府在农业水资源安全管理中的“失灵”表现在以下几方面。

（1）垄断性管理，缺乏效率

政府农业水资源管理一般实行垂直、科层式体系，这种“强制—命令”型管理模式存在固有的弊端。“由于某种原因，政府在从事经济活动时，它似乎对成为垄断者怀有强烈的偏好，即使这种垄断并无必要。”[①] 政府的垄断性遏制了竞争，而竞争对于激发人的内在潜力、提高效率具有重要意义。竞争为消费者的比较和自由选择提供了基础，如果没有比较，就无法判断是否有效率和质量优劣，而且“竞争还为人们的进步提供了自然基础，做得较好的组织（个人）可以得到较高的收入。这一激励结构不仅为组织（个人）提供了强大的动力，而且还为竞争对手施加了一定压力”。[②] 政府的垄断性使其失去了竞争所形成的外部压力，同时失去了改善行政管理、提高行政效率的内在动力。比如农业水利工程的使用效率低下，管护不善，水管部门人员冗多等，都与垄断有密切关系。

（2）政府难以做到微观化管理

信息是决策的基础，政府政策的制定需要真实、全面、广泛的信息。农业水资源系统主要由地表水和地下水组成，地表水涉及水库、池塘、干渠、斗渠、毛渠等，由于我国耕地的细碎化，微观使用主体（农户）众多，关系复杂，政府无法对农业水资源与农业水利工程做到精细管理。

（3）供给与需求的偏差

农业水资源的管理是依靠一个自上而下的管控体系完成的，即中央和有关代理机构之间的“委托—代理”结构，委托人（中央政府）与代理人（各地方政府及资源管理部门）之间目标及信息的不对称，会导致农业水资源管理的不到位。通常人们认为，经济市场上活动的个人是“经济人”，而政治市场上的政府官员则是大公无私的“公仆人”。20世纪60年代，以布坎南为代表的公共选择理论运用主流经济学的基本原理和方法分析了人的政治行为和经济行为，认为在经济市场和政治市场上活动的是同一个人，并不会因所处的位置不同而改变自己的特性，官员的行为同样遵循“经济人”的行为法则。“经济人”的特性会使其受到权力、地位、社会名望及相关物质利益的驱使，从自身偏好出发，谋求个人利益的最大化，从而使他们的行为目标同整个社会福利最大化的目标发生冲突。公共选择理

① 斯蒂格利茨：《政府为什么干预经济》，中国物资出版社，1998年，第80页。

② 斯蒂格利茨：《经济学》，中国人民大学出版社，2000，第39页。

论认为政府并不是一个抽象的实体，而是由许多有着不同利益和动机的个人组成的集合。因此政府决策取决于参与决策官员的行为动机。他们的行为动机可以从两个方面来分析：在客观上，他们与一般人一样，具有知识和能力的有限性，面对极其复杂的现实世界，在决策的制定上出现失误也是不可避免的；在主观上，他们也是理性经济人，追求自我利益最大化。[①]现实中政府对农业水利的提供多是“自上而下”的供给方式，而且与下级对上级的“争取力度”有关，往往造成水利供给结构上或区域上的不合理分配。

4.3 农业水资源安全管理的市场路径

4.3.1 实施市场机制路径的依据

虽然政府组织在整个社会中充当着非常重要的角色，但它并不是公共物品提供的唯一主体。政府的责任不仅是直接生产与提供公共物品和服务，还要制定与其他社会单元合作生产和提供公共物品及服务的规则并执行规则。早在1959年，经济学家理查德·A. 马斯格雷夫（Richard A. Musgrave）就指出：“公共物品的供应……并不要求它必须由生产者管理。”[②] 1961年文森特·奥斯特罗姆、查尔斯·蒂博特和罗伯特·沃伦对这种概念上的区分做了延伸和发挥。他们指出，公共产品和服务的“生产”（producing）和“供应”（providing）需要区分开来，前者既可以由私人部门承担，也可以由公共部门承担。公共产品和服务的提供是一系列集体选择行为的综合，而生产则是将一系列的输入资源转化为产品和服务的技术过程。[③] 公共产品的供给可以区分为决策、融资、分配、生产等多个性质不同的环节。

政府与市场具有各自的比较优势。在公共产品或服务供给和生产分离的条件下，供给方通常由政府承担，生产方可以是政府也可以是市场，二

① 时影：《论走出集体行动困境的第四种思维》，《辽宁行政学院学报》2008年第1期。

② Richard A. Musgrave. *The Theory of Public Finance: A Study of Public Economy.* (New York: McGraw - Hill Book Company, 1959).

③ 李慧：《公共产品供给过程中的市场机制》，南开大学博士学位论文，2010。

者需要履行各自不同的职责。生产可以由政府承担，这种生产方式可称为直接生产方式，也可以由私人或非营利组织承担，称为间接生产方式。在直接生产方式中，政府既是提供者，也是生产者，而政府的这种双重身份运行的结果，就是各国政府规模日益膨胀以及公共服务供给的高成本和低效率。在新公共管理理论的影响下，人们越来越希望通过一定的制度安排，由市场组织承担生产任务。在间接生产方式中，政府只负责提供职能，具体的生产任务通过一定的方式交由市场组织承担。

一般认为，市场机制是通过市场竞争配置资源的机制，即资源在市场上通过自由竞争与自由交换来实现配置的机制。具体来说，它是指市场的供求、价格、竞争、风险等要素互相联系及作用的机理。市场机制有一般和特殊之分。一般市场机制是指在任何市场都存在并发生作用的机制，主要包括供求机制、价格机制、竞争机制和风险机制。特殊市场机制是指各类市场上特定的并起独特作用的市场机制，主要包括利率机制、汇率机制、工资机制等。①

从总体上讲农业水资源安全是一种公共物品，是通过一系列环节完成的，如农业水资源保护、水利工程建设、节水设施与技术的应用、水环境治理等，有些环节是纯粹的公共物品，有些环节是俱乐部物品，有些环节是准公共物品，这样，就可以通过市场途径探讨农业水资源安全的解决方案。

（1）实施市场机制的必要性："政府失灵"

由前文分析可知，由于农业水资源的外部性与管理主体的多层次性和复杂性，政府管理的交易成本有时比市场昂贵。尽管政府担负保护农业水资源安全的主要职责，但是现实中也有"政府失灵"问题。这就有必要考虑使用市场机制，主要是通过产权及产权交换关系促进资源保护。德姆赛茨对公共池塘资源的产权进行了分析，"共有产权会导致很大的外部性，共有产权将朝着私有产权方向发展，产权结构的这种发展绝不是偶然的，因为只有私有产权才能完成推进市场和提高经济效率这项不可或缺的任务。"② 罗伯特·J. 史密斯认为，"在自然资源和野生动植物问题上避免公共池塘资源悲剧的唯一方法，是通过创立一种私有财产权制度来终止公共

① 市场机制有静态和动态之分，动态的市场机制即为市场运行机制。

② Harold Demsetz. Toward a Theory of Property Rights. *American Economics Review*, 1967, Vol. 57, 347 - 359.

财产制度。"① 这种主张的基本理念是：产权充分明晰后，市场机制的作用会将水资源的利用置于一个最有效率的水平。② 因此，充分利用市场机制的作用，就可以调动理性经济人保护农业水资源的积极性。

（2）实施市场机制的可能性：市场机制的完善

市场经济体制下投资水利的获利合法化，为实施市场机制提供了可能性。如原来归集体所有的湖泊，由于市场经济体制的建立和相应鼓励私人承包政策的出台，私人可以通过承包湖泊而获利。同时，由于对资本收入的认可，民间资本开始进入投资领域。尤其，具有计划经济色彩的供给模式消失，农民逐步获得了从事经济活动的自由，像人民公社时期那样运动式地大搞水利建设的状况不可能再出现了。所以，农业水利供给中出现了股份制、私有化等多种激励农民兴建的制度安排，这些制度安排给予个人或企业一定的分享利益的权利，从而极大地激励了民间资本投资农业水利的热情。

（3）实施市场机制的现实性：扩大农业水利建设的投入

公共支出的持续增长使世界各国都面临日益沉重的财政压力，主要表现在财政赤字严重。1998 年我国实施公共财政政策以来，财政支出占 GDP 的比重和财政收支差额都呈现持续增长的趋势。随着农村经济体制的改革，一些农村准公共产品领域对民间资本也会产生足够的吸引力，同时，其他竞争性产业日益摊薄的利润，也使农村水利设施成为资本获利预期稳定的去处。因此，为了缓解资金短缺的压力，农业水利领域进行适度的市场化是很有必要的。③

4.3.2 农业水资源安全管理中的“市场失灵”

1974 年科斯对英国的灯塔生产和经营作了具体的统计分析，给出了一种通过产权界定或转让可以得到的有效率的市场解。其基本条件包括：①全部生产性资源均归私人所有，而且产权明确、清晰；②全部交易均在

① Smith R. J. Resolving the Strategy of the Commons by Creating Private Property Rights in Wildlife. *CATO Journal*, 1981, (1): 439-468.

② 道格拉斯·C. 诺斯：《制度、制度变迁与经济绩效》，刘守英译，上海三联书店，1994，第 23~46 页。

③ 罗义云：《农村公共物品市场化供给机制分析》，《贵州社会科学》2007 年第 1 期。

市场中进行，且存在一个充分竞争的市场结构，在单个市场中，许多竞争性生产者向许多竞争性购买者提供一种标准化产品，经济权利是分散的，任何买者或卖者都无法单独影响价格；③所有买卖双方都能够自由地获得决策所需要的信息；④经济活动不存在外部性，或者能够以较低的成本使外部性内部化；⑤交易费用为零。① 显然，完全满足市场效率解的条件是非常困难的，因此，公共品供给中的“市场失灵”也在所难免。

市场失灵，就是指在某些外在因素的影响下，市场的自由运作不能使资源的配置达到最优化的状态，特别是不能按最优化原则提供公共产品。造成市场失灵的可能原因包括：公共产品、垄断和寡头、外部性、排他性及信息不对称等。因此，农业水资源管理中的“市场失灵”也在情理之中，主要有以下原因。

（1）农业水资源安全外部性的存在

外部性是独立于市场机制之外的客观存在，不能通过市场机制自动削弱或消除，往往需要借助市场机制之外的力量予以校正和弥补。显然，经济外在效应意味着有些市场主体可以无偿地取得外部经济性，而有些当事人蒙受外部不经济性造成的损失却得不到补偿。正外部性常见于消费农业水资源保护收益而不分担其成本，即“搭便车”现象。由于市场主体的目标是追求自身盈利最大化，而提供农业水资源往往会使其收益小于成本，因此，市场主体常常不愿意供给农业水资源。虽然通过农村社会资本方面的意识形态信念和道德教育能够使之弱化，但作用毕竟有限。

（2）农业水资源产权完全私有化的不可能

农业水资源具有相当大的流动性，对这种流动性极强的资源，在某一准确的时间和地点范围内实行私有产权是可行的，但整个资源系统难以完全私有化。针对这个问题，奥斯特罗姆指出：“即使在特定权利已被分列出来、定量化并且广为流行时，资源系统依然可能为公共所有而非个人所有。”② 农业水资源产权不能完全私有化，也就不满足有效率的市场解的条件。

---

① 吴俊培、卢洪友：《公共品的“公”“私”供给效率制度安排——一个理论假说》，《经济评论》2004年第4期。

② 埃莉诺·奥斯特罗姆：《公共事物的治理之道——集体行动制度的演进》，余逊达、陈旭东译，上海三联书店，2000，第29页。

（3）需要维护农业生产的公平性

农业水资源要通过渠道进行交易，决定了水资源使用上具有自然的垄断性。这种情况使农业水资源使用权拥有者可能因为垄断而制定垄断价格。如果按照市场机制原则，水资源按支付能力的大小在农户之间分配，就可能出现有的农户急需用水，但因为付不起费而得不到水，甚至得不到维持基本农业生产水量的情况。

4.4 农业水资源安全管理的自主组织路径

4.4.1 实施自主组织路径的依据

为克服“集体行动困境”，人们应用了政府路径和市场路径，但两者都存在一定程度的失灵问题。针对这种情况，埃莉诺·奥斯特罗姆出版了《公共事物的治理之道——集体行动制度的演进》，阐述了自主组织和治理公共事务的集体行动制度理论，即自主组织理论，[①] 提供了一条不同于政府和市场的新思路。

传统的集体理论认为，公共资源使用、开发的个体是难以组织起来集体行动的。因此，只有借助于国家干预，或者通过产权私有。奥斯特罗姆认为“公地悲剧”“囚徒困境”博弈和“集体行动困难”等观点，“只是一些使用极端假设的特殊模型，而非一般理论。当特定环境接近于模型的原有假设时，这些模型可以成功地预测人们所采取的策略及其结果，但是当现实环境超出了假设的范围，它们就无法预测结果”。[②] 上述模型的前提假设主要有两个，一是个体之间沟通困难或者无沟通；二是个人无改变规则的能力。这适用于一些大规模的公共事务治理，因为在这种体系中的个体往往缺乏沟通，每个人都独立行动，没有人注意单个人行动的效应，个人改变现有结构的成本很高。而对于其他一些情况，特别是规模较小的公共事务治理和资源利用而言，就完全不适用。因为在那种环境下，人们之间能够在相互接触中经常沟通、不断了解，并且彼此之间建立了信任和依

① 自主组织理论是多中心理论体系中的一部分。

② 埃莉诺·奥斯特罗姆：《公共事物的治理之道——集体行动制度的演进》，余逊达、陈旭东译，上海三联书店，2000，第275页。

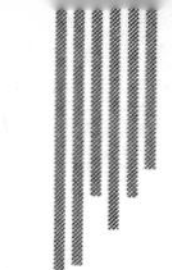

赖感。由于长时间的共同居住和交流，人们之间建立了共同的行为准则和互惠的处事模式，个体与个体之间能够就维护公共利益而组织起来，采取集体行为，进行自主组织。①

在经典社会学家眼里，农村是典型意义上的社区，通常是因自然地域形成的“地缘型”社区或相对封闭的“小区型”社区。在传统社会里，人们聚族而居、世代繁衍，自然的历史传承性、地域性、血缘和亲缘性是其共同的特征。在我国，农村社区也可称为“乡村社区”，是指以地缘为纽带、以农业生产为基础，基本由同质性劳动人口组成的社会结构简单、人口聚居程度不高、人口密度较低的地域社会，是具有一定自然、社会经济特征和功能的相对完整和独立的社会单元体系。我国农村社区通常以村民的最大聚居点为中心，并由这个中心辐射到社区边缘，其基本形式是村庄。基于群体内部存在的相互关心与信任，人们能够从关心他人和群体利益中获得满足。由此，人们会产生合作的愿望，有可能通过有组织行为产生一套规则、个体利用的行为规范、监督和惩戒机制等，从而使资源利用服务于社区（如流域）共同而长远的利益。

（1）农村社区相通

根据奥尔森（1965）的集体行动逻辑，理性个人基于个体利益的计算往往具有机会主义行为的冲动，从而导致代表团体共同利益的集体行动陷入困境，即个人理性选择与集体理性行为相背离。但是费孝通（1994）、卢福营（2002）、胡荣（2006）、贺雪峰（2007）等学者从不同角度揭示了农村社区集体行动逻辑与农村社区经验相背离的深层原因，社会资本是解决集体行动问题的重要资源（科尔曼，1990）。帕特南（1993）认为社会资本使遵守规范的公民共同体能够解决他们的集体行动问题，社会信任、互惠规范以及参与网络是相互加强的，它们对于自愿合作的形成与集体行动困境的解决都必不可少。从社会资本的角度审视农业水资源安全管理，作为费孝通定义的“熟人社会”，一方面拥有共同认可的道德伦理，即农村社区内部普遍的信念体系，能够维系社区成员集体取向的行为方式；另一方面拥有在日常事务运作中遵循的自发的信用、惯例、习俗等，社区成

① 刘振山：《超越“集体行动困境”》，《山东科技大学学报（社会科学版）》2004 年第 3 期。

员之间的互动行为更多地蕴含于社会参与、社会信任、普遍互惠和共同规范之中，因此“熟人社会”的集体事务能够以较低的成本得到有效的组织实施。[①] 在传统的中国乡村，同一地域的家族依靠地缘关系组成村落共同体，构成以共同的风俗习惯和规范为纽带的自治群体。在一定流域中，这些群体对水资源的利用长期较为固定、数量有限、范围也可以清晰界定，群体之间对水资源使用情况可以相互观察，信息是完全的和对称的。因此，农户接近于长期合作动态博弈，而不是像“囚徒困境”那样的非合作静态博弈。所以农业水资源安全管理具有自主组织的内在逻辑。从农业水资源管理与农田水利建设的实践来看，只要充分发挥自主组织的作用，农业水资源安全管理和农田水利建设效率就会提高。

（2）农村社区使用农业水资源的信息透明

首先，农业水资源使用者居住集中。流域内的使用者在特征、数量、分布情况以及相互之间的利益等方面，具有相似性，农民人口规模变动不大，彼此熟悉，居住地和农业承包地位置相对固定，使用范围边界能清晰界定。其次，农业水资源使用者行为透明。每个农户的行为及其结果都是可以被相互观察的。若有人违背规则，其他人一目了然。如果一个人经常违背规则，长期采用不合作策略，将丧失长期与他人合作的利益。使用者之间的相互监督和制约，有利于集体合作愿望的产生。第三，农业水资源使用者投入与产出的对等性。农民通过水利设施灌溉农作物，他们的收益和成本用农作物的产量或产值来衡量。通过长期的相互观察，可使农业水资源使用者的投入与产出接近公平。

（3）补充政府路径和市场路径的不足

政府管理可以对农业水资源安全起主导作用，但成本过高，容易产生“寻租”行为。市场机制也存在着外部性较强等市场失灵问题。自主组织在克服上述两种途径的缺点上有积极作用，相对于政府管理与市场机制的农业水资源安全管理方案，自主组织的管理有其自身优势。它撇开了外部强制力的介入，由集体与组织以及政府之间通过充分博弈达成“自筹资金的博弈合约”。“人类社会中大量的公共池塘资源问题在事实上不是依赖国

① 胡拥军、周戎桢：《乡村精英与农村社区公共产品自主供给——基于“熟人社会”的场域》，《西南农业大学学报（社会科学版）》2008 年第 4 期。

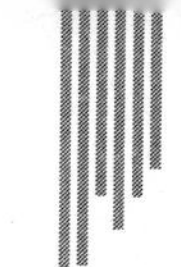

家也不是通过市场来解决的，人类社会中的自我组织和自治，实际上是更为有效的管理公共事务的制度安排。”尤其适用于我国农村社区中的池塘、灌溉设施等农田水利设施。①

4.4.2 农业水资源安全管理中的“自主组织失灵”

虽然自主治理路径在农业水资源安全管理方面，具有与政府管理和市场机制不同的独到作用，但在实际应用上还面临着一些难题。

（1）自主组织制度供给的难题

制度可能由人们有意识地设计出来，也可能是逐步演化而自发形成的，这两种不同的制度供给方式有不同的特点。设计创造的制度是正式制度，逐步演化的制度是非正式制度。从制度的影响范围来看，制度天生就存在外部性问题，制度安排也常常被看做是一种“公共产品”的供给。由于没有明确的供给渠道和规则，农村中的制度供给可能不规范。奥斯特罗姆也指出：“当事人也许缺乏相互交流的能力，没有建立起信任的途径，也没有意识到他们必须共享一个未来。或者，一些强有力的人能够从当前的局面中得到好处，另一些人则遭受损失，那些强有力的人便可能阻止力量较弱的人为改变博弈规则所做的努力。”② 如农村中的大姓家族，由于人数上有优势，他们可能在农业水资源使用中形成优势，在分配和制定规则中垄断决策；而相对弱势的一方却没有话语权，最后形成不平等的局面③。

另外，我国农村的自主组织往往存在被政府“俘获”的情形，不能真正做到自主。官办型的自主组织尽管名为“自主”，但在成立之后往往并不能成为真正的权利主体，会遇到“条条框框”的制约，这些组织必须依托于政府的相关部门才能取得相应的“合法性”，所以，在农业水资源安全管理中，难以形成真正自主组织的“制度”。

---

① 刘振山：《超越“集体行动困境”》，《山东科技大学学报（社会科学版）》2004 年第 3 期。

② 埃莉诺·奥斯特罗姆：《公共事物的治理之道——集体行动制度的演进》，余逊达、陈旭东译，上海三联书店，2000，第 41 页。

③ 雷玉琼、胡文期：《混合产权交易制度：公共池塘资源治理的有效路径》，《江西财经大学学报》2009 年第 5 期。

（2）坚守规则的难题

制度是一种使人受益于此、又受制于此的规则体系。理性人利益最大化的行为不是遵守规则，而是让其他人遵守规则，承担成本，自己则选择投机。在一个共同体中，如果采取投机行为的参与者足够多的话，那么整个规则体系就会崩溃，这就是可信承诺难题。在多中心论者看来，面临集体选择的公共池塘资源占用者会遵循一种权变策略。这一策略的核心是“如果你遵守承诺，我也遵守承诺”，或者是“如果你违背承诺，我也违背承诺”。对于占用者来说，这是一种有利的策略，因为如果大多数人遵循这个策略，他们的境况将得到改善。这还是一个安全的策略，因为遵循这个策略的人不可能长期被不履行承诺的人所利用。如果投机行为超过了最低限度，遵循这一权变策略的人便会降低他们遵守规则的比率，迫使那些破坏规则的人把行为调整到可接受的程度。[①] 由于农村社会和经济体制的变革，农民的居住和工作具有很大的自由。农业水利设施是固定的，但它的使用者——农民是流动的、变化的。农民对农业水利设施依赖时，他们会遵守农业水资源管理的规则，否则，自主管理的规则可能变成一纸空文。

（3）“一事一议”制度实施的困难

所谓“一事一议”，是指在农村兴办农田水利基本建设等集体公益事业时，所需资金和劳务要通过村民大会或者村民代表大会集体讨论、研究，实行专事专议的办法筹集部分资金。作为一种公共产品供给制度，“一事一议”是随着我国农村公共产品供给制度的变迁而逐步形成的。

“一事一议”的好处是因为目标（“一事”）明确，乡村组织不能挪用经费，但“一事一议”的难题是：①集中开会难，②会场安排难，③意见统一难，④经费筹集难。在当前市场经济条件下，农民流动频繁，村庄共同体正在减弱，村庄舆论力量越来越不足以克服村庄农业水资源使用中少数人搭便车的难题。

---

① 埃莉诺·奥斯特罗姆：《公共事物的治理之道——集体行动制度的演进》，余逊达、陈旭东译，上海三联书店，2000，第278页。

4.5　农业水资源安全管理路径的融合

以上三种路径安排各有利弊。政府管理一般适用于投资大、灌溉规模较大的农业水资源系统的建设、运行和维护；市场机制能够调动社会力量的积极性，有利于农业水资源保护的多元化投入；农民自主治理可以促进农户合作，减少“搭便车”的现象，提高农民参与式管理的积极性。但三种路径方案都存在着缺陷：政府管理路径很容易出现“委托—代理”不对称的问题；市场机制路径会对农业和农民弱质地位产生不利影响；自主组织管理会受到农村劳动力流动性的影响。

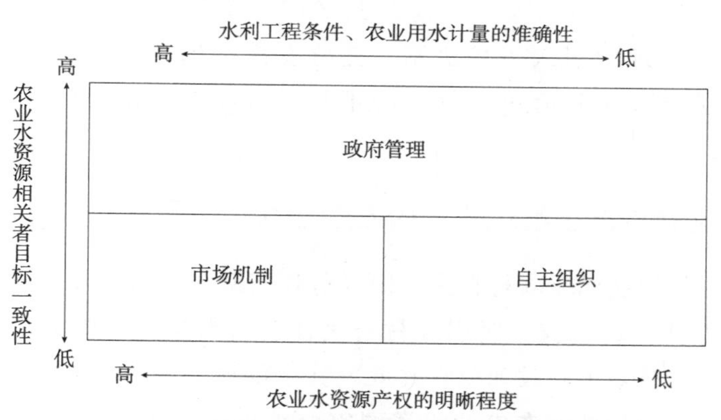

图 4－1　农业水资源安全管理路径选择与条件

斯蒂格利茨强调“不要把‘市场’和‘政府’对峙起来，而应该在二者之间保持恰到好处的平衡”。实际上，政府与市场并不是一种平行并列和非此即彼的关系。还有一种中间形态的组织，即第三部门。在这个框架里，三种路径都可能是农业水资源安全管理的出路。一个健全的社会体系必须同时包含这三种机制或三种力量，应寻求政府、市场和社会在公共服务供给领域的均衡点，建立公共服务供给的互补机制（吴光芸、方国雄，2005）。这就要求政府、市场和社区自主组织的相互依赖、共同合作、取长补短来共同进行农业水资源的安全管理。

政府、市场与自主组织作为农业水资源安全管理的机制安排，有各自的行动范围和有效边界。三种路径运行中各自都存在比较优势与不足，农

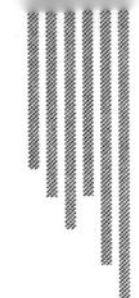

业水资源安全管理是政府、市场与自主组织的三边互动。

4.5.1 政府与市场路径的相互合作

政府与市场相互作用与补充的命题由来已久。传统观点认为，市场作为一种配置资源的手段，可以对社会经济的运行进行良好的调控，但由于市场机制本身存在着缺陷与不足，需要政府主动的介入和积极干预。但是，发挥政府的主导作用并不意味着排斥市场机制，现实中政府与市场的充分互动与合作，促进了很多社会公共问题的解决。

农业水资源安全由多个环节、多种设施共同完成，有的是纯公共物品，有的是准公共物品，农村的一些水利设施，既可以由私人部门或市场来提供，也可以由私人部门与公共部门即市场与政府共同提供与生产。在政府管理中引入市场机制，充分发挥市场的优势，有助于改善政府的功能、克服政府单一管理的不足，提高农业水资源安全管理的效率。

4.5.2 政府与自主组织路径的互动合作

政府可以直接给予农村自主组织以财政支持，采用“政府出钱，公民社会组织办事”的思路，吸引农村公民社会组织参与农业水资源安全管理，或者出台优惠的财政和税收政策，引导和鼓励农村公民社会组织参与农业水利建设。但政府在农业水资源安全管理中发挥着“元治理”的作用。农村公民社会组织发挥其自组织功能，承担农村社区农业水资源安全管理的责任，并不意味着政府可以完全抽身而退，它们仍然是农业水资源安全管理的主导者。

4.5.3 市场机制与自主组织路径的协同共治

公民社会关注社会公共利益，以自律、自治、参与、合作、信任、奉献等为己任，而市场机制以私人部门利益为指向，市场交换主体受市场机制的调控进行相互间的交易。看起来，公民社会与市场机制的宗旨不同，它们的行动逻辑有着根本差别，因而是一对矛盾的存在。然而，面对社会公共问题，市场机制与公民社会却可以共同行动与相互促进，协同共治，

共同发挥它们在公共事务治理中的主体作用。[①] 如农业水资源的产权和水市场的完善，可以促进自主组织的有序性，防止社区成员的“搭便车”和“拥挤性使用”，即实质上市场机制为农村社区成员合作提供了途径。

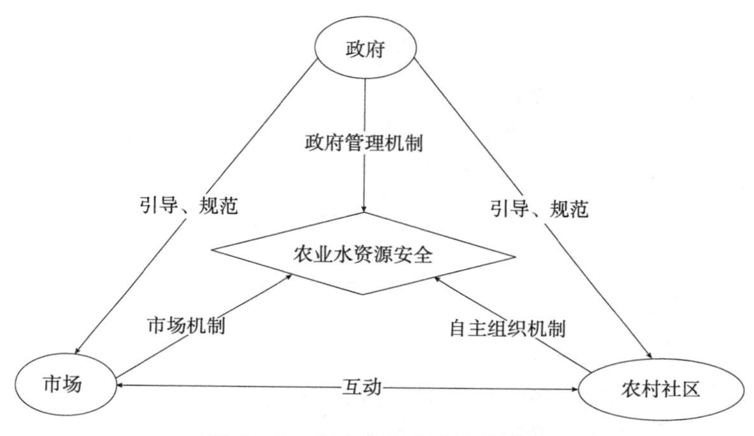

图 4－2　农业水安全管理的路径

4.6　农业水资源安全管理机制的协同

经济学中的“机制”一词是从工程学、生物学、医学等学科中借用来的。“机制”一词最早出自希腊文（Mechdne），“机制”原指机器的构造和工作的原理，即机器运转过程中各个零部件之间的相互联系，互为因果的联结关系或运转方式，意指人们为了达到预期目的而创造和使用的机器、机械等工具或手段。后来，生物学、医学等学科借用“机制”一词，表示组成生物机体的各器官相互联系、相互制约地有机结合并协调地发挥作用。社会经济制度的内在构造和生物生理构造有类似之处，马克思主义把作为整体的社会经济看做是一个完整的社会机制或经济机构，比喻为一个有机体。因此，经济学中的机制是一个经济机体的组织结构、制度规则、管理方式、操作规则相互联系、相互作用，以实

---

① 姚迈新：《公共治理的理论基础：政府、市场与社会的三边互动》，《陕西行政学院学报》2010 年第 2 期。

现机体自我控制、自我平衡的系统。当经济机体的运行偶然出现偏误时，它能及时地反映这种偏误，并自动加以校正，重新回到相对稳定的经常性状态中来。

农业水资源安全管理机制是以实现农业水资源的高效和持续利用、农村经济社会的可持续发展为目标，农业水资源安全管理主体之间、各环节之间相互制约和相互影响，保障农业水资源安全的组织结构、制度规则、管理方式和实现手段。农业水资源安全管理机制协同，实质上是农业水资源安全管理主体，在一定的机制作用下，通过相互作用、密切配合，推动主体结构从无序走向有序的过程。

4.6.1 农业水资源安全管理机制协同的必要性

（1）科层政府之间在农业水资源安全管理上配合不足

政府是农业水利工程的最主要供给者，各级政府应在各自所辖区域范围内承担供给的责任。但从我国农业水利工程供给的实践看，由于中央政府供给责任缺失，地方政府尤其是县乡政府作为我国的基层政权组织，在农业水利工程供给中发挥着重要作用。但实际上县乡政府承担了与财权不相匹配的过多的供给责任，中央政府下放事权却上收财权，结果导致县乡政府农业水利工程供给能力不足。农村税费改革以来，尤其是农业税取消后，县乡政府制度外收入渠道又被堵死，很多地方的县乡财力除了保证基本的人员工资和办公经费外，没有足够的资金来履行社会公共职能，加之村级“一事一议”制度不完善，更进一步弱化了农业水利工程供给能力。虽然中央财政为弥补地方基层政府税费改革的财政缺口进行了转移支付补贴，但是目前的转移支付规模对于维系农村基层政府运转和公共服务运行仍是不充足的（林家彬，2008）。科层政府之间在农业水资源安全管理上并没有“自觉”地同步。

（2）政府与农民在农业水资源安全管理上合作不够

我国现行行政管理体制是一种自上而下、层层分解指标的体制。农业水利工程的供给，大多由各级政府按照自己的意愿来提供，不能真正反映农民对水利需求的偏好，结果往往导致“供不应求”或“供过于求”的现象。“供不应求”影响了农民对农业水利的消费，进而阻碍了农村生产的发展。“供过于求”不仅浪费了非常宝贵的公共资源，有时也加重了农民

负担。政府与农民缺乏沟通与合作，作为具有双重主体身份（既是需求主体，又是供给主体）的农民缺少实质性的参与，不仅导致农业水利供给的低效率，同时也会影响农民参与农业水利建设的热情，进一步阻碍农业水利的供给。

（3）政府和社会组织在农业水资源安全管理上缺乏合作机制

在市场经济高度发达的西方国家，营利性组织和第三部门（非营利性组织）介入农业水利工程的领域相对广泛和深入。而在我国由于市场经济程度不高，营利性组织和第三部门受政策和产权等因素的影响，还难以大规模进入农业水利领域。虽然出现了农业水利工程供给制度的“诱致性变

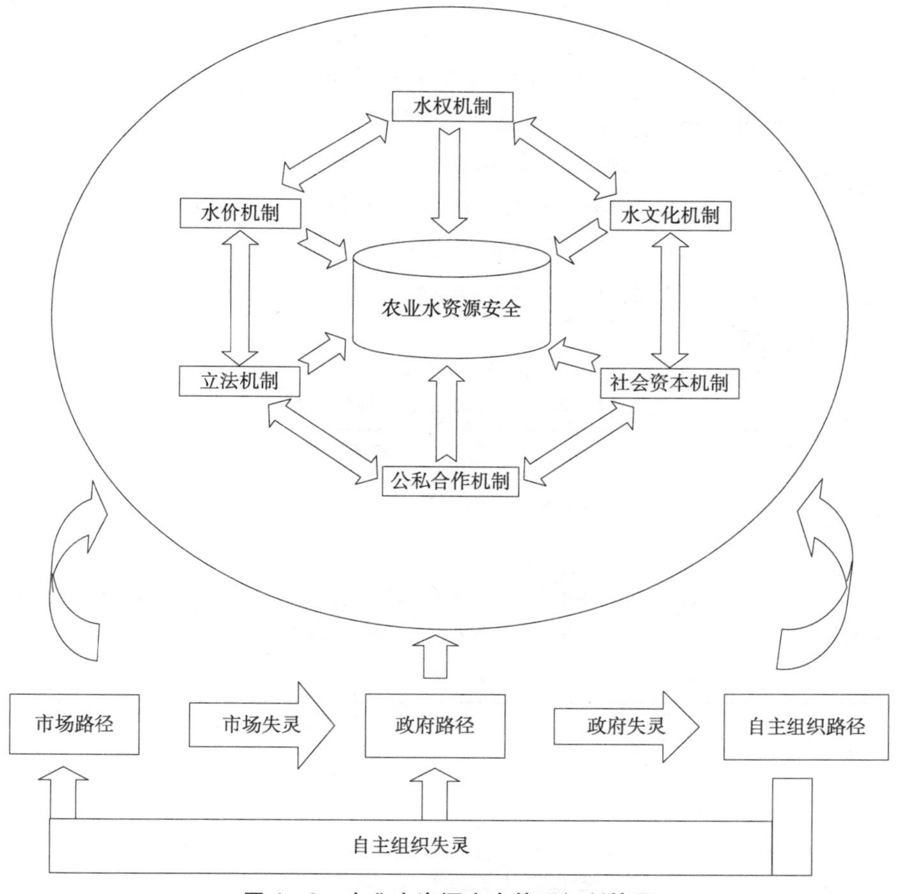

图 4－3　农业水资源安全管理机制协同

迁”，但是有些基本处于自发状态，政府与社会组织虽有合作但多数并没有实现有效协同。其原因在于缺乏必要的引导和支持，或者是政府政策制定不当，或者是监管不到位，结果导致农业水利工程的社会化供给效率不高，而且有时还有损公平（林万龙，2007）。

4.6.2 农业水资源安全管理机制的协同内容

协同管理是公共事务管理中的合作主义管理方式，它是现代“政府与社会力量通过合作方式组成的网状管理系统”。[①] 协同管理作为一种新型的社会治理方式，既可指公共事务的治理方式，也可指公共事务的管理机制或管理系统，是“政府主导、市场运作、社会参与的‘合作式’机制”[②]。农业水资源安全管理协同机制实质上指农业水资源安全管理主体为实现系统安全整体目标及各子系统安全目标进行协同的过程、工作方式和相互联系，联合实施立法机制、产权机制、价格形成机制、社会资本机制等，通过机制间的相互作用，推动农业水资源安全管理的系统化和有序化。该管理机制主要由政府机制、社会机制和市场机制三部分组成，又可以细分多种具体的实施机制，如表 4－1。这些机制协同促进政府、社会和公众之间多维的互动与合作，保证农业水资源安全管理的顺利实施。

表 4－1 农业水资源安全管理机制的内容

机制名称	实施的主要内容
立法机制	利用法律手段保护农业水资源安全，包括农业水资源产权、管理制度、污染防治、水利管护等方面的立法
产权机制	利用产权激励手段保护农业水资源安全，包括农业水资源初始配置权的确立，所有权、使用权和收益权的分割，农业水资源产权交易市场和交易规则的规定等

① 张润君：《合作治理与新农村公共事业管理创新》，《中国行政管理》2007 年第 1 期。

② 李砚忠：《论和谐社会构建中的合作式治理——以公民与政府关系的和谐为视角》，《江淮论坛》2007 年第 5 期。

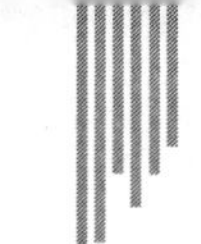

续表

机制名称	实施的主要内容
价格形成机制	利用价格手段保护农业水资源安全，包括农业水价的形成、制定和执行等方面的规定
社会资本机制	利用社会资本、人际关系措施保护农业水资源安全，包括社会信任、互惠规范以及公民参与网络的建设，心理契约的引导等
公私合作机制	利用公私合作措施保护农业水资源安全，包括农业水资源保护中的公私合作形式、合作的程序、合作的规范等
文化机制	利用文化教育措施保护农业水资源安全，包括水文化的传承、强化、教化等方面

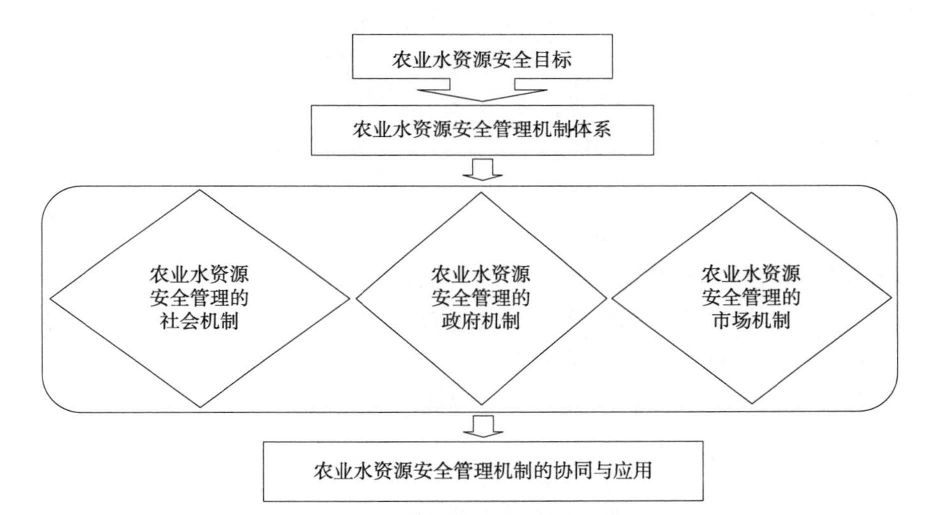

图 4－4　农业水资源安全管理机制的构建

第5章

农业水资源安全管理的组织体系

农业水资源安全管理的实质是人的问题。一方面，由于农业水资源与人们的生产活动密切相关，农业水资源危机其实是人自身行为的后果；另一方面，农业水资源利用的公共性十分突出，涉及多方面主体的利益，主体的博弈必然影响农业水资源安全管理，个体使用者对自身利益的追求会造成集体利益的受损，使得人们在农业水资源管理问题上表现出典型的"集体非理性"[①]。加勒特·哈丁（1968）把公共资源被过度使用的问题称为"公地悲剧"。因此，农业水资源安全管理不能只针对农业水资源本身，必须把相关人的因素考虑在内。事实上，农业水资源安全管理包含两个子系统：水与人关系的自然子系统，人与人关系的社会子系统。传统上的农业水资源安全管理，主要针对自然子系统，重视水资源开发和水利工程；对社会子系统管理还没有足够重视。因此，加强农业水资源安全管理组织体系建设是一项重要内容。

5.1 农业水资源安全管理的组织

5.1.1 农业水资源安全管理的组织结构

管理组织体系包含了组织构架、组织变革、流程再造与组织再造等子体系，是一个较为复杂的有机系统，是保证集体行动的依托。德国著名社会学家和哲学家马克斯·韦伯提出了"理想的行政组织体系理论"，其核心是组织活动要通过职务或职位而不是通过个人或世袭地位来管理，管理

① 曼瑟尔·奥尔森：《集体行动的逻辑》，上海三联书店，1995，第2页。

应以知识为依据进行控制，管理者应有胜任工作的能力，应该依据客观事实而不是凭主观意志来领导，因而这是一个有关集体活动理性化的社会学概念[①]。韦伯描绘的规范的理想的行政组织体系具有如下特性：①任何机构组织都应有确定的目标。机构是根据明文规定的规章制度组成的，并具有确定的组织目标。人员的一切活动，都必须遵守一定的程序，其目的是实现组织的目标。②为实现组织目标，必须实行劳动分工。组织为了达到目标，会把全部活动进行划分，然后落实到组织中的每一个成员。组织中的每一个职位都有明文规定的权力和义务，这种权力和义务是合法化的，组织工作的每个环节都由专家来负责。③按等级制度形成一个指挥链。这种组织是一个井然有序且权责完全相互对应的组织，各种职务和职位按等级制度的体系来进行划分，每一级的人员都必须接受上级的控制和监督，下级服从上级，同时他也必须为自己的行动负责。因此，上级必须对自己的下级拥有权力，发出下级必须服从的命令。④在人员关系上，上级与下属之间是一种指挥和服从的关系。这种关系不是由个人决定，而是由职位所赋予的权力决定的，个人之间的关系不能影响到工作关系。可见，组织体系是按照一定的目的和程序组成的一种权责结构体系。

农业水资源安全管理的组织体系是为了实现农业水资源安全的目标而形成的，农业水资源安全管理活动中的组织结构、职权和职责划分等的总称。我国的农业水资源安全管理组织体系由科层组织体系和参与组织体系构成。

（1）科层制组织体系框架

科层制农业水资源安全管理体系呈现为显著的等级关系，决策过程基本集中在上级组织，低层级的组织主要负责遵守和执行上级决策；不同的组织层级具有不同的决策权，下层组织层级的决策范围由上层组织层级决定；各组织层级的决策进行垂直整合。

在中央，水利部作为国家水行政主管部门行使水资源行政管理权，相关部委在职责范围内协助管理。在地方，流域管理局（委员会）和省（区、市）政府水行政主管部门共同管理辖区内的农业水资源。流域机构属于事业单位性质，是水利部的派出单位。市、县水资源行政管理组织与

① 汤勤、庞京生：《西方行政制度概论》，中国经济出版社，2010，第 33 页。

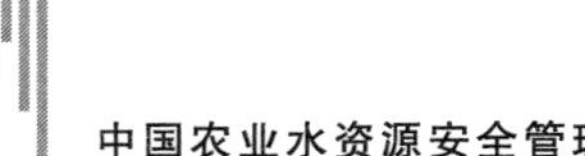

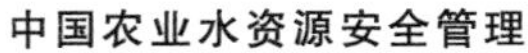

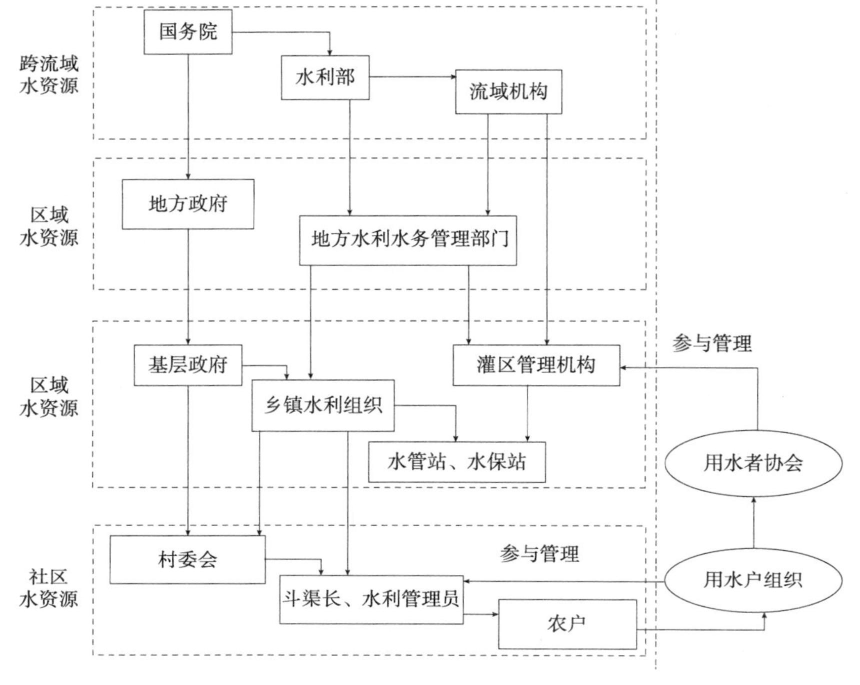

图 5－1　农业水资源管理的组织体系

上级组织相对应。

①各级水利职能部门。各级水利职能部门是各级政府水资源管理主管部门，其职能主要有：拟订水利工作的方针政策、发展战略和中长期规划，统一管理水资源，拟订水资源保护规划等。

②流域管理机构。流域管理机构是国家水资源行政主管部门的派出机构。它负责流域内水量配置、水环境容量配置、规划管理、河道管理、防洪调度和水工程调度等。

③其他部门。主要有：环保部门、国土资源部门、建设部门、农业部门、交通部门、旅游部门。

④灌区管理机构。大中型灌区大多采用“分级管理、专业管理与群众管理相结合”的组织体系，即由同级人民政府负责建立专管机构，按灌区规模，分级设立管理局、处或所，负责支渠及以上渠系的工程管理和用水管理；支渠以下的工程和用水管理，由受益农户推选出来的支斗渠委员会

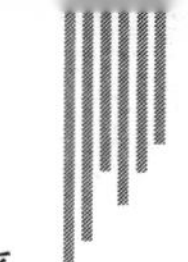

和支斗渠长在主管机构的领导和业务指导下进行管理。集体管理的小型灌区，则由受益户直接推选管理委员会或由专人进行管理。

（2）参与式组织体系框架

参与式组织体系是农业水资源安全管理从政府科层机构移交给用水者协会或其他非政府组织，本质上是政府将部分农业水资源的管理权力和责任移交给用水者自主建立的农民用水者协会（Water User Association, WUA）。

参与式组织管理体系是在政府部门或机构的领导下，经过民主协商选举，成立由用水户、管理单位、地方政府和有关部门的各方代表组成的代表会，并通过其常设办事机构管理农业水资源。参与管理体系分为 3 个级别，支渠由灌溉管理站、斗渠长和管理委员会负责；乡村集体管理的小型灌区由受益农户推举的委员会直接管理；而农户自建自用或合作兴建的池塘、井等工程由农户自己管理。

5.1.2　农业水资源安全管理组织体系的意义

在农业水资源安全管理中集体行动显得尤其重要。农业水资源安全管理包括农村水库、塘坝、渠道、提水等工程建设，涉及电力供应、水土保持、植树造林等支持系统，还涉及跨区域的水利管理、流域协调等工作，这些由“小集体”是不能完成的，必须采取“大集体”行动。

集体是由具有共同利益的成员组成的，集体行动指“一个团体在追逐其成员能认识到的共同利益时所采取的直接或通过其代表性组织实施的行动”。这表明共同投资于一个资源系统或排除“外来者”使用资源这类集体性工作都属于集体行动的范围。集体行动通过建立在集体产权基础之上的组织或行为人之间的协调行动来实现。集体所涵盖的范围十分广阔，它包括成员间能够互相识别的“小团体”以及规模更大或者结构更为正式的“大团体”。持续性的集体行动通常还包括规则、监督、制裁及冲突的解决过程（Ostrom，1992）等。

奥斯特罗姆认为，现有的集体行动分析，一般只着眼于操作层次上的分析，实际上，集体行动不只受制度影响，还同时受制于各种规则安排。操作规则直接影响资源占用者有关下述问题的日常决策：何时、何地及如何提取资源，谁来监督并如何监督，如何进行奖励或制裁等；如何选择规

则影响公共池塘资源政策的制定；制度规则决定谁具有资格，谁会影响管理活动和结果，由谁进行规划设计、评判和修改。对这三个层次的规则来说，一个层次规则的变更，受较之更高层的规则约束，高层次上的规则往往是稳定的，这些规则正是管理组织体系的基础。

保持农业水资源安全会带来共同的利益，相反，农业水污染和短缺，对公共利益会造成损失。但是，在一个未组织化的集体或集团当中，在没有一定的规则和制度约束时，个人会为实现自己的效用最大化和成本最小化而无节制地提取、使用或污染农业水资源，个人不会自愿地为实现公共利益而节制自己的行为，或为公众利益而多支付成本。农业水资源安全管理中的各类主体行为逻辑不同（在第 2 章中论述过），仅仅靠一般的号召是不够的，必须要有强有力的激励与约束规则，才能保证集体行为的一致性。由此可见，农业水资源安全的实现，需要完整的农业水资源安全管理组织体系来保证，需要建立由各级政府、企业、民间组织、广大农户共同参与的，结构合理、运行有效的组织体系作为依托。

5.2 科层式农业水资源管理组织体系的沿革

5.2.1 新中国成立前（1949 年前）

我国早在先秦时期，就已有了水利职官的设置。据古籍记载，夏、商、周已设有司空负责治水，秦汉时期开始设置专门的水利官员——都水长、都水丞、都水使者，曹魏初设置水槽衙门，晋始设都水台；到隋唐，我国古代水利管理体制基本定型，中央有两套水利机构：负责水利行政管理的水部和负责水利工程施工管理的都水监。宋金元时期都水监均有派出机构称外监，元代不设水部，水利行政归属大司农。明清废除都水监，设置总理河道（清称河道总督）。民国时期水利建设由内务部、实业部、交通部及建设委员会分别管理，水利工程由建设委员会主管，农田水利由实业部主管，河道整治由交通部主管。

5.2.2 1949～1988 年

新中国成立之后，中央政府设立水利部，但农田水利由农业部负责管

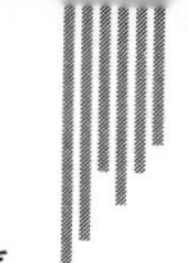

理，水行政主管部门没有统一。并相继成立了扬子江水利委员会（后改名长江水利工程局）、黄河水利委员会（后改名黄河水利工程总局）、淮河委员会（后为淮河水利工程局）、华北水利委员会（后为华北水利工程总局）、珠江水利局等。1952 年农业部农田水利局划归水利部，农村水利和水土保持工作由水利部主持。1958 年水利部与电力部合并成立水利电力部，到 1979 撤销水利电力部，恢复原来的水利部与电力部。1982 年水利部与电力部再次合并，恢复水利电力部，国务院决定水利电力部为全国水资源的综合管理部门，主要工作是：江河防汛工作；江河流域规划并定期修订；负责流域水资源规划和管理，调查、调解水利纠纷；流域内重点建设任务。1984 年成立了由水利电力部、城乡建设环境保护部、农牧渔业部、地质矿产部、交通部和中国科学院负责人组成的全国水资源协调小组，协调解决部门之间水资源立法、规划、综合利用和调配等方面的问题。1986 年开始，地方水利健全了水行政管理三级机构，省（自治区、直辖市）设厅（局），地（自治州、盟）设局（处），县设局（科）。县以下的区乡政府设水利管理站或专职或兼职的水利员，其隶属关系，有的是县级水利行政机构派出的事业单位，有的则为区或乡政府的事业单位。

农业水资源管理是同农村水利工程管理相联系的。新中国成立后至 20 世纪 50 年代末，农业水利工程管理主要由农村基层组织——乡（公社）、村（队）进行管理。从 20 世纪 50 年代末至 70 年代末，随着水行政管理体系的健全和完善，形成了以各级水行政主管部门和乡（公社）、村（队）集体共同管理的农业水利工程管理组织体系。在这种体系安排下，骨干工程由水行政主管部门设立专门管理机构，建立灌区管理局（处）进行管理，农业灌溉区域如跨地区（市），则建立省级水行政主管部门管理的管理机构；跨县的则建立地区（市）级水行政主管部门管理的管理机构；跨乡的则建立县级水行政主管部门管理的管理机构。小型农业水利工程，如小型水库、塘坝和小型提水泵站及机电井等，主要由乡（公社）、村（队）进行管理，县级水行政主管部门予以技术指导和服务。在管理形式上，完全与国家实行的计划经济管理体制相适应，农业水利工程管理也实行计划经济管理形式，各级政府或集体在经济方面对管理单位实行统收统支，管理运行也由各级政府或集体下达计划。

对于灌区，水利部1981年颁布的《灌区管理暂行办法》第四条规定，“凡受益或影响范围在一县、一地、一省之内的灌区，由县、地、省负责管理，跨越两个行政区划的灌区，应由上一级或上一级委托一个主要受益的行政单位负责管理。关系重大的灌区也可提高一级管理。”集体或个人兴办的小型灌溉工程，则由县、乡人民政府及其水行政主管部门依法进行行政管理和业务技术指导。我国的大中型灌区大多采用“专业管理与群众管理相结合”的灌溉管理制度。《灌区管理暂行办法》第七条规定：“国家管理的灌区，属哪一级行政管理单位，即由哪一级人民政府负责建立专管机构，根据灌区规模，分级设管理局、处或所。”专管机构负责支渠（含支渠）以上的工程管理和用水管理。支渠或斗渠以下的工程管理和用水管理，由这个支斗渠受益户推选出来的支、斗渠委员会和支、斗渠长进行管理。集体管理的小型灌区，则由受益户直接推选管理委员会或专人进行管理。

5.2.3 1988～2002年

1988年1月第六届全国人大常委会第24次会议通过了《中华人民共和国水法》[①]。依据原《水法》“国家对水资源实行统一管理与分级分部门管理相结合的制度”和“国务院其他部门按照国务院规定的职责分工，协同国务院水行政主管部门，负责有关的水资源管理工作”的精神，国务院对有关部门在水资源管理工作中的职责也作了相应的规定。在1988年国务院机构改革中，国家决定新组建水利部作为国务院的水行政主管部门，负责水资源的统一管理和保护，监管大江大河的综合开发，明确了七大江河流域机构是水利部的派出机构，国家授权其对流域行使水法赋予水行政主管部门的部分责任。各省、自治区、直辖市也相继成立了省级政府的水行政主管部门。1989年国家成立了由国务院副总理任组长并由11个有关部委负责人参加的全国水资源与水土保持领导小组，负责审核大江大河流域规划和水土保持工作，处理省与省之间和部门之间有关水资源综合利用的问题。之后，很多地方政府成立了地方水资源与水土保持工作领导小组

---

① 习惯上人们把1988年第六届全国人大常委会第24次会议通过的《中华人民共和国水法》称为原《水法》，2002年第九届全国人大常委会第29次会议修改通过的《中华人民共和国水法》称为新《水法》。

或协调机构，组织开展了水资源评价工作，制定了水资源中长期供求计划，实施了水费与水资源费改革，以立法、行政和经济等手段开展了计划用水和节约用水的管理工作并促进了这一时期地方水资源管理法规建设，如制定了《山西省水资源管理条例》《山东省水资源管理条例》等。1994 年国务院再次明确水利部是国务院主管水行政的职能部门，统一管理全国水资源和河道、水库、湖泊，主管全国防汛抗旱和水土保持工作，同时撤销了全国水资源与水土保持领导小组。

1998 年 6 月国务院办公厅国办发【1998】87 号文关于《水利部职能配置、内设机构和人员编制规定》（简称水利部“三定方案”）对国务院 1988 年和 1994 年确定的“三定方案”中关于水利部的职能进行了一定的调整，以利于 1988 年《水法》第九条关于国家水资源管理体制的有效贯彻实施，进一步明确了水资源的统一管理与开发利用产业管理相分开的原则。根据《水法》确定的我国水资源管理体制，以及国务院 1998 年关于水利部“三定方案”原则，我国水资源管理体系如图 5－2 所示。

5.2.4　2002 年以后

2002 年 8 月第九届全人大常委会第 29 次会议通过的《水法》，是对 1988 年颁布《水法》的修订，对我国水资源管理体系作了重大调整，规定：“国家对水资源实行流域管理和行政区域管理相结合的体制。国务院水行政主管部门负责全国水资源的统一管理和监督管理工作。国务院水行政主管部门在国家确定的重要河流、湖泊设立的流域管理机构，在所管辖的范围内行使法律、行政法规规定的国务院水行政主管部门授予的水资源管理和监督管理职责。县级以上地方人民政府水行政主管部门按照规定的权限，负责本行政区域内水资源的统一管理和监督管理。”“国务院有关部门按照职责分工，负责水资源开发、利用，节约和保护的有关工作。县级以上地方人民政府有关部门按照职责分工，负责本行政区域内水资源开发、利用、节约和保护的有关工作。”从而按照流域管理与行政区域管理相结合的原则，强化了水资源统一管理，确立了流域管理机构在水资源管理上的法律地位，理顺了水资源管理体制，克服了 1988 年《水法》中“分部门管理相结合的制度”所造成的水资源管理在体制设置上的问题。农业水资源管理组织体系发生了一些变化，但基本上仍然是“行政组织机

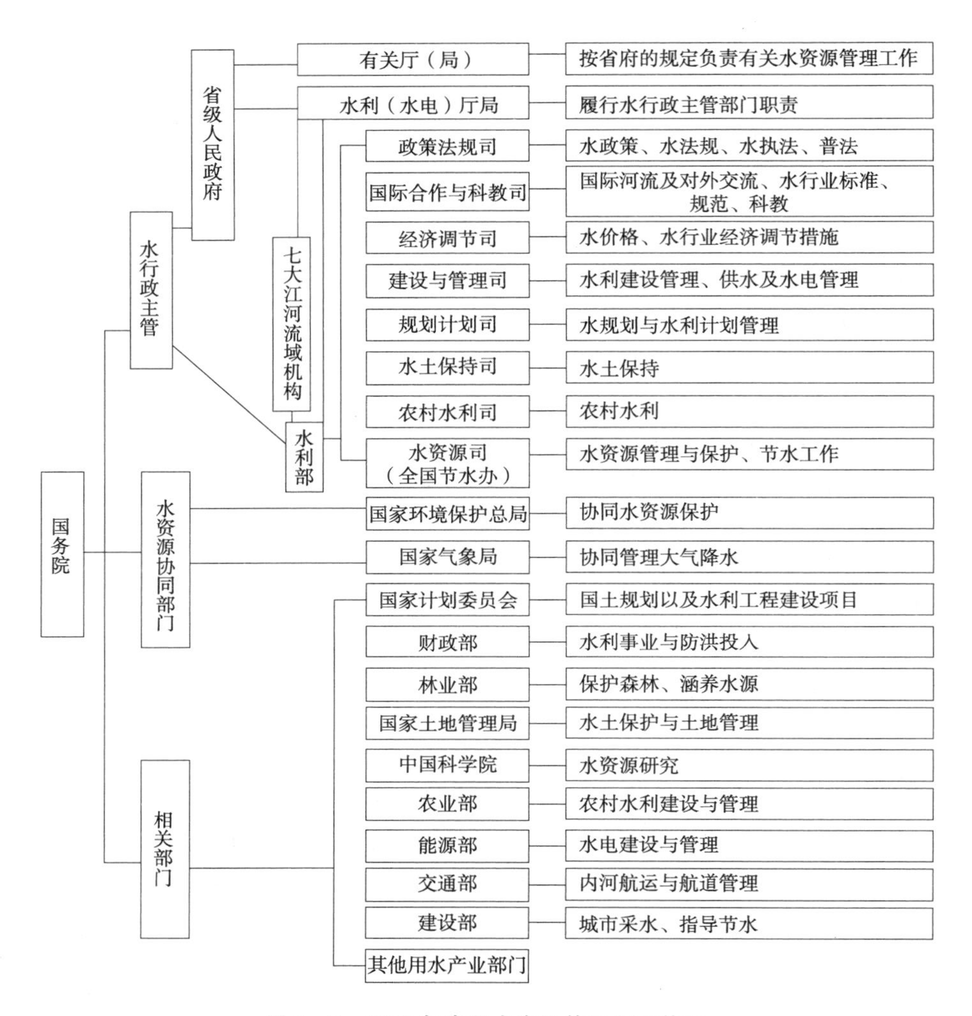

图 5－2　1998 年我国水资源管理组织体系

构＋灌区专业管理组织＋农民集体管理组织”的格局（如图 5－3 所示）。

灌区的农业水资源管理体系，一般情况是：跨市或地区的灌区由省水利主管部门（省水利厅、局）的派出机构负责管理，跨县的灌区由市或地区水利主管部门（市或地区水利局）的派出机构负责管理，乡、村一级的灌区视情况由乡政府水利管理部门（水利站）负责管理，或者由集体管理，一般 2 万～3 万亩以下的灌区由集体管理，更小的罐区，如小塘坝以及机井灌溉由个人承包管理（如图 5－4 所示）。

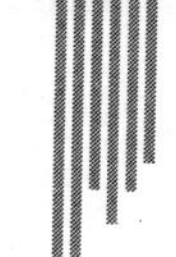

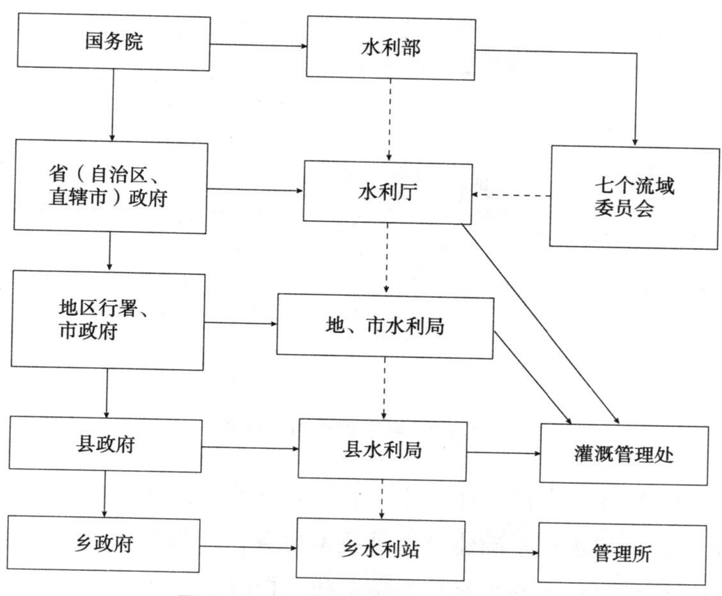

图 5－3　农业水管理行政组织体系

水利部是中央一级的水行政主管部门，负责农业水资源的宏观管理。市（地区）水利局或县水利局负责大多数农业灌溉水资源的管理，受益范围跨两个以上市（县）的大型农业水利工程直接由水利厅管理。在大中型灌区大多数采用专业管理与农民集体管理相结合的形式，即由同级人民政府成立灌区专管机构，如灌区管理局；支渠以下设立支斗渠委员会或支斗渠长；小型灌区基本上由受益户直接推选管理委员会或专人进行管理。

我国农村基层水利组织体系主要包括乡镇水利管理站、水利工程管理机构、群众水利管理组织三个层次。大体上可分为专业技术服务、行政管理、群众自我组织三种类型。第一类是专业技术服务组织，主要有水利技术服务部门（中心）、县（市）水利勘测设计施工部门、基层灌溉排水管理（服务）站、中型水利工程管理单位、地方电力站等，一般是县（市）水利局的下属单位，属全民事业性质。第二类是行政管理机构，一般是乡镇水利水保管理站，它们既是县水利局的派出机构，又是乡镇开展水利工作的主管单位，是带有一定行政协调任务的事业单位。第三类是群众自我服务组织，主要有农村水利服务队、抗旱服务队、打井队，管井员、护堤员、放水员等，其成员绝大部分是农民，他们通常季节性地组织起来完成

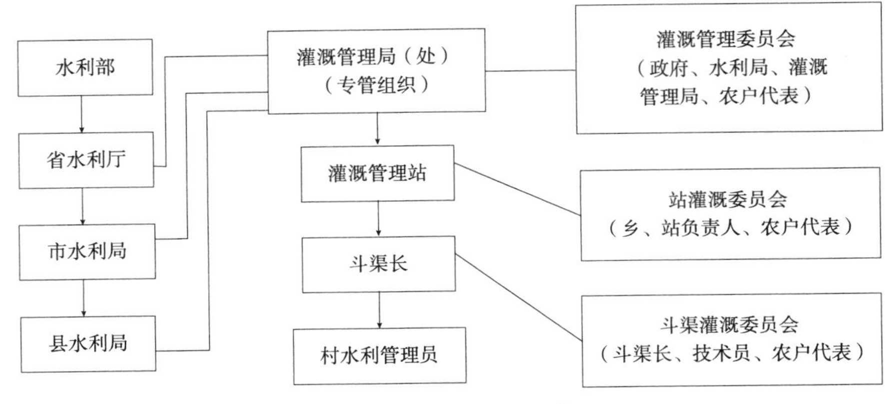

图 5-4　灌区管理组织体系

水利建设和救灾中的一些具体工作。农村水利服务组织的作用有三点，一是为大规模的农田水利基础建设提供技术服务；二是维护管理现有大量的小型水利工程；三是有利于农村兴修水利工程的组织管理。

5.3　科层式农业水资源管理组织体系的不足

农业水资源安全管理组织体系是由政府、行政主管部门、流域管理机构、灌区水管组织组成的行政系列，呈现出明显的科层性。这种科层制组织体系在我国农业水资源管理的某些方面还存在着一定的欠缺。

5.3.1　行政权威与层级数量间的悖论

由于科层组织存在多重委托—代理问题和内部组织成本问题，这些问题可能导致科层式水资源管理效率的不足，表现出行政权威与层级数量的悖论关系。

行政权威是指上层组织（监督者）持有对下层组织资格及其工作绩效的行政干涉权力（Alchian & Demsetz，1972）。因此，行政权威的有效程度与行政管理层级密切相关，科层体系越复杂，信息失真的可能性越大，行政权威程度就越低，管理绩效也就越低。为了提高管理绩效，往往会构建新的组织机构，增设更多的直属管理或执行机构，导致层级程度的增加，从而造成行政权威与层级数量的悖论关系。

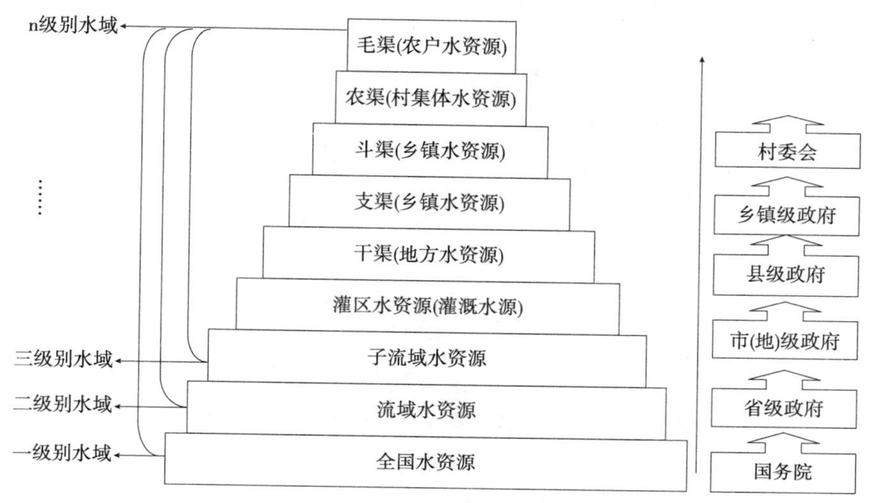

图5-5　农业水资源管理的层级

图5-6中，L为组织层级程度，C_0为组织成本（组织内获取信息、协调内部利益冲突的交易成本），C_t为交易成本（组织获取外部信息、协调外部利益冲突的成本）。C_0随着组织层级程度加深而升高，C_t则相反。组织降低C_0意味着MC_0移至MC_0'。从图中可以看出，如果科层体系所面临的C_t保持不变，科层体系的层级程度被提高，由L^*升至L^{**}。如果交易成本因C_0的降低而提高，科层体系的层级程度被提高的程度就更为显著，由L^*升至L^{***}。层级程度的提高将带来C_0的提高，从而造成行政权威有效程度的弱化。所以，在科层水资源管理体系中存在着行政权威与科层数量的悖论关系。首先，农业水资源安全管理存在“鞭长莫及”问题。尽管中央政府设立了较为完善的农业水资源立法和管理制度，但下级组织会“变通”，上级必须花精力去监督下级的工作努力。然而，在科层组织内部很难设计出一个近似市场衡量标准的管理机制，对下级工作绩效的测定很难精确。因此，科层组织的监督和激励成本较高。其次，农业水资源安全管理科层过大，组织体系内的指挥与约束能力下降，会削弱执行力。再次，在农业水资源安全管理科层组织内部，中央与地方之间、上级与下级之间、流域与区域之间也存在博弈（在第3章已经论述），需要付出较多的“交易”成本。

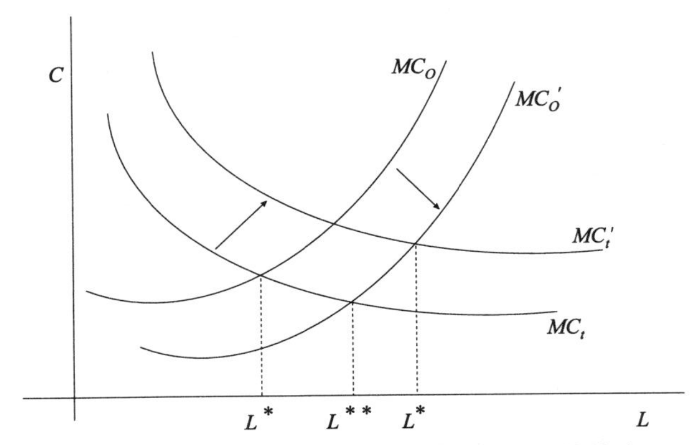

图 5－6　农业水资源管理行政权威与层级的悖论

5.3.2　部门管理之间不够协调

农业水资源安全包括水量和水质两个方面，但在水资源管理中分别由不同部门管理，水利部负责水量，水质则由水利部和环保部共同管理。一般的情形是水利部门的管理“不上岸”，环保部门的管理“不下水”，但实际中，农业水资源的水量、水流流速以及流域污染防治等都密切相关。目前环保部门的水污染控制与水利部门的水资源开发等方面不够同步。

农业水资源的流域管理与区域管理的事权划分不明确。流域管理机构与地方水行政主管部门在农业水资源与农业水利工程的规划，农业水资源的管理、配置、调度、保护等方面存在着职能交叉和重叠，管理权限不清，责、权、利不对应等问题。有些工作流域机构和地方都争着去做，导致多头管理，而有些工作又都不去管，造成管理漏洞。

5.3.3　流域管理之间不够协调

各个行政区域内都设有水资源管理部门，分管水资源开发，直接受地方政府领导，由于各个行政区域间的行政管理决策权都是相对独立的，因而在客观上分割了流域水资源间的相互关联性，影响了流域管理的统一性。这种管理体系，导致流域内各地区均从本地区利益出发，最大限度地利用区域内水资源。我国虽然已经建立流域管理机构，新《水法》也明确了流域管理机构的地位，但是实际情况是流域水管理权力比较弱，对流域农业水资源的统一开发和管理的调控作用小。

5.3.4　组织末梢乏力

长期以来农业水利工程的干支渠道由灌区机构管理，支渠以下的渠道由群众组织管理（但群管组织不健全，有的村委会代替群管组织），灌溉配水由水管站配水到各村，由村委会组织落实农田灌溉，水费到年底由水管人员通过村委会或逐户收取，这种用水管理方式抛开了水管单位和农户的直接联系，用水户不参与用水管理，形成了农户种的是“责任田”、用的却是“大锅水”的状况，导致了农民节水意识淡薄、拖欠水费、水利工程缺少维护。

5.3.5　农业灌区机构职能模糊

国家—政府—灌区在农业水资源管理上，存在双层级委托，即“国家”是第一级委托者，各级政府及其所属部门是第二级委托者；也存在双层级代理，即政府是第一级代理者，灌区水管组织是第二级代理者。在这种双层级行政委托—代理关系中，初始委托人——“国家”具有抽象性，“国家”对政府的一级委托关系是一种“虚拟委托”。而政府拥有实际所有权，因而政府对灌区水管组织的委托是一种“真实委托”。在后一层级委托—代理关系中，政府部门向基层代理者——灌区组织委派管理人员，灌区组织是政府的“监工”，不具有所有权和收益权[①]。灌区水管组织本质上是政府部门的附属物，以政府代理人身份对农业水资源进行管理，它不是农业水利工程的投资主体，只是代表政府履行管理职责，既不能从具体的管理活动中获得收益，也无须承担风险，这就导致了灌区组织自身激励的弱化。因此许多灌区水利基础设施投资建成后缺乏维护（杜威漩，2002）。

5.4　参与式农业水资源管理组织的兴起

5.4.1　参与式农业水资源管理的缘起

“参与式管理”是 20 世纪 30 年代企业管理中将部分责任和权力从上层管理机关或管理者手中转移给工作人员，从而激励工作人员责任心和主

---

① 杜威漩：《中国农业水资源管理制度创新研究》，浙江大学博士学位论文，2005。

动性的管理方式。20 世纪 90 年代，美国学者埃莉诺·奥斯特罗姆对尼泊尔、菲律宾、蒙古等国家农村社区水资源管理考察后发现，一些由小的农村社区自主管理的水资源得到了有效治理，认为水资源的社区自主管理是有效治理的路径。[①] “参与式水资源管理”理论是企业“参与式管理”理念在水资源管理中的应用，是将部分水资源管理权由政府转移给用水户或用水户组织，引导用水户参与水资源管理的方式。

基于中央委托的政府机构对地方灌溉系统情况信息的有限性，在基层组织的水资源管理上通常存在着政府失灵。科层政府机构的重要特征，是在动员人们共同管理水资源和管制用水户具体行为方面发挥作用有限。所以，科层政府农业水资源管理体系能够部分地控制外部性问题，但并不能有效地解决搭便车和集体行动问题（Reidinger & Juergen，2000；Meinzen - Dick & Mendoza，1996；Vermillio，1997）。从集体行动与个体行动和社区规则关系的角度出发，良好界定水权，并将这些权利分配给个人或 WUA（用水者协会），将激励农民参与水供应系统的运行和维护（Wade，1987）。

在亚洲，农业灌溉用水者协会等集体组织更有可能增加水供应。但是，如果协会不积极推动水资源持续利用意识，对需求管理将没有作用。反之，在协会成员节水意识得到加强的前提下，集体组织有利于进行同伴监督，以产生共同的收益（Easter，2000）。土耳其 Gedia 河流域灌溉管理权转移前后，水费收缴、工程投资、财政预算等由国有机构转移到民间组织为大部分用水户所支持，WUA 在灌溉系统的运作和维护方面发挥了重要作用，并提高了水费实收率（Murat，2003）。

因此，参与式水资源管理体系是一种弥补市场和政府失灵的水资源治理办法（李鹤，2007）。在这一体系中，WUA 等参与式组织与政府及其水务机构形成合作关系，在农业水资源管理上实现双向的信息传递和监督激励，有效地促使用水户在水资源保护中发挥积极性并履行义务，实现农业水资源的优化配置（Vermillion，1997；Reidinger & Juergen，2000）。

参与式灌溉管理（Participatory Irrigation Management，PIM），也称为灌

---

① Elinor，Ostrom. “Revisiting the Commons：Local Lessons，Global Challenges”. *Science* 284：278 - 282（1999）.

溉管理转权（Irrigation Management Transfer，IMT）。两个概念都体现了水资源管理体系的变革，即在不同利益组织（政府的、民间的和私人机构）之间重新分配农业水资源利用的权利和职责（刘静等，2008）。

参与式灌溉管理的主要形式是自主管理灌排区（英文简称 SIDD）。完整的 SIDD 包括两个部分：一是负责从干渠渠首供水的供水公司，二是负责管理支渠以下田间配水渠系的农民用水户协会。供水公司按照合同用水量向协会供水，并在取水口测量水量。协会负责根据测量水量向农户收取水费并直接缴纳至供水公司。这种运作方式改变了过去的收费形式，使供水方和用水方对接，避免了乡镇政府搭车收费；同时，农业水资源的价值得到了强化，农户的节水意识明显加强。

5.4.2　我国参与式农业水资源管理的发展

1992 年在世界银行贷款长江水资源项目中，世界银行提出在其贷款水利项目区改革现有灌区管理体制和运行机制，建立“经济自立灌排区”，并进行该项工作的试点。这个项目在湖南省新建两个大型渠系的同时，在湖北省改良四个大型渠系。

世行项目组发现，当时湖北已经存在一些用水户参与灌溉管理的初始做法，用于改善末级灌渠。多年来农民一直都在尝试几种管理本地灌渠的“用水者小组”，由他们负责输水和维护斗渠，取得一定效果，这说明田间配水层次由农民小组管理有可能取得成功。

另外根据设计，铁山灌区通过改革成立了铁山供水公司，把分散在各级政府的灌溉管理权集中了起来，形成了一个负责管理特定水利单元的单一实体。

长江项目把这两项发明结合起来创建了“经济自立灌区”模式，使及时输水与高效渠系运行维护进入了“良性循环”的轨道。经济自立灌区包括两大部分：负责从干渠渠首供水的供水公司（或供水组织）和管理田间配水渠系的用水者协会。两者的关系类似卖水与买水的关系。不过，供水公司和用水者协会都不是以营利为目的的实体，它们的任务是向农民提供社会性和生产性非营利服务。因而，经济自立灌区模式涉及两项有意义的转变，将灌溉管理组织体系由政府科层组织转变为民主参与组织形式，把农田灌溉渠由政府管理转变为多元参与管理。

农民用水者协会在我国的发展大致经历了三个阶段。

第一阶段是试点探索阶段（1990～1997年），在世界银行资助的长江水资源流域项目中开始推行，主要在湖南的铁山灌区和湖北的漳河灌区。湖北漳河灌区于1995年6月成立了我国首个农民用水者协会——三干渠洪庙支渠农民用水者协会。这一阶段摸索并积累了建立农民用水者协会的宝贵经验，其作用也日益显现并得到国家、社会各方面的重视。

第二阶段为稳步推广阶段（1998～2004年），主要是在我国大型项目灌区中推行。这一阶段，国家加大了对大型灌区节水改造与续建配套的投入力度。

第三个阶段为全面发展阶段（2006年至今），2006年，国家农发办批准，2007～2009年期间在吉林、内蒙古、宁夏、重庆和云南5省区市16个市区县（旗）实施利用世界银行贷款加强灌溉农业三期项目，用水者协会在我国得到全面发展。

截止到2009年，我国已有30个省（自治区、直辖市）开展了用水户参与灌区灌溉管理的改革实践，全国成立的农民用水者协会累计达到5万多家，其中位于大型灌区范围内的有1.7万多家。在全国大型灌区中，由协会管理的田间工程控制面积占有效灌溉面积的比例达40%以上，管理灌溉面积近1亿亩，参与农户6000多万人①。

5.4.3 参与式农业水资源管理组织的基本构造

农民用水者协会（Water User Associations，WUAs），简称用水协会，是由同一水文区域内的农民用水者（农户）自愿组织起来的非营利的专门从事灌溉用水使用和灌溉系统维护的社会团体，一般需要在民政部门按社团法人登记注册。用水者协会的性质为非营利性经济合作组织。农业用水者协会负责所辖区域内灌排系统的管理，协调农业用水户与农业灌溉水源单位的关系。农民用水者协会是参与式灌溉管理的具体组织形式，是村民自治“民主管理、广泛监督”的具体体现。全国各地对这个组织的称呼不同，有的叫“农民用水户协会”或“用水户协会”，还有的叫“农民用水

① 韩青：《参与式灌溉管理对农户用水行为的影响》，《中国人口·资源与环境》2011年第21期。

协会”，也有叫“农民灌溉用水者协会”。

WUA 是具有法人地位的组织，接受政府专门机构给予的技术和管理等方面的指导，同时按市场经济的原则，充分考虑灌区的特殊要求，参与灌区规划、施工建设、运行维护等方面事务，使灌区良性运行（冯广志，2002）。WUA 可分为亚洲型和美洲型两类，由于 WUA 是代表用水户的利益进行管理和运行的，所以能够极大地降低水资源管理的各类成本（Meinzen - Dick，1997）。

参与式农业水资源管理组织体系由两大方面组成，即农业供水机构和农业用水者协会，他们都具有独立的法人资格，它们之间是一种供水、用水的买卖关系。供水机构和用水者协会要签订具有约束力的合同、协议，以此来规范和约束供需双方的权利和义务。

农业供水机构有两种类型：一种是农业供水单位，属于非营利性质，按事业单位运行。另一种是农业供水公司，根据《中华人民共和国公司法》，通过合法的审批手续成立，按企业单位运行。但不论是供水公司还是供水单位，它们与用水者协会之间都是按合同进行农业水买卖的关系。

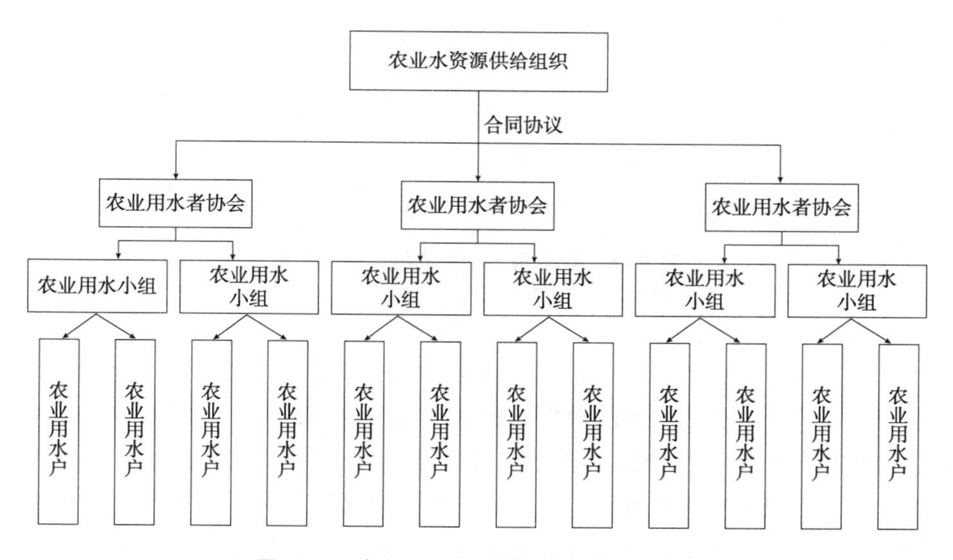

图 5 - 7　参与式农业水资源管理组织结构

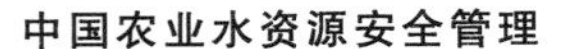

用水者协会经当地民政部门登记注册后，具有独立法人资格，有自己的章程，规模较大的农民用水者协会下设用水小组。协会负责人经过农业用水户代表大会民主选举产生。用水者协会实行代表大会下的执委会负责制。无论是井灌区、地表水灌区还是井渠结合灌区，农民用水者协会的组织机构大体相同。农民用水小组通过选举产生小组长和用水户代表，由各用水小组的代表组成农民用水者协会会员代表大会，会员代表大会选举产生协会的办事执行机构——执行委员会。总体上用水者协会由用水户（会员）—用水组—执委会组成，其权力机构为用水者代表大会、用水组大会、执行委员会三个层次。用水者代表大会为最高权力机构，用水组大会为用水组的决策机构，执行委员会为用水者代表大会闭会期间协会的办事机构。根据管理需要，经会员代表大会表决同意，还可以设立监事会，农民用水者协会的组织架构如图 5－8 所示。

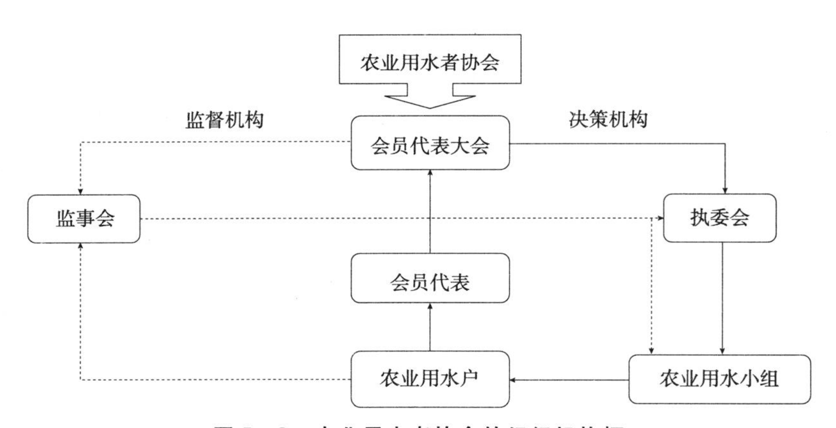

图 5－8　农业用水者协会的组织机构框

（1）用水小组

农业用水小组是指将用水户主要按水文边界划分成的若干用水单元。一般每个农业用水小组的用水户代表即是该组的管水员，其主要职责是执行用水户大会作出的决定，调查统计本用水小组年度灌溉面积、作物种类，负责与协会协调灌溉用水，管理本组的灌溉设施和用水工作，向本组用水户收取灌溉水费，并负责本组的其他日常工作。用水小组由若干个会员组成。会员是指在该农业用水者协会范围内的受益用水户户主（由金玉，2007）。

（2）会员代表大会

会员代表大会是农业用水者协会的最高权力机构。其职责是：讨论并制定章程；决定协会执委会的人数及其产生办法；选举和罢免执委会成员；审查、通过执委会的各项工作计划；审查通过协会的各项管理制度等。

（3）执行委员会

执委会是会员代表大会的执行机构，对会员代表大会负责。执行委员会成员由农业用水者协会会员代表投票选举，在会员代表中产生，一般有 3～5 人。其中设主席 1 人，副主席 1 人，会计 1 人，其余为委员。

（4）监督机构

监事会是用水者协会的监督机构，主要行使对执行委员会的监督权利，这样可以对协会执委会人员的工作、协会财务收支情况等进行有效监督，保证协会工作的顺利开展。监督机构由协会会员代表、村委会、灌区专管机构、当地政府等部门组成。

协会章程是对全体会员及组织系统的规范和指南，一般包括：①成立协会的法律依据；②协会的性质与任务；③会员的权利与义务；④协会内部用水组划分原则；⑤协会机构产生办法、职权、议事规则；⑥协会法定代表人姓名；⑦协会代表资格及数量；⑧协会出资办水利的管理办法；⑨奖罚规则；⑩会员认为应该规定的其他事项。

5.4.4　参与式农业水资源管理组织的特征

农民用水者协会是一个非营利性组织，具有非营利组织的显著特征，具有自组织性、民间性、非营利性、自治性与公益性等特点。

一是自组织性：按照规定，农民用水者协会应有正规办公地点、组织机构、规章制度，在民政部门正式注册；WUA 在民政局进行法人登记、会员是灌区内农业水使用者、从会员中选举主席、WUA 的事务及其规章制度是公开的、财务是独立的、宗旨是代表农民对农业水资源进行维护；WUA 是通过规章制度自我管理的组织，不从属于任何部门。它通过供水合同与供水公司或灌溉管理部门产生联系，只接受水行政主管部门的业务指导和监督。

二是民间性：农民用水者协会是群众性组织，由灌区农民自愿组成，并为农民服务；农民具有知情权、经营权、决策权和监督权。

三是非营利性：农民用水者协会的成立不是为了创收和利润，而是为了满足广大农民农业用水，协会的目标是实现农业水利工程效益最大化，保证工程的正常和持续运行。

四是公益性：农村农业水利属于公共事业，它为发展农村生产、提高农民生活提服务。农民用水者协会参与管理，有利于农村水利事业的发展，具有公益性。

五是边界明确性：WUA 是按照农业灌区区域划分，不局限于行政边界或村边界，一个流域的 WUA 内可能有一个以上的村子。一个 WUA 内可以组建数个用水者小组（Water User Groups，WUGs）。对于地表水源，WUA 的组织可以根据输水渠的取水口，也可以根据斗渠，组成 WUA 的水利单元区。对于地下水源，WUA 的管辖区可以按照为若干水井供电的电源划分，由这些井的用水者组成用水者小组。

5.5 参与式农业水资源管理组织的评价

5.5.1 实施参与式农业水资源管理组织后的变化

农民用水者协会参与农业水资源管理同农村水利“专业管理和群众管理结合”的管理形式不同，他们的区别见表 5－1。实施农民用水者协会参与管理，与科层组织体系相比，促进了以下两个方面的转变。

表 5－1 农民用水者协会同科层管理中“群众管理”的比较

比较内容	“群众管理”	农民用水者协会
管理边界	行政边界	水文流域边界
农民参与的态度	被动	主动
参与管理的组织状态	没有章程、只有管理规定、没有法人地位	有章程和管理规定、有法人地位
水利工程的管护责任	主体不明、难以落实	由农民用水者协会负责
参与农村水利建设决策的权利	没有	有
财权	没有	有
用水户权益的申诉	无法申诉	有申诉渠道

（1）农业用水主体与供水主体之间的关系发生了变化。以前农业水资源专管机构（灌区管理单位）和农村水资源群众管理组织之间实际上是一种上下级关系，农业灌区专管机构是行使政府职能，对农村水资源和水利进行管理。而农民用水者协会参与管理的实施，比较清晰地界定了政府、灌区、用水农户三者之间的责权利。参与式管理组织体系“供水公司 + WUA + 用水农户”中，农业供水公司是农业灌溉用水的批发商，在把农业灌溉水作为商品批发供应给 WUA 的同时，维护农业灌区范围内的水利工程；WUA 是独立核算的农民用水合作组织，是农业灌溉用水的购买方，在购买供水公司出售的水之后，按计划分发到用户手中，同时负责田间工程维护和管理。供水单位是自主经营的非政府灌溉管理经济实体，享有独立管理的权力。由用水农户组成的农民用水者协会是具有法人资格的管水组织。供水单位和农民用水者协会之间形成了一种新型的供水、用水的买卖关系①。

（2）农户参与农业水资源管理的方式发生了变化。在以前的管理体系中，农村水利群众组织是斗委会或灌水小组，但这些组织并不是从用水户中选举产生的，而是各级村、乡组织包办代替的产物，没有把广大用水户真正吸收到组织中来，组织负责人直接由村、乡长兼任。一般用水农户只是按照群管组织的要求出钱、出力从事田间工程管理或引水浇地，农民被动地参与农业水利的建设、维护和管理，缺乏主人翁精神。农民用水者协会（WUA）成立后，协会负责人由农户直接选举产生，WUA 成为农民自己的组织，农民在水利建设与维护方面有了更多的发言权，WUA 运行成功与否将直接关系到每个农户的切身利益，因此参与管理成为了他们的自发行动。这种方式调动了农户参与水利管理的积极性和主动性，避免了“只用不管”的现象。

5.5.2　参与式农业水资源管理组织的优势

以农民用水者协会为基本形式的参与管理是一种权、责、利相结合的管理组织制度，与科层农业水资源管理组织体系相比，会促进农业水利工程所有制结构的变化，会促进农业水资源管理决策形式的变化，会促进农

---

① 胡继连、武华光：《灌溉水资源利用管理研究》，中国农业出版社，2006，第 171 ~ 173 页。

业水利工程投入机制的变化。农民用水者协会不是过去人民公社的简单重复。

（1）组建农民用水户协会，可以解决主体“缺位”的问题，促进“一事一议”水利建设制度的形成，提高农民兴修农田水利的主动性。成立农民用水者协会，把过去松散的管水组织转变为具有严密章程、法律地位的管水组织，农民在投入、决策、管理、监督等方面变被动为主动。我国大部分农田水利是国家出资与农户投劳相结合修建所形成的固定资产，产权在名义上属于国家或集体所有，但在农村实行联产承包责任制后，一些农田水利工程处于无人管理的状态。农民对农田水利工程不仅不会主动管理，反而超负荷使用。通过农民用水者协会，让农民积极参与管理，使农田水利质量与农民收益相关联，促使农民积极主动地对水利工程进行维护，解决了农田水利工程建设与管理主体“缺位”的问题。

（2）组建农民用水者协会，有利于完善农业灌区管理结构，强化民主协商和市场机制的作用。实行家庭联产承包制以来，农村集体虚设，农业水利工程供给主体“缺位”，基层政府代替“集体”办事，政府“越位”，政府与农民在农村水利中的角色“错位”。农业水利工程管理体制与农村分户经营的矛盾，造成“农村集体”工程建设与维护责任难以落实，有人使用，没人管理，老化和损坏严重。成立用水者协会，用水户通过会员代表大会表达自己的意志，以表决的方式决定自己的事情，体现了农民的意愿，将处于弱势的分散农户与处于相对强势的供水机构对接，改变了过去用水竞争中农户处于被动地位的局面。政府与农民用水者协会之间不是行政上的上下级关系，而是业务上的指导关系，用水者协会将权力授予每个公民，每个人基于自身利益参与公共事务的讨论，使协会与供水公司供销直接挂钩，水费征收流程更为快捷。总之通过农民用水者协会，一个实施民主协商和市场机制的制度与政策环境得以创建。

（3）组建农民用水者协会，有利于农民利益的表达。在科层管理体系下，政府与灌溉管理机构处于主导地位，由于其自身的行政性和垄断性，在很大程度上决定着农业水资源的配置权。农户的分散性则决定了农户的弱势地位。农业灌溉水的配置取决于政府管理与职能单位，农户几乎无能为力，在农业灌溉水价的制定、水价的调整等方面，农户只能被动接受。用水者协会是法人组织，容易赢得广大用水户的信赖，便于与地方、水管

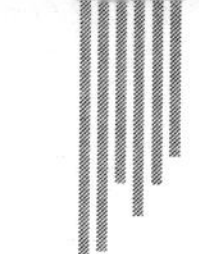

理单位、广大农户沟通，一定程度上改善了政府与农民之间的这种不对称地位，可以以对等的地位与政府进行协商和谈判，及时反映农民利益的诉求。

（4）组建农民用水户协会，有利于农业水资源管理工作的监督。参与式管理的核心是参与，参与的过程就是监督的过程。协会可以监督政府的农业灌溉工程，提高农业水利工程规划和建设的合理性。同时，协会是农民自己的组织，有共同的章程约束农民的行为，有助于减少农民之间的水利纠纷。另外农业用水者交纳水费避免了中间环节，堵塞了因行政干预而导致的“搭车”收费。

（5）组建农民用水者协会，有利于流域农业水资源协调利用。农业水灌溉系统中存在地理位置上靠近水源和远离水源的非均衡性，位于上游和下游的农民位置不同，收益是不对称的。有些上游农民可能不顾下游水资源的短缺，占用大部分水，那么下游的农民将不愿意对农业灌溉系统进行维护。上游和下游之间的非对称性，增加了农业灌溉系统维护的难度。农民用水者协会是按流域灌溉渠系的水文边界划分区域（一般以支渠或斗渠为单位）的，同一渠道控制区内的用水户共同参与组成有法人地位的用水者协会。这样，避免了因行政村组划分带来的利益矛盾，使得同一渠道内上下游利益不对称的村庄，能够通过用水者协会进行协商谈判，制定规则，相互监督，从而大大降低上游和下游之间的冲突。

5.5.3　参与式农业水资源管理组织运行存在的问题

（1）农民用水者协会受行政干预较多，多数用水者协会没有做到自主运行。行政干预来自两个方面，一是上一级水管部门对供水机构的行政干预，二是乡村基层政府组织（干部）对 WUA 运行的干预。由于供水机构多是由过去的水管站等政府机构转制而来，并没有完全摆脱旧有行政隶属关系的束缚，而且其所有的农业灌溉资产大部分是国有资产，因此难免受到上一级政府部门的制约。WUA 作为具有独立法人资格的农民用水合作组织在水费收缴、工程维护中，容易受到乡镇政府或村委会的干涉，有些 WUA 成立只是为了应付上级的要求，有的协会主席和执委成员仍是村干部，无法按照规章制度行使自己的职能。

（2）农民用水者协会管理制度不完善。理论上用水者协会设有会员代表大会、执委会和监事会；会员代表大会是协会的最高权力机构，实行一人一票制，会员与协会利益共享、风险共担；协会实行执委会领导下的主席负责制，用水者协会法人治理结构是完整的。然而实际中，存在法人自治形式表面化问题，虽然设置了会员代表大会、执委会和监事会，但协会在实际运行中，往往是法人代表，即协会主席一人说了算，虚化了民主管理的实质内容；监事会没有起到对执委会决策进行监督的作用。

（3）农民用水者协会存在虚化现象。由于有些农民用水者协会的成立主要依靠行政力量，难以体现出自愿性，农民加入协会无需付出什么成本，入会代价非常低，组织高度分散，会员普遍存在一种“搭便车”心理，真正完全按照农民用水者协会章程运作的不多。

5.6 农业水资源管理组织的发展方向：科层式与参与式结合

由于农业水资源具有区域性和流动性等自然特性，农业水资源安全管理在一定的时空内进行，单纯依靠科层组织体系，或者参与式组织体系都不全面，必须把两者结合起来组成网络式组织体系。网络是由三个以上的组织构建的一种架构，是这些组织共同合作的管理方式，以解决复杂的公共部门和非营利组织的合作问题。网络治理强调不同利益集团在结构中的权力和作用，基本思想是为了应对复杂的公共问题，需要构建来自不同领域的不同参与者共同组成的正式或非正式治理结构的制度安排。这一制度安排除了强调多主体（公共部门和非公共部门）、跨区域（行政边界）、跨领域（经济、社会、环境等）外，更重要的是整个治理过程超越科层结构，不再执行基于权力的行政命令，而是强调参与者的权力分享。[①] 相对于科层体系，网络组织体系在主体、手段、方法等方面，更有利于协调。农业水资源管理组织体系从科层制转向由政府、市场、企业、社会组织、农民等多元主体共同参与的组织体系，即从科层制的垂直管理结构转向扁平化的网络管理结构。农业水资源管理主体合作方式呈现多样化，既包括

① Galasklewicz J. Has a Network Theory of Organizational Behavior Lived up to Its Promises? *Management and Organization Review*, 2007, 3 (2): 1-18.

政府组织，也包含非政府组织；既实行正式的强制管理，又有民主协商；既采取正统的法规制度，也有非正式的措施发挥作用。这种管理组织体系强调合作，不仅有政府不同部门之间的合作，还有公私合作[①]。

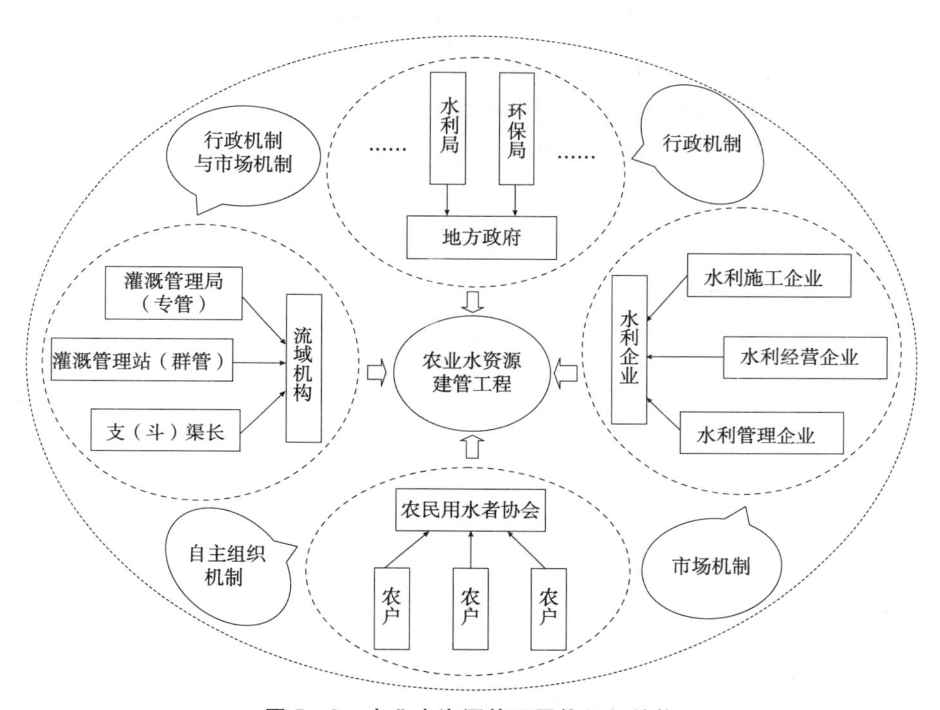

图 5－9　农业水资源管理网络组织结构

科层式与参与式自主组织体系的结合体现为集成化管理。一般讲农业水资源集成化管理有以下内涵：①水质和水量一同管理；②农业水资源管理主体行动目标的一致性；③农业水资源管理主体利益的一致性；④流域与区域统一管理。集成化农业水资源管理，使水资源行政组织的设置突破了集权和分权的两难境地。农业水资源的自然属性决定了集成管理的必然性。如果依据行政地域关系来进行农业水资源的保护，无疑忽视了农业水资源本身的特点，割裂了农业水资源相互间的流域性，会助长地方保护和部门保护，导致流域上、中、下游之间的污染转嫁，引起地区之间的用水

① 马捷、锁利铭：《区域水资源共享冲突的网络治理模式创新》，《公共管理学报》2011 年第 1 期。

纠纷，加剧流域各地区之间的利益冲突。因此，对农业水资源的管理需要在流域范围内考虑，在流域完整性的前提下，实施农业水资源联网调度、统一管理、联合调配，实行农业水资源集成化管理。

农业水资源集成管理是对现有管理体系的调整，把农业水资源系统各要素集成起来，把各自相关管理部门的职能、权限和利益集成起来，建立有效的参与机制与运行机制，使当地农业用水户和各利益相关者，一起参与农业水资源及相关资源的管理。实施农业水资源集成化管理，需要建立由各利益相关方共同参与的综合协调机构，农业水资源管理系统中的不同层次、不同级别、不同特征的若干子系统，以及各子系统之间的冲突，由综合协调机构来解决。

第6章

农业水资源安全管理的物质载体

水利工程是用于控制和调配自然界的地表水和地下水，达到除害兴利目的而修建的工程。农业水资源安全依赖于水利工程。由于农田水利工程与农业水资源关系最为密切，因此，可以说农田水利工程是农业水资源安全管理的物质载体。

6.1 农田水利工程：农业水资源安全的关键

6.1.1 农业水利的内涵

（1）水利溯源

传说在夏禹治理洪水时大力兴修沟洫，并在卑湿的地区推广植稻，商代的甲骨文中，有表示田间沟渠的文字，到周代，和井田制配合的沟洫工程已比较系统了。据《周礼》中“稻人”“遂人”和“考工记·匠人”记载，当时沟洫大致分为浍、洫、沟、遂等，有的还建了蓄水的陂塘，形成了有蓄有灌有排的农田水利体系。

水利一词，在中国最早见于《吕氏春秋·孝行览·长攻》中叙述的“以其徒属掘地财，取水利，编蒲苇，结罘网，……”，但此处“取水利”指捕鱼之利。在原始社会里，人们在河流两岸定居，从事种植业与养殖业，在一定范围内修筑一些原始堤坝（最初称为“防”），抵御洪水，保护住处和庄稼。那个时期人们主要靠老天的恩赐“琴瑟击鼓……以祈甘雨”（《诗经·小雅》）。但是在长期实践中，人们已经意识到，天是靠不住的，水旱灾害是经常发生的，必须备水防旱，止水防淹，“以潴蓄水，以防止水”《周礼·稻人》。《事物纪原·利源调度部·水利》记载：“沿革曰：

井田废，沟浍堙，水利所以作也。本起于魏李悝。通典曰：魏文侯使李悝作水利。"[①] 此时，"水利"一词主要是指灌溉。随着春秋时铁制工具的使用，劳动生产力迅速提高，水利事业有了很大发展。楚国在今河南固始东南，"决期思之水而灌雩娄之野"《淮南子·人间训》，进行"数疆潦、规偃潴、町厚防、牧隰皋、井衍沃"《左传·襄公二十五年》，根据地形条件兴修陂塘、渠道等水利工程；秦国在西蜀关中先后创建了都江堰和郑国渠两大灌溉工程，"秦以牛田，水通粮"得到战国后期东方诸侯国的羡慕；魏国于战国初年在邺地修建漳水十二渠，邺地由此富庶起来。

兴修水利是中华文明史中的重要内容。《尚书·禹贡》《礼记·王制》《史记·王帝本纪》等史籍都把兴修水利作为重要内容加以记载，汉朝司马迁通过考察许多河流和治河、引水等工程，总结当时黄河瓠子决口与堵口的经验，在所作的《史记·河渠书》中写道："甚哉水之为厉害也"，并指出"自是之后，用事者争言水利"。[②] 此处提到的水利内容："穿渠"，即开挖灌溉排水沟渠及运河；"溉田"，即灌溉农田；"堵口"，即修复遭洪水毁坏的堤防。司马迁指出了人与水的关系，分析了水的有利和为害两个方面，首次给予"水利"一词以兴利除害的完整概念。从此，"水利"一词沿用至今。管子提出：善为国者，必先除水旱之害。

对于水旱灾害频繁的中国而言，农田水利建设史就是一部农业发展史。从5000多年前的大禹治水、秦汉时期都江堰和三国两晋南北朝时期芍坡的修建，到隋唐运河开掘、太湖围田垦殖、[③] 五代的塘浦系统和两宋的大规模农田水利建设、[④] 京杭大运河开凿，再到明清"湖广熟而天下足"的长江中下游地区水利开发，都表明了我国历代统治者十分重视农田水利建设。农田水利建设与基本经济区的形成是高度相关的。如，秦汉时期，

---

① 张含英：《中国水利史稿（序）》，水利电力出版社，1979，第3~26页。

② 钱正英：《中国百科全书－水利卷》，水利电力出版社，1992，第1页。

③ 至唐朝，农田水利建设的重心开始从北方向南方转移，特别是移向长江中下游的太湖流域。从此，中国经济形成了一个新格局，北方开始落后于南方。见武汉水利水电学院《中国水利史稿》编写组《中国水利史（中册）》第1版，水利电力出版社，1987，第260页。

④ 公元1067年神宗继位，熙宁二年（公元1069年）二月，神宗任用王安石为参知政事开始变法，北宋农田水利建设在王安石的《农田水利利害条约》激励下出现了建设高潮。见武汉水利水电学院《中国水利史稿》编写组《中国水利史（中册）》第1版，水利电力出版社，1987，第114~118页。

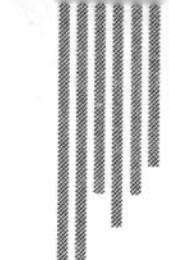

以关中为中心的地区就是基本经济区；[①] 晚唐时期，太湖地区的税赋超过了黄河流域，成为基本经济区；至明清时，两湖地区则成为新的基本经济区。基本经济区的转移规律，充分说明了农田水利建设对经济发展的重要性。

现在各种典籍和教科书中对水利的定义虽不完全相同，但含义基本一致。水利就是人们对水进行兴利除害、并利用水资源来满足人类生产和生活需要的各种活动的总称；而水利物品就是指采取各种人工措施对水资源进行控制、调节、治理、开发、管理和保护过程中形成的能满足人类生产生活需要的水利设施，是人们对水进行兴利除害所形成的各种水利资产，包括各型水库、塘堰、排灌系统、防涝设施、防洪护堤、供水系统、水电设施、水土保持、抗旱设施等。

《辞海》对“农田水利工程”的解释为：“为农业生产服务的水利事业。基本任务是通过各项水利技术措施，改造对农业不利的自然条件，合理、充分利用降雨、地表水和地下水，以调节农田土壤水分状况，提高土壤肥力条件，保证作物稳产高产；调整区域水情，防治洪、涝、旱、碱等自然灾害，保证农业生产全面丰收。主要内容包括：农田灌溉和排水、水土保持、盐碱地改良、沼泽地改良、围垦、草原灌溉、供水及治理沙漠等水利措施。”[②]

（2）农田水利的内容

农田水利是为农业生产而进行的农业水资源利用与开发的各种活动和工程。农田水利与农田水利工程的定义没有严格的区别，有时我们把农田水利指为农田水利工程。农田水利工程包括闸、站、堤、河流、沟渠和水利配套设施，是为农业生产、农村经济发展创造条件的基础设施，兼顾经济效益和社会效益，涉及多种功能，是综合性工程。

农田水利有广义和狭义之分，广义的农田水利是指包括灌溉、排水、水土保持、农村人畜饮水工程在内的与农村和农业有关的水利设施；狭义的农田水利是指以灌溉排水为主的农田灌溉设施系统，主要包括农田灌排

① 司马迁《史记·货殖列传》有“故关中之地，于天下三分之一，而人众不过什三，然量其富，什居其六”之语。见《司马迁·史记》，上海古籍出版社，1997，第 246 页。

② 水利部农田水利司：《新中国农田水利史略（1949—1998）》，中国水利水电出版社，1999，第 75～90 页。

系统设施、截流提水设施和水土保持设施，农田排灌系统由取水枢纽、输水配水系统、田间调节系统、排水系统、容泄区以及各种灌排建筑物构成；截流提水设施包括小型水库设施、小型抽水设施等。从规模上讲有大型农田水利设施、中型农田水利设施和小型农田水利设施。

农田水利工程可分为以下几类：

农田蓄水设施，如：小水库、塘坝、水池等；

引水设施，如：拦河闸坝、引水坝、截潜流等；

输水设施，如：渠道、管道、闸门等；

提水设施，如：泵站、机井等；

田间灌溉设施，如：灌水沟、畦、喷灌、滴灌、闸管、“小白龙”等；

交叉建筑物，如：渡槽、隧洞、倒虹吸、桥、涵等；

防洪设施，如：河堤、河道堤防等；

除涝降渍设施，如：排水闸、排涝泵站、排水沟、地下暗管等。

（3）农田水利与农业水资源的关系

农业水资源就是经过农田水利基础设施“加工”过的那部分水资源，农业水资源的利用效率与农田水利基础设施密切相关。从空间存在状态上看，农田水利基础设施可概化为“点”“线”“面”三种：所谓“点”水利设施，是指存在于一个“点”上的农田水利工程，主要包括水坝、水闸、泵站、机井等农业水利工程；所谓“线”水利设施是指存在于一条“线”上的农田水利工程，主要包括灌溉渠道、排水沟等农田水利工程；所谓“面”水利设施，是指存在于一个“面”上的农田水利工程，主要包括水库、池塘等农田水利工程。这三种形态的农田水利基础设施会对农业水资源产生三方面的影响。第一，改变水资源的存在状态。经过农田水利基础设施的“加工”，水资源已经不是原来意义上的水资源，农田水利基础设施作为水资源的“容器”和载体，极大地改变了水资源的原始存在状态，使农业水资源以“面”“线”的形式或静态或动态地存在着。第二，改变水资源的运动方向。农业水资源是用于农业生产的那部分水资源，农田水利基础设施中的灌溉渠网系统将会有效地把水资源引向田间地头，以供农作物的生长、发育之用。第三，调剂水资源的余缺。一是可将一个地区剩余的水资源输送至水资源较为缺乏的另一个地区；二是可将某一时期较为丰沛的水资源贮存起来，以待以后短缺之用。

6.1.2　农田水利的特点

（1）基础性

“水利是农业的命脉”，精辟地表述出农田水利在发展农业生产和改善农民生活中的重要地位和作用。对于我们这样一个人口大国，从保障粮食安全和社会稳定的要求出发，必须继续坚持粮食基本自给的方针。粮食生产总量取决于耕地数量、播种面积、单产和复种指数。在耕地面积有限的情况下，增加粮食总量主要靠单产，而提高单产最主要的制约因素是干旱缺水和洪涝灾害，尤其是干旱缺水影响最大。没有农田水利设施保证，粮食安全就没有保障，农业不可能稳定持续发展，农民生活水平也不可能稳步提高。我国的特殊国情决定了农田水利的特殊重要性。

2005 年中央一号文件《中共中央、国务院关于进一步加强农村工作提高农业综合生产能力若干政策的意见》指出：“加快实施以节水改造为中心的大型灌区续建配套。新增固定资产投资要把大型灌区续建配套作为重点，并不断加大投入力度，着力搞好田间工程建设，更新改造老化机电设备，完善灌排体系。开展续建配套灌区的末级渠系建设试点。继续推进节水灌溉示范，在粮食主产区进行规模化建设试点。有条件的地区要加快农村水利现代化步伐。”“狠抓小型农田水利建设。重点建设田间灌排工程、小型灌区、非灌区抗旱水源工程。加大粮食主产区中低产田盐碱和渍害治理力度。加快丘陵山区和其他干旱缺水地区雨水集蓄利用工程建设。地方政府要切实承担起搞好小型农田水利建设的责任。”

2006 中央一号文件《中共中央、国务院关于推进社会主义新农村建设的若干意见》指出：“在搞好重大水利工程建设的同时，不断加强农田水利建设。加快发展节水灌溉，继续把大型灌区续建配套和节水改造作为农业固定资产投资的重点。加大大型排涝泵站技术改造力度，配套建设田间工程。大力推广节水技术。……切实抓好以小型灌区节水改造、雨水集蓄利用为重点的小型农田水利工程建设和管理。继续搞好病险水库除险加固，加强中小河流治理。”

2011 年中央一号文件《中共中央、国务院关于加快水利改革发展的决定》指出：“水利是现代农业建设不可或缺的首要条件，是经济社会发展不可替代的基础支撑，是生态环境改善不可分割的保障系统，具有很强的

公益性、基础性、战略性。加快水利改革发展，不仅事关农业农村发展，而且事关经济社会发展全局；不仅关系到防洪安全、供水安全、粮食安全，而且关系到经济安全、生态安全、国家安全。要把水利工作摆上党和国家事业发展更加突出的位置，着力加快农田水利建设，推动水利实现跨越式发展。”

（2）群众性

农田水利遍及全国各地，与所有农民的生产、生活都有密切关系，是一项群众性事业，每年都要有数以亿计的劳动力参加农田水利工程的建设和维护。群众性、互助合作性是农田水利的重要特点。就单个农田水利工程看，建设过程比较简单，但从流域、区域水土资源综合开发利用以及它涉及水利、农业、政策、经济、管理等众多领域看，农田水利是一项十分复杂、需要多人合作的工作。

（3）公益性

农田水利既有农田灌溉功能，也有防洪、除涝、降渍、治碱等除害减灾功能，承担着保证国家粮食安全的任务，服务对象基本是农业——弱质产业，投资回报率较低，而公益性较强。其正外部性是指为农业生产提供灌溉服务，保障粮食安全，外部效应为正；农田水利投入的边际社会效益大于边际私人收益，追求利润最大化的私人投资者按照边际成本等于边际私人收益来决定产量，会导致供给不足。

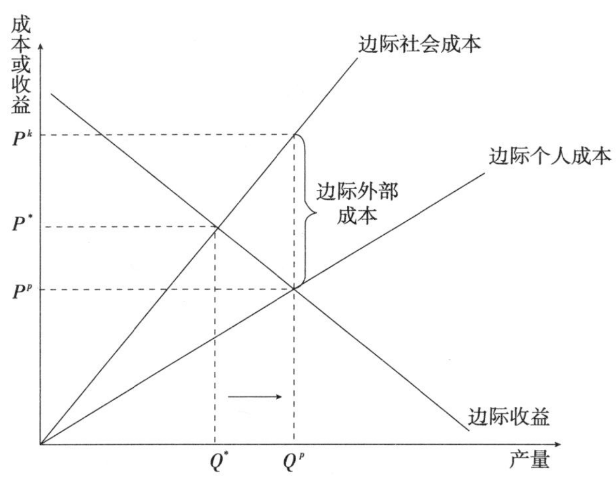

图 6-1　农田水利外部性示意图

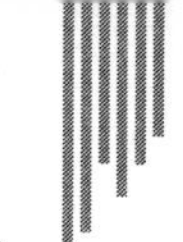

农田水利的外部性作用机理如图 6－1 所示，社会均衡价格 P^* 下的社会最优使用量为 Q^*，但是农户考虑自己的利益，会增加使用量到 Q^P，致使边际社会成本为 P^K，而个人所承担的边际成本只为 P^P，也就是说，P^K-P^P 的部分为边际外部成本，由社会承担。若社会无法将这些外部成本合理消耗，农田水利工程将不可持续利用，水资源枯竭，最终社会利益和个人利益俱损。

6.2　农田水利供给政策的历史考察

6.2.1　新中国成立到 1957 年

1949～1957 年是国民经济恢复时期，国家把恢复农田水利建设作为重要环节。1950 年，农业部召开了农田水利工作会议，确定农田水利工作方针是："广泛发动群众，大力恢复兴修和整理农田水利工程，有计划有重点地运用国家投资、贷款，大力组织群众资金和吸收私人资本投入农田水利事业，帮助改善原有管理机构，加强灌溉管理，逐步达到合理使用，并建立健全各种制度。"从长期封建制度压迫下解放出来的广大农民群众，以极大的热情投入了大规模的水利建设，一方面大力整顿原有的灌溉排水工程，一方面广泛开展以小型水利为主的群众性农田水利建设。"一五"期间，农田水利建设的重点由恢复整顿原有灌溉排水工程为主，转变为按国家经济发展的要求有计划、有步骤地兴修新的工程设施。

这一段时间，国家十分重视兴修水利、防治水害的工作。但由于国家财力有限，只能将重心放在大江大河的治理上，对于农田水利建设，国家更多的是承担动员和引导的角色。因此，农田水利实际上是由农民自我提供的，国家只是给予少量补助。经过土改运动分到一些田地的农民，对于参与农田水利建设的积极性很高。但是由于缺少生产要素，以家庭为单位独立耕作仍有困难，不得不通过组建互助合作组织来进行合作。在国家的动员下，农田水利建设打破原有组织和地域界限，多个地区进行合作，在人力、物力和财力上达成一致意见。

1949～1957 年这 9 年时间，农民在家庭基础上，组建互助合作组织，建立临时互助组、常年互助组和初级生产合作社、高级生产合作社等形式。临时互助组和常年互助组是私人产权基础上的合作组织，主要是调剂劳动力和生产工具余缺的一种合作方式。初级农业生产合作社是在互助组的基础上，个体农民自愿组织起来的半社会主义性质的集体经济组织。它的特点是土地入股，耕畜、农具作价入社，由合作社实行统一经营；社员参加集体劳动，劳动产品在扣除农业税、生产费、公积金、公益金和管理费用之后，按照社员的劳动数量和质量及入社的土地等生产资料的多少进行分配。初级生产合作社是以主要生产资料私有制为基础的农民合作的经济组织。1956～1957年，初级生产合作社向高级社转变，主要表现在生产资料私人所有制转变为生产资料集体所有制的过程。高级农业生产合作社内部建立适应生产需要的劳动组织，其基本单位是生产队。高级农业生产合作社通常是把劳动力、土地、耕畜、农具等固定给生产队使用；生产队实行包工、包产、包成本和超产奖励，被称为“三包一奖四固定”制度。后改为以“工分制”为基础的“按劳分配”制度。高级社已经具备了人民公社的雏形。

这一时期农田水利供给政策的特点是：政社合一，行政权力与集体所有制相结合，为传统体制提供了史无前例的水利建设动员能力，国家可以随时根据自己的需要占用任何一块土地，公社有权随意甚至无偿调用任一生产队的劳动力。也正是这种具备高度动员能力的体制，为传统体制时期的水利建设提供了牢固的政治与组织基础。把政府号召、行政调控、奖罚推动、统一会战等融为一体，实现了水利工程的跨村、跨乡、跨县大会战，从而促进了农田水利建设。

这一时期农田水利供给政策的功效显著，农田水利建设被整合到自上而下的组织体系中，国家不仅动员劳力治理了大江大河的洪涝灾害，而且建造了很多大型水利工程；乡村组织以建设中小型水利工程为主，改变了农田水利面貌。这种组织动员方式依靠管理的计划性和乡村经济的集体性，即国家权力通过完整的行政组织系统渗透到乡村社会，整合了乡村社会的利益诉求和资源，以丰富的劳动力弥补了资金上的不足，快速促进了农田水利的发展。

6.2.2 人民公社时期

1958～1978年是人民公社时期，这一时期，国家物质资源仍然匮乏。国家只能投资大型农田水利工程，地方性的和中小型的农田水利工程则由地方政府筹措建设资金，充分利用农村丰富的劳动力资源供给，国家再给

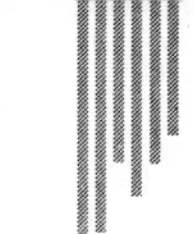

予适度补助。这一时期农田水利的供给依然沿用互助合作组织时期的制度外供给，即农民自我供给的历史惯性。不同的是，之前时期农民的合作是自愿的，是以义务劳动的形式投入农田水利供给。而这一时期，国家建立了“政社合一”的人民公社体制，凭借其庞大而严密的组织体系，强制性动员群众进行农田水利建设，并以记取工分的形式给予“报酬”。

这一时期，公社几乎承担了全部农村公共产品的供给责任。其作用的发挥离不开人民公社的体制特征。首先，政社合一意指高度集中的权力，能动用一切资源。公社几乎控制了所有生产资料，这意味着，农民作为社员，丧失了对生产安排、人身活动的自主权。其次，以生产队为核算单位的村社模式产生集体生存意识。农民没有生产资料的所有权，没有劳动支配的自主权，没有从集体的退出权，离开了集体没有消费资料的获得权。在农民产权被高度压缩的情况下，参加集体安排的劳动是获得工分，从而获得生活资料的唯一途径。尽管工分分值可能很低，甚至低到只有几分钱，但农民欲改善自己的生活状况，只有多挣工分，多挣工分成为一种劳动激励。

人民公社体制下，国家利用专政手段或群众专政，对那些“落后分子”“敌对分子”实行拘留、逮捕、劳改、劳教等。那些拒绝参加农田水利建设的农民会被当做落后分子或者敌对分子加以对待，会被实施严厉的斗争甚至打击。作为“负激励”，是一种对集体行动拒绝的禁止性“指令”。应当说，农田水利建设组织动员的政治运动方式相当有效地避免了劳动中的机会主义行为，并且人们表现出了“高昂”的劳动士气。为了表现劳动的积极性，人们甚至没日没夜地劳动，靠着双手和双肩超强度地进行劳动，农田水利建设取得了很大的成效。

据统计，1957～1978年，我国的农田有效灌溉面积的绝对数量从2733.33万公顷增加到4466.67万公顷，净增1733.34万公顷。有效灌溉面积占耕地面积的比例从24.4%增长到了45.2%，增长了20.8个百分点①。

这一时期农田水利供给政策的特点是：囿于当时的社会、经济体制以及农村经济的不发达，农村通过正常的财政手段筹集到的资金非常有限，

① 李文，柯阳鹏：《新中国前30年的农田水利设施供给——基于农村公共品供给体制变迁的分析》，《党史研究与教学》2008年第6期。

因而维系农田水利正常供给的除了公社财政外，还有赖于各级集体组织所筹集的资金，也即制度外筹资。国家依靠强制力量，使农户的土地等生产资料从私有制变为集体所有，劳动力、土地、生产工具等统一支配使用。在工分制下，劳动对资本的替代达到无与伦比的程度。工分总量膨胀几乎不受约束，是一种“取之不尽、用之不竭”的资源。此外，为保证农民思想的统一，还以广播、板报等形式惩罚偷懒者，表扬先进劳动者。因此，这一时期农田水利供给政策效果良好。

6.2.3 家庭联产承包责任制到税费改革前

家庭联产承包责任制，即包产到户，作为非集体经济形式从新中国成立初期就一直存在争论，也时常遭到排斥。直到20世纪70年代末，随着政治形势的变化，包产到户才在全国许多地方悄然兴起，其中小岗村的分田被当做农村改革的起点，但直到1981年夏收后，包产到户也只在一些贫困地区发展较快，其中贵州最多，占80%，其次为甘肃占66%，接下来是安徽55%，河南53%，内蒙古50%，全国共有161万多个生产队加入了包产到户的队伍，占生产队总数的32%①。家庭联产承包责任制的实施大大激励了农民投入农业生产的积极性，家庭获得了相当大的生产经营自主权。随着计划经济体制向市场经济体制的转变，农民独立的经济意识进一步加强，该干什么，不该干什么，农民心中有自己的如意算盘。农民理性经济人意识的唤醒，促进了私人产品的供给，但却带来了农村公共产品供给的问题。

1982年，国家撤销人民公社建立乡镇政府。在农村社会，由于生产大队管理体制的解体，农民自发组织建立了村委会，对农村事务进行自我服务、自我管理。党和国家通过推行“乡政村治”等政策，希望将公社时期全面干预、高度集权的管理方式转变为全面依托社区自身力量进行农村社会治理的方式。因此，国家介入的减弱、农民自主性的增强成为影响农田水利建设最深刻的两个方面。而现实情况是，没有集体劳动组织可以依托、传统组织资源遭到计划经济体制的毁灭性破坏，农民再次变成“一盘散沙”，对集体事务漠不关心。因此，在改革开放的前十年，农田水利建

① 吴象：《中国农村改革实录》，浙江人民出版社，2001，第168页。

设陷入低迷状态。20 世纪 80 年代的水利基本建设投资在全国基建投资中的比重仅有 3% ~4%，低于 50 ~70 年代的 7% 左右；灌溉与除涝基建投资占水利基建投资的比重，80 年代为 10% ~25%，也低于 50 ~70 年代的 30% ~40%①。

1991 年后，国家集中治理大江大河，建设重点水利工程，而农田水利设施，则主要依靠农民的劳动积累，广开投资渠道来建设。其中包括鼓励单位和个人按照“谁投资，谁建设，谁所有，谁受益”的原则，采取独资、合资、股份合作等多种形式投资农田水利，并提高国家设立的农业综合开发、商品粮基地建设、粮食自给工程等专项资金中用于农田水利建设投资的比例。

这一时期农田水利供给政策的特点是：实施家庭承包制后，从前行政组织动员集体行动所依赖的组织基础瓦解了。国家的权力机构只设在乡（镇）一级，在农村推行村民自治。这种权力架构，使国家行政对农村社区的控制能力比此前下降了许多，村民委员会的自治性质，也在部分程度上成为制约乡镇国家权力运行的新机制。国家组织边界的收缩以及对村委会的依赖，使原先建立在科层制基础上的行政动员能力毫无疑问地弱化了。由于乡财政收入来源有限，农田水利的筹资途径依然延续了人民公社时期以制度外筹资为主的方式，不同的是筹资的承担对象由集体为主转向以农户为主，筹资方式也变为直接向农户收取费用，过去的隐性剥夺被公开化了。即：农户以“乡统筹”和“村提留”方式分摊物质成本，以“两工”形式分摊人力成本。

6.2.4　税费改革后

税费改革大大减轻了农民负担，同时，各级政府对农田水利的投入也相应减少，主要表现在农业支出占财政支出的比重不断下降。中央政府将供给农田水利的责任寄托在下级政府上，却没有给地方政府相应的财权。地方政府失去了向农户征收“三提五统”的费用，在本身债务困难且上级政府没有考核的情况下，减少了对农田水利的供给。起源于 1984 年的山东莱芜改革将设立于乡镇一级的涉农服务机构全部下放给乡镇政府管理，实

① 冯广志：《回顾总结 60 年历程认识农田水利发展规律》，《中国水利》2009 年第 19 期。

行“块块”为主的领导体制。这一时期，基层政府对农田水利的供给有所减少。

为了提高农业用水的市场化程度，国家进行了农田水利的市场化改革，一方面将水管单位转制为企业化经营，使公益性的农田水利服务转变为成本核算基础上的经营性收费。另一方面，通过承包、租赁等形式放活农田水利的建设权和经营权，以缓和水利经费的紧张局面。这一时期，国家深化农田水利产权制度改革，一是搞活集体水利设施的经营权，二是放开农田水利建设权①。将农田水利工程一定年限的使用权通过竞价方式承包（租赁）给农民。多户农民组织可以通过建立水利合作社，内部不以营利为目的，共同投资、共同管理、共同经营水利设施。还可以通过建立用水者协会，自主管理农田水利工程。按照“谁投资，谁建设，谁所有，谁受益”原则进行的小型农田水利产权制度改革，调动了农民兴办农田水利的积极性，出现了个人、合伙、合作社、股份制办水利和公司投资办水利等多种组织形式，农田水利建设的经济动员形式开始多样化。

“一事一议”作为税费改革的配套制度，是为解决小型农田水利等村级公共物品供给问题而设立的供给机制，希望通过村级民主的方式解决村庄公共产品的供给。安徽省作为首创“一事一议”模式的省份，为规范“一事一议”的筹资筹劳，制定了《安徽省村内兴办集体公益事业筹资筹劳条例》，并于2003年1月1日起开始施行。《条例》确定了筹资筹劳必须遵循“村民自愿、村民受益、量力而行、上限控制、民主决定、程序规范、使用公开”的原则，对所筹资金和劳务的使用范围、实施程序等都做了明确规定，为其他省制定相关制度提供了参考。然而市场经济环境下的农村不再是从前那样固定封闭的“熟人社会”了，农业生产比较效益低决定了多数农户选择外出打工，使得“三分之二以上村民代表参会”的目标无法实现。即使农户愿意投入农田水利建设，在筹资问题上也常常出现纠纷。

这一时期农田水利供给政策的特点是：税费改革堵住了政府向农民增加负担的“口子”。为了弥补税费改革造成的财政缺口，中央和省级地方通过财政转移支付形式填补县乡政府供给农田水利的资金短缺。然而由于

---

① 任海龙：《加强新农村公共物品政府投入的对策分析》，《学术交流》2008年第16期。

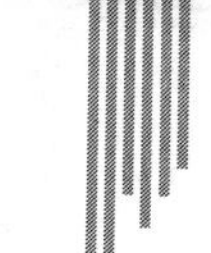

权责没有明晰，各级政府间存在推诿扯皮现象。作为税费改革配套的“一事一议”制度遭遇集体行动困境。同时，产权归属不清阻碍了市场主体的参与。

6.3　当前农田水利建设面临的问题

6.3.1　农村社区水利建设中“一事一议”难

2003 年安徽在全省实施“一事一议”，目前“一事一议”已作为全国农村公共品筹资的基本制度被推行。以“一事一议”来替代以前由乡村组织统筹共同生产费和农民“两工”（义务工、积累工）的制度，是为了控制乡村组织借统筹共同生产费和农民“两工”而搭车收费，从而加重农民负担。“一事一议”的好处是目标（“一事”）明确，乡村组织不能挪用经费。然而，“一事一议”制度在实践中也存在非常突出的“三难”问题，即“事难议、议难决、决难行”。“三难”的核心不在制度本身，因为相关文件对“一事一议”的原则、范围、用途、上限、实施程序、审批、监督等都作了明确规定，而在于制度在什么样的基础上实施。如议事程序规定，所议事项必须召开村民大会或村民代表会议，村民大会应有本村过半数村民参加，村民代表会议应有三分之二以上的村民代表参加，所作决定应当经到会的三分之二人员通过，程序不可谓不明确。问题是，在当前的许多村庄，符合这种要求的会能不能开起来。①“一事一议”的原则规定，乡村组织不得强制农民缴纳任何税费，同时“一事一议”中大多数村民同意的决策，并不具有对少数人的法律强制力和行政强制力。事实上，在村庄水利供给中，农民可以从所修水利中获得的收益并不平衡，以至于很难使所有人（或多数人）在任何一项水利工程上达成一致。

由于农村水利供给属于社区内筹资，需克服社区成员的搭便车行为，就需要社区范围的决议具有强制力。而取消农业税后的“一事一议”制度，事实上恰恰没有赋予多数人决定的法律和行政强制力，从而无法解决少数人拒绝缴费的难题。而之所以有一些地方农村的“一事一议”可以开

---

① 张鑫、王家辰：《农田水利设施建设中村社力量不足的研究——基于利益相关者的视角》，《改革与战略》2012 年第 2 期。

展，是因为这些地方农村内部，具有强大的舆论力量，这种舆论力量足以将村中少数想搭便车的人边缘化，从而起到相当于法律或行政强制力的作用。但在当前情况下，农民流动频繁，村庄共同体正在快速解体，舆论力量越来越不足以克服村庄的“无政府状态”。

6.3.2　土地经营碎化，农田水利管护难

实行家庭承包制以后，农户作为农村基本的组织形态，既是消费单位也是生产经营单位。从农地产权制度上讲，农地制度改革后，农户回到了“小农”状态之中，家庭承包制的地块规模小、分散的特点，使农户使用水利的成本很高，使家庭联产承包责任制与农田水利工程建设之间存在一定矛盾。一方面，在家庭联产承包责任制下，农业经营是以农户家庭为主体的分散经营，土地碎化，经营规模小，地块分散细碎，给生产带来了诸多不便（如浇水的多次性、分散性），同时也造成了劳动空间转移的时间成本耗费。农田水利建设对农户而言是一种成本高且没有规模效益的活动。农田水利建设的成本可以分为两个部分：一是建设成本，二是管理维护成本。影响成本的因素有：①农户投资办水利，需要与其他农户配合，需要协调成本；②水源距离耕地的远近；③水利设施的维护费用，这与储水、输水设施及渠道的长度正相关；④克服“搭便车”的费用，这与农户所拥有的输水设施长度和地块分散程度正相关。因为农业农民收入总体水平不高，在农田水利产权制度不完善的情况下，除非自己的地块集中且规模足够大，否则，农户自建农田水利设施一般是不经济的。另一方面，在家庭联产承包责任制的条件下，农民承包的只是用于耕作的农地，并不包括田间原有的灌排系统，因此，农户不是农田水利基础设施投资和管理的主体，或者说农户游离于农田水利基础设施投资及管理主体之外，从而也就缺乏对农田水利基础设施投资及管理的有效激励。家庭承包制实行后，农户成为具有独立经济利益意识的经营主体，对具有外部性的农田水利设施，表现出“只用不管，只用不建”。

6.3.3　农村社区建设力量不足

取消农业税后，农村集体丧失了向农民收取“三项提留”和“共同生产费”的权力，农村集体无稳定财政来源，村级财政基本空心化，村小组

更是虚化。新中国成立以来，我国农田水利基本建设的投入主体是农民。20世纪80年代后期，针对农村分田到户后农田水利基本建设出现滑坡的情况，国务院于1989年出台了《关于加强农田水利基本建设的决定》。《决定》要求建立和完善劳动积累工制度，规定每个农村劳动力每年要投入农田水利基本建设10~20个工日，并允许有条件的地方适当多投一些。1991年国务院又出台了《农民承担费用和劳务管理条例》，将此前有关农民承担的劳务进一步明确为"两工"，即劳动积累工和义务工。规定每个农村劳动力每年承担劳动积累工10~20个，主要用于农田水利基本建设和植树造林；承担义务工5~10个，主要用于植树造林、防汛、公路建勤、修缮校舍等。这就是基层政府组织农民投入农田水利基本建设的主要依据，也是农田水利基本建设投入的主要来源。然而，农村税费改革，把取消统一规定的"两工"作为税费改革的一项重要内容。相关公益事业建设改为实行"一事一议"。根据水利部统计，全国农民在农田水利建设方面的投工从20世纪90年代最高年份1998/1999年度的102亿个工日，减少到2004/2005年度的31亿个工日，下降了近70%。若按每个工日折合10元钱计算，农民投工量减少了71亿个工日，就相当于减少了710亿元的农田水利建设投资。①

另外，随着农村劳动力大量向城市转移，农村可用劳动力减少，已没有充足劳动力进行农田水利建设，青壮年劳动力逐渐退出农田水利建设主体。有不少地方从事农业的主要是妇女、儿童和老人，他们留守在家种田的目的仅仅在于生产自家的口粮，不愿也无力更多地增加对农田水利的投入。

6.3.4　农田水利产权激励不足

我国农田水利所有权基本分为国家所有和集体所有两种形式，从实际情况看这两种产权制度安排都存在一定的弊端。

（1）农田水利国有产权主体虚置

第一，各级政府只是农田水利所有权（从理论上讲，所有权的主体是"全民"）的代理者，政府对农田水利具有实实在在的管理决策权（包括投

---

① 《2005年农田水利建设总投入滑坡》，《中华工商时报》2006年2月21日第3版。

资决策权)，但并无实实在在的人格化代表承担决策责任，这种权责非对称性说明各级政府难以成为农田水利真正的产权主体。第二，农田水利管理组织只是作为政府部门的代理人，必然导致两方面的后果：一是农村集体经济组织（包括农户）不能按照自己的意愿拥有对农田水利国有资产的占有、支配和处置权；二是由于农田水利基础设施的所有权由各级政府机构来履行，当政府部门的行政职能、所有者职能结合在一起时，所有权的约束就带有明显的行政干预属性，农田水利组织无法也不能对水利国有资产的盈亏完全负责，也就难以成为真正的产权主体。

（2）农田水利集体产权模糊

集体产权是指财产的归属主体、财产交易的受益主体及财产支配和处置的主体均属具有集体性质的某一组织时的产权。

部分农田水利基础设施属于集体产权制度安排，意味着这部分农田水利基础设施在其服务的农村社区范围内的农户之间是不可分割的，亦即产权属于各个农户所构成的集体，而不属于集体中的各个农户。结果农户只是在名义上拥有集体农田水利基础设施的全部产权，但实际上却无法知道自己在这一集体财产中所拥有的份额，造成集体的“有”与个体的“无”这样一种矛盾的局面。这种产权制度安排的直接后果是：一是农户对农田农业水利基础设施漠不关心，基础设施缺少应有的维修和养护；二是对集体农田水利基础设施过度使用，产生一定程度上的“公地悲剧”。建、管、用脱节，造成所有者缺位，管理不到位，相当一部分农田水利基础设施老化失修、不能正常发挥作用。

6.3.5 农田水利建设主体缺位与合作不足

自 20 世纪 80 年代开始，中国大部分地区实行了“分灶吃饭”的财政体制，1994 年以后又进入“分税制”阶段。财政体制由“一灶吃饭”到“分灶吃饭”、再到“分税制”的变迁打破了财政支出中的“大锅饭”，塑造出了比较独立的地方经济利益主体，多层政府共同承担农业水利建设责任，但中央政府、地方政府、乡镇政府在责任的确认和分担方面缺乏明确的划分标准。乡镇政府与村集体的关系也没有理顺，乡镇政府经常利用权威将责任推给村集体（这方面的内容已经在第 3 章有过类似的论述，在此不再赘述）。

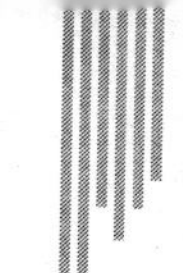

6.4　农田水利有效供给理论分析——微观主体角度

6.4.1　二人独立农田水利供给分析

可以从最简单的过程分析农田水利的有效供给，首先假设只有两个个体，i 和 j，只存在两种物品，一种是纯私人物品 A，另一种是农田水利 B，另外假设 i 和 j 两人对 A 和 B 两物品的偏好和生产能力完全相同。两人同时生产 A 和 B 两物品，且 A 和 B 两物品对 i 和 j 两人均为效用为正的有益品。假设目前 i 和 j 二人对农田水利 B 的公共性一无所知，认为 B 和 A 一样是纯私人物品，因此二人各自独立地调整自己对两种物品的生产，以达到自身效用的最大化，这一均衡可以用图 6－2 的无差别曲线来表示。

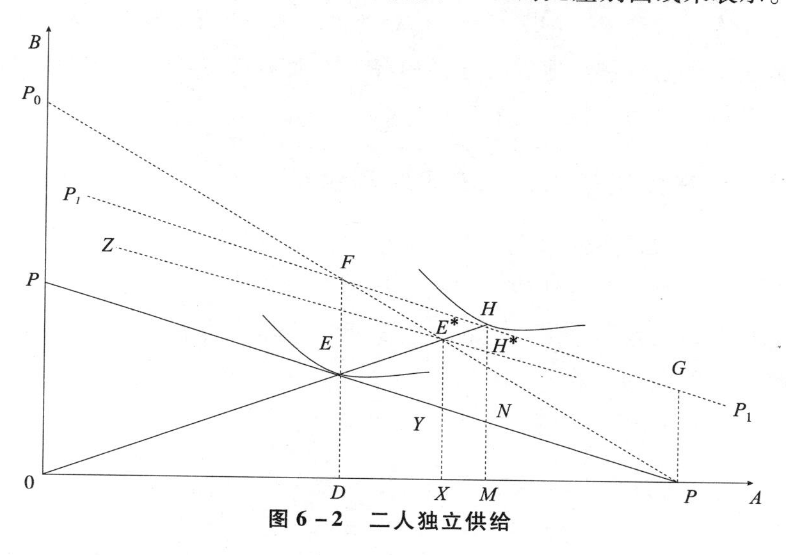

图 6－2　二人独立供给

图中坐标轴分别表示私人物品 A 和农田水利 B 的生产数量，PP 为 i 或 j 的生产可能性曲线，E 为他们认为能使自己效用最大化的生产组合，A 和 B 两物品的供应量分别为 OD 和 DE。但是当他们选择 E 处进行生产时，由于农田水利 B 是公共物品，可以同时被 i 和 j 两人所消费，因此他们会发现自己实际处于 F 点，A 和 B 两物品的实际供应数量分别为 OD 和 DF，$DF=2DE$。农田水利 B 实际供应数量的增加会产生与真实收入的增加相类似的结果，将 i 和 j 所面临的生产可能曲线向右上方平移至 P_1P_1。很显然，

F 点并非是 i 和 j 的均衡点，由于私人物品 A 对两人均为有益品，因此其收入弹性大于零，此时 i 和 j 增加私人物品 A 的供给数量同时减少农田水利 B 的数量可以增加自己的效用水平。如果假设农田水利 B 的收入弹性为零，则 i 和 j 会选择 G 点，（$GP = ED$），为自己提供原数量 ED 的农田水利和最大数量的私人物品。但在 A 和 B 两种都是有益品的条件下，A 和 B 的收入弹性都大于零，i 和 j 的第二轮选择会位于 F 和 G 之间，例如 H，为自己提供 OM 数量的私人物品和 MH 数量的农田水利。与处于 E 点的情况类似，当 i 和 j 选择了生产组合 H 时，他们又会发现自己实际向 H^* 的位置移动，这时私人物品 A 和农田水利 B 的实际供应数量分别为 OM 和 MH^*（$MH^* = 2NH^*$）。H 与 H^* 的不同，又使 i 和 j 的生产可能曲线向左下方平移，i 和 j 进行第三轮调整，减少 A 和 B 两种物品的供给数量。i 和 j 的独立调整行为会一直进行到 E^*（$XY = YE^*$）处为止，在 E^* 处 i 和 j 二人 A 和 B 两物品的实际供给数量与他们的选择相等，因而不再有继续调整两物品供给数量的动机。

6.4.2 存在搭便车的二人农田水利供给

对于个体来说搭便车是一个能够使自己的效用最大化的理性选择，但对于集体来说则是非理性的，搭便车行为会减少农田水利的供应数量，最终会降低个体的效用水平，这就是农田水利供给中存在的个体理性与集体非理性二者之间的矛盾。

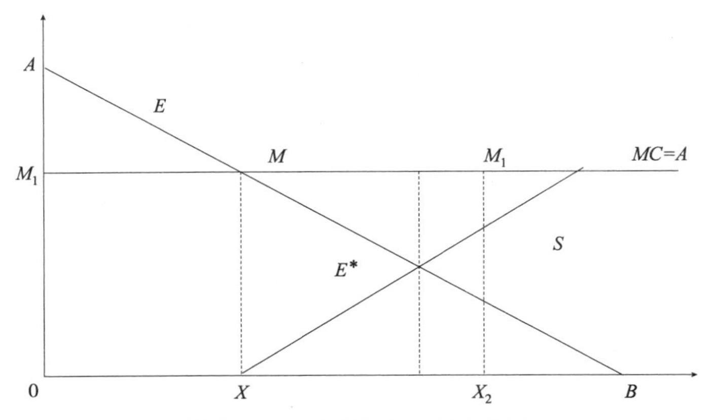

图 6－3 存在搭便车的二人供给

我们以 i 和 j 的二人模型为例，假设 i 和 j 对物品的偏好和生产能力完全相同，他们可以供给私人物品 A 和农田水利 B，两者的供给数量分别以两坐标轴表示。我们忽略收入效用的作用，同时假设 A 和 B 两种数量是可以连续变化的，农田水利 B 的边际生产成本（以私人物品 A 的数量来表示）保持不变，E 为 i 和 j 对农田水利 B 的边际效用曲线，同样以私人物品 A 的数量来衡量。

当 i 和 j 各自独立进行农田水利 B 的供应时，他们会选择 M 点，提供 OX 数量的农田水利，使农田水利对自己的边际效用等于其生产的边际成本。但他们会发现自己处于 M_1 点，农田水利的实际可消费数量加倍，为 $2X$。在 M 点以右农田水利 B 的边际效用小于其边际生产成本，因而 i 和 j 都有动机减少农田水利的供给数量。假如 i 和 j 二人都自由地调整行为，而没有成本，那么两人都会将自己提供的农田水利数量减少到 M_2 处。在 M_2 处两人又发现没有任何数量的农田水利 B，因而又向 M_1 处调整，如果在其他条件不变的情况下，i 和 j 二人的调整会在 M_1 和 M_2 之间反复进行。

现在我们假设 i 和 j 二人的信息状况不再相同，i 意识到了农田水利 B 是一种可以被两人同时消费的公共物品，而 j 还没有意识到这一点。i 会发现即使自己不提供任何数量的农田水利 B，他也可以搭 j 的便车，消费 OX 数量的农田水利，因此 i 会调整到 M_2，将自己提供的农田水利数量减少为 0，但他实际消费的农田水利为 M 点，此时 j 也处于 M 点，与 j 自己的效用最大化选择相同，处于均衡状态。如果其他条件不变，i 和 j 二人均处于均衡状态，没有进一步调整的动机，此时农田水利 B 由 j 一人提供，i 完全搭 j 的便车。

如果我们放弃 i 比 j “聪明” 这一假设，即 i 比 j 都意识到了农田水利的公共性，这种 “不公平” 的均衡状态就无法继续维持。此时对 i 来说，他愿意向 j 支付一定数量的私人物品 A，使 j 增加农田水利 B 的供给数量，因为在 M 点以右，i 对农田水利 B 的边际效用仍然大于零。而对 j 来说，只要 i 支付的 “价格” 高于他自己对农田水利 B 的边际成本和边际效用之间的差额，增加农田水利 B 的供应量对他自己也是有好处的。现在我们可以将 i 看做是多于 OX 数量农田水利的需求者，其需求曲线也就是 i 对农田水利 B 的边际效用曲线 E，j 是农田水利的供给者，其供给曲线由他自己对农田水利 B 的边际生产成本和边际效用之间的差额得出，为曲线 S，它表示 j 为增加农田水利 B 的供给数量而愿意接受的最低价格。i 和 j 之间通过

交易所达到的均衡点也就是需求曲线和供给曲线的交点 E^*。

6.4.3 二人偏好不同的农田水利供给

在以上的分析中我们一直假设 i 和 j 二人对私人物品和农田水利都具有相同的偏好，这显然只在理论上成立，实际上如何满足个体之间千差万别的需求偏好是经济学理论面临的难题。因此我们分析，在 i 和 j 二人对私人物品和农田水利偏好不同的前提下农田水利的供给过程。

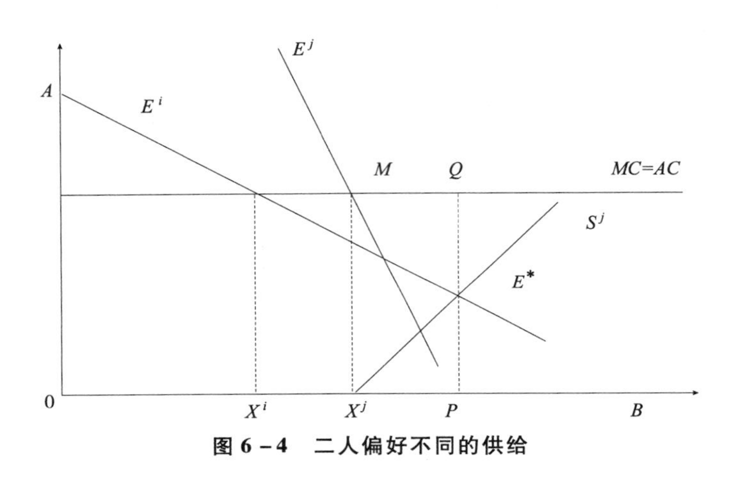

图 6－4 二人偏好不同的供给

图 6－4 由图 6－3 扩展而得，现在 i 和 j 有各自不同的对农田水利的边际效用曲线，分别以 E^i 和 E^j 表示，仍然假定农田水利 B 的边际生产成本保持不变。当 i 和 j 都没有意识到农田水利 B 的公共性时，他们会各自独立供应，i 会选择为自己提供 OX^i 数量的农田水利，j 会选择为自己提供 OX^j 数量的农田水利。如果 i 先于 j 意识到了农田水利的公共性，如前所述，他会采取搭便车，将自己的农田水利数量减少为零，完全搭 j 的便车，而 j 此时处于 M 点。当 j 意识到农田水利可以两人同时消费时，i 和 j 可以通过交易实现帕累托改进。i 作为农田水利的需求者，其需求曲线即是他对农田水利 B 的边际效用曲线 E^i，j 作为供给者，其供给曲线由他对农田水利 B 的边际效用和边际生产成本之间的差额得出，即 S^j。需求曲线和供给曲线的交点 E^* 即为这一“市场”上的供求均衡，此时由 j 提供由 i 和 j 共同消费的农田水利数量为 OP。在 E^* 处，农田水利 B 的边际生产成本为 QP，它由两部分组成，其中 PE^* 由 i 负担，即他向 j 支付的“价格”，其余部分

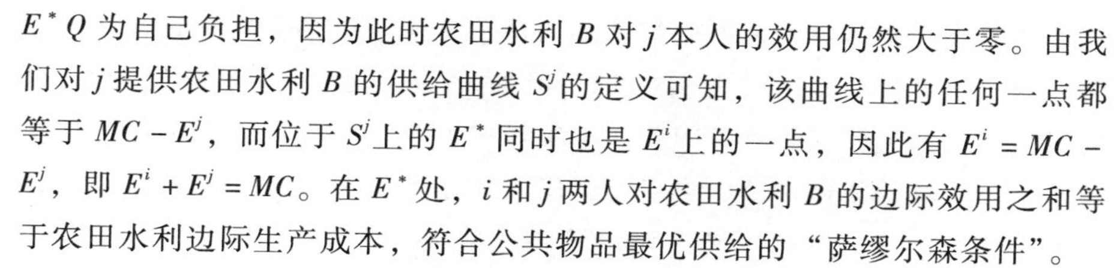

E^*Q 为自己负担，因为此时农田水利 B 对 j 本人的效用仍然大于零。由我们对 j 提供农田水利 B 的供给曲线 S^j 的定义可知，该曲线上的任何一点都等于 $MC-E^j$，而位于 S^j 上的 E^* 同时也是 E^i 上的一点，因此有 $E^i=MC-E^j$，即 $E^i+E^j=MC$。在 E^* 处，i 和 j 两人对农田水利 B 的边际效用之和等于农田水利边际生产成本，符合公共物品最优供给的“萨缪尔森条件”。

在上述模型中，i 和 j 二人对同样数量的农田水利 B 所支付价格并不相等，这一点与私人物品市场的均衡有很大不同。对于农田水利而言，在供求达到均衡时所有消费者的消费数量是固定且相等的，个体无法单独调整自己的消费数量，而偏好不同的个体对同一农田水利的效用不可能完全相同，因此这种效用上的差异最终必然，也只能是表现在每个人对农田水利支付的边际价格上。

6.4.4　多人条件下的农田水利供给

通过以上二人农田水利供给模型的分析，我们发现农田水利的有效供给可以通过二人的自愿交易来实现，这一过程并不需要任何第三方力量的介入，但是当我们将模型中个体的数量增加到三个或者更多时，个体间自愿交易的效率便难以保证了。在二人模型中我们可以忽略谈判成本的作用，但在多人模型中这种谈判成本高得使我们无法继续忽略，个体间谈判成本的存在使多人间的农田水利供给难以自觉形成。

我们在原来只有 i 和 j 的二人模型中加入第三个个体 s，现在由三个人来共同供给农田水利。由于三人必须消费同等数量的农田水利，因此供给数量必须是由三人共同做出的一个结果，而不能只是三个人之间两两进行交易。如果我们将个体数量继续增加，显而易见，通过个体间的自愿交易来达到农田水利供给的帕累托最优状态是不现实的。

除了个体之间的谈判成本，搭便车动机的存在也会随着个体数量的增加而显著增强。同一个体在成员数量不同的“小集体”和“大集体”中的行为模式会有明显不同（奥尔森，1995）。在农田水利供给中，集体中的个体之间存在着既合作又竞争的双重关系，一方面个体间需要相互合作以联合供给农田水利，这要比任何一个个体的单独供给都有效率，另一方面个体间在交易、谈判、达成一致协议的过程中又要互相竞争，以获得对自己更为有利的交易条件，或是农田水利供给成本的分担方式。这种合作与竞争关系在小集体中表现得非常直接，每个集体成员都会意识到自己的行为对农田水利供给的结果是重要的，同时每个人都会意识到自己的行为会对其他成员产生明显影响。因此在小集体中，个体一方面会积极努力促成关于农田水利的集体协议，为自己提供农田水利，另一方面会采取策略性行为，在与其他成员的谈判中讨价还价，使最终的集体决策对自己有利。除此之外，集体中的个体还会对其他成员的行为进行预期，也会预期其他成员对自己行为的反应。

但是在成员数量众多的“大集体”中，个体所面临的情况则与小集体完全不同。尽管大集体中的个体之间在农田水利的供给上仍然具有相互依赖性，但这种合作与竞争关系与小集体中相比表现得非常不明显。与数量众多的“其他人”相比，单独的个体行为显得微不足道。这种情况下，大集体中的个体会将其他成员的行为视为一个给定的外生变量，他只会依此来调整自己的行为，而不会试图去改变它。在小集体中，个体间的合作与竞争关系对应于明确具体的个人，而在大集体中这种相互依赖关系则对应于数量众多的不具体的“所有其他人”，因此大集体中的成员会理性地预期自己的行为不会影响其他成员的行为，同时其他成员也不会对自己的行为做出反应，因此，在大集体中个体不会有动力促成或阻止有关农田水利供给的集体协议的达成，因为这对于他来说只是一个给定的外生变量，同时大集体中的成员也不会对其他成员采取策略性行为。在小集体中个体成员具有促成集体协议的达成和为自己讨价还价的双重动机，而在大集体中这两种动机均不存在。

6.5 农田水利建设中的博弈行为分析——农村基层视角

6.5.1 乡镇政府与村委会的博弈行为

20 世纪 70 年代末，随着人民公社的解体与家庭联产承包责任制度的实施，农村地区形成了“乡政村治”基层政权格局。[①] 乡镇一级的地方政府不再直接管理农村的社会事务，而是由乡镇所属的农村成立自己的村民

① 屈群苹：《乡政村治模式中的乡镇政权：梳理与思考》，《湖北社会主义学院学报》2008 年第 6 期。

自治组织（村委会），对本村的具体事务进行自治。这种“乡政村治”在实践过程中，由于双方的利益出发点不同，在农田水利供给方面，乡镇政府与村委会之间中会出现不协调的现象。

表 6－1　税费改革后乡镇政府与村集体的博弈矩阵

村委会＼基层政府	提　供	不提供
提　供	$r-rc/(R+r)$，$R-Rc/(R+r)$	$r-c$，R
不提供	r，$R-c$	0，0

如表 6－1 所示，假定 r 为村委会从公共物品中获得的收益，R 为乡镇政府获得的收益，C 为农田水利建设成本。①如果乡镇政府与村委会达成利益上的一致共识，双方合作供给，则村委会的收益为 $r-rc/(R+r)>0$，乡镇政府的收益为 $R-Rc/(R+r)>0$。②如果只由乡镇政府承担供给的全部成本，则其收益 $R-c>0$，但小于合作状态下的收益；而不需要承担成本的村委会的收益 r 要高于合作状态。③如果只由村委会承担全部成本，则其收益为 $r-c$（$r-c<0$ 意味着供给不成功），乡镇政府收益为 R。④如果村委会和乡镇政府都不提供，则收益均为 0。

村委会的许多事情依赖于乡镇政府解决，乡镇政府可能会利用这些优势制约村委会。但村委会也会采取“搭便车”行为。所以，当乡镇政府选择“提供”策略时，如果村委会不配合乡镇政府工作会受到制裁，那么村委会也会选择“提供”策略，否则将更愿意选择“不提供”策略；当乡镇政府选择“不提供”策略时，村委会往往也选择“不提供”策略；当假定村委会的博弈策略为“提供”时，乡镇政府往往不会再拨款给村委会，采取“不提供”是最优策略。所以，从各方博弈结果来看，“不主动”往往是乡镇政府与村委会的策略。

6.5.2　村委会与农户的博弈行为

无论是村委会还是农户本身，都是现实的理性人，具有经济人动机，会尽可能地追求约束条件下自身利益的最大化。

表 6－2　村集体与农户的博弈矩阵

农民＼村委会	提　供	不提供
提　供	$r-rc/(R+r)$，$R-Rc/(R+r)$	$r-c$，R
不提供	r，$R-c$	0，0

如表6－2所示，假定R为村委会从公共物品中获得的收益，r为农户获得的收益，C为农田水利建设成本。$Rc/(R+r)$为双方合作村委会所承担的成本；$rc/(R+r)$为双方合作农户所承担的成本。①如果村委会与农民合作，按收益比例出资承担成本，两者合作获得的收益分别为$R-Rc/(R+r)$，$r-rc/(R+r)$。可推出：$R-Rc/(R+r)>R-c>0$，$r-rc/(R+r)>0$。②如果只由村委会提供，其承担全部成本，虽然其收益$R-c>0$，但小于合作状态下的收益，而不需要承担成本的农民的收益r要高于合作状态下的收益。③如果只由农民承担全部成本，则其收益为$r-c<0$，基层政府部门收益为R。④如果农民和村委会都不提供，则收益均为0。

对村委会来说，R值的缩水以及上级补助的缺乏进一步降低了其提供公共物品的动机，甚至在农户选择不提供时村委会无力独立地承担起所有建设成本。所以，在全面税费改革之后，对于不富裕的传统农业地区来说，农户选择不提供时，村委会也会选择不提供。如果在村委会选择提供时，相对贫困的农户选择不提供的也大有人在。因此，如果村委会选择不提供，农户将更不愿意提供，所以，村委会与农户在水利建设中的合作也“不主动”。

6.5.3　农户与农户的博弈行为

博弈论认为，多个理性人之间无法达成合作，“有理性的、寻求自我利益的个人不会采取行动以实现他们共同的或者集团的利益。”当农民之间进行博弈时，一方无法预防或消除另一方出于自身理性而产生的“搭便车”行为动机，往往都选择不合作。[①]

表6－3　农户间的博弈矩阵

① Nash，J. F. The bargaining problem. *Econometrica*. 1950，18：155－162.

农民乙 / 农民甲	提　供	不提供
提　供	$R-c/2$，$R-c/2$	R，$R-c$
不提供	$R-c$，R	0，0

如表 6－3，R 为单个农户甲或乙从公共物品中获得的收益，$c/2$ 为双方合作农户甲与农户乙均分所承担的成本。①如果双方合作提供，全部收益在双方之间平均分配，双方分摊成本，农民甲、乙获得的收益都为 $R-c/2$。②如果只有一个农民提供，那么提供者承担全部成本 c，获得收益为该农民的收益 R，而作为非提供者的另一个农民仍然获得收益 R，而不必承担相应的成本。③如果双方都不提供，则没有收益与成本的发生，两者的收益均为 0。在这个均衡里，双方都有两种可选择策略，但是各自的支付不仅取决于自身策略的选择，还取决于另一方的对应选择。在落后的农村地区，即使社区内农户具有极强的需求，他们往往也会选择期盼政府供给、“搭便车”等消极“不提供”策略。假设农民甲与农民乙都是比较富足的农民，相对来说，只要他们得到的收益大于投资成本，一般都会选择合作，博弈在“选择提供，选择提供”处达到纳什均衡。但实际情况是，如果缺乏政府的支持或村委会的有效组织，农户与农户在农田水利建设中的合作也“不主动”。

6.5.4　博弈行为的影响因素

如表 6－4 所示，农田水利集体行动的影响因素主要包括社区特征、经济因素、社会因素与项目因素四个方面。农村社区特征方面，同质性较高的社区一般会更容易组织起来，能够较好地实现个人理性与集体理性的一致，达成共同合作的意识，因为所有的社区成员都具有类似的偏好。[①] 农村的社会异质性程度与宗族密切相关，虽然随着农村社会流动与信息流动的加快，这方面的影响在一定程度上有所减弱，但仍是一个主要因素。群体规模对合作达成的影响方面国内外研究并没有得出定论，例如按照奥尔森的理论，群体规模越大，集体合作行动就越不容易成功。相反，小集团更容易达成合作，这是不平等效应的结果。他认为小规模

① 席恒：《公共物品多元供给：一个公共管理的视角》，《人文杂志》2005 年第 3 期。

群体合作更容易成功是因为收益的分布更不平等，从而更有可能有一些个人愿意负担所有的公共物品成本[①]。经济因素方面，往往认为如果农村集体收入以及农户人均收入较高，会更容易促成供给，因为较高的经济能力能够减弱人们搭便车的动机，并且他们也会更加关注自身的生活质量，从而参与进来。社会因素方面，劳动力流动性加强，一般会减弱合作供给的实现，若外出的农户较多，他们会相对不重视农田水利，因为他们一直离开农村，也无法享受到水利给他们带来的福利；但同时，我国农村又总是呈现一种“熟人社会”的特征，熟人社会具有高度的相互信任，集体行动相对容易。[②] 贺雪峰对“熟人社会”的研究证实了这一观点，他在研究中提到，很多时候，农民的行为并不完全根据自己的成本—收益分析，而是根据与他人收益的比较来权衡自己的行动。“如果不交钱的村民还能够享受到相关的利益而不受到任何的排斥和惩罚，那么已交钱的村民在下次议事中就会放弃。”当前农村的社会流动性很高，对熟人社会中的相互信任产生了削弱作用。此外，还有水利政策安排的影响，比如，干渠、斗渠由政府投资，而支渠由农民“配套”，或政府投资整个农田水利工程一部分，农民“配套”一部分，这样村委会和农户与乡镇政府的合作就顺利些。

表 6－4　农田水利集体行动的影响因素

影响因素	典型变量	影响方向
社区特征	社会异质性特征	不确定
	群体规模	不确定
经济因素	集体收入	正
	人均收入	正
社会因素	劳动力流动	负
项目因素	项目难度	负
	项目规模	负

① 曼瑟尔·奥尔森：《集体行动的逻辑》，上海三联书店，2003，第 9 页。
② 贺雪峰：《熟人社会的行动逻辑》，《华中师范大学学报》2004 年第 1 期。

6.5.5 从“不合作”到“合作”的进化路径

第 3 章中已经有所论述，个人理性常常与集体理性出现相悖之处，从而产生公共物品的“搭便车”行为、信息不充分时的“逆向选择”问题以及规避投资风险的“危机效应”,[①] 造成合作供给的“囚徒困境”。尤其农田水利建设的投资收益低，合作就更加困难。从博弈论的角度分析，从“不合作”到“合作”的路径有以下几方面。

（1）改进支付

农村乡镇政府、村集体、农户作为理性的经济人，其行为策略的选择通常以自身个人利益的最大化为目标，集体利益的最大化并不是他们追求的目标，也就是说，博弈参与者的行为准则是个人理性，而非集体理性。农田水利建设中，集体理性的选择是合作供给；而个人理性的选择是实现自身利益的最大化。“如果一种制度安排不能满足个人理性的话，就不可能实行下去。所以解决个人理性与集体理性之间冲突的办法不是否认个人理性，而是设计一种机制，在满足个人理性的前提下达到集体理性。”[②]

如果农村乡镇政府、村集体、农户在农田水利建设中，有约束力的制度、政策或协议规定，“如果参与人按照集体利益最大化行事，而放弃绝对的个人理性，将得到有效的补偿。”（这种具有约束力的规则可以是一种政治制度，也可以是社会交往中的一种潜在行为规则）在农田水利建设中，这意味着通过农村乡镇政府、村集体、农户支付的改变，“搭便车”所得到的收益将微不足道或者少于“参与合作”后的收益，也就是“参与合作”的收益远大于“参与合作”的成本，农村乡镇政府、村集体、农户的农田水利集体建设行动就会形成。

（2）构建长期重复博弈

长期重复博弈是指重复多次地进行同样结构的博弈，其中的每次博弈都可称为“阶段博弈”。重复博弈的一个重要特征是每个参与人都能观测到过去博弈的结果。所以，每个参与人都使自己在某个阶段博弈中的策略

---

① 王春杰：《委托代理机制的博弈分析》，《东方企业文化》2010 年第 1 期。

② 沈湘平：《个人理性与集体理性的矛盾及其解答》，《中共济南市委党校学报》2004 年第 2 期。

选择依赖于其他参与人过去的行动选择。假使博弈的一方选择合作，对方也选择合作，那么双方会一直合作下去；一旦对方在某次博弈中选择不合作，另一方也会立即在下一次的博弈中选择不合作，迫使对方意识到不合作的损失，从而重新选择合作的策略，达到双赢局面。在上文的“非合作”博弈分析中，如果相同的博弈双方不断重复地进行博弈，最终理性结果会出现。这是博弈者对短期利益与长期利益的权衡，当博弈反复多次地进行时，博弈参与者会关注到长期利益，当意识到长期利益优于短期利益时，博弈者就牺牲短期利益，选择合作的行为策略。无论是乡镇政府，还是村集体或农户，在有效的政策或制度下，他们都会遵守规则。这需要农田水利建设政策的连续性和稳定性。

（3）制定制度性规制

提高乡镇政府、农村集体和农户进行农田水利建设的积极性，需要合适的制度供给。改变博弈行为的制度供给，包括“选择激励”的正式制度（硬强制）与“道德约束”的非正式制度（软强制）两种。在正式制度方面，可以在博弈的过程中通过“奖励”合作行为或“惩罚”不合作行为的激励机制，提高决策个体的不合作成本与合作收益，从而改善囚徒困境的支付机制，使得个人利益向集体利益趋近。例如可制定乡镇政府和村委会（村党组织）的农田水利工作评价标准，以及考核激励制度，使农田水利建设成为农村基层组织的自觉行动。在“道德约束”的非正式制度方面，应当加强对农村社区社会资本的培育力度，增强社区内的互惠互信，促进农户之间的合作。

第7章

农业水资源安全的立法管理

立法通常是指特定国家机关依照一定程序，制定或者认可反映统治阶级意志，并以国家强制力保证实施的行为规范的活动。水资源是基础性的自然资源和战略性的经济资源。世界上不少国家和国际组织采用法律手段对水资源安全实施保护和管理。随着我国农业水资源竞争性使用的加剧，依法保护和管理农业水资源安全就成为一个重要手段。本章基于我国新《水法》，结合我国农业水资源安全管理现状，探讨农业水资源安全管理的法律体系和立法思路等内容。

7.1 农业水资源安全管理的法律基础

“立法”的英文字为“Legislation”，它有两个含义：一是法律的制定（Legislation，或 Enacting of Laws，动词为 Legislate，即 To enacts Laws）；一是制定的法律（Law Enacted）。按照《牛津法律大辞典》给“立法”（Legislation）所下的定义，是指“通过具有特别法律制度赋予的有效地公布法律的权力和权威的人或机构的意志制定或修改法律的过程。这一词亦指在立法过程中所产生的结果，即所制定的法律本身；在这一意义上，相当于制定法。”[①] 这个定义就是将“立法”界定为制定法律的“过程”与“结果”（产物）。中国法学界对立法的定义，也基本上包括了上述两种含义。如2002年上海辞书出版社出版的《法学词典》认为：“立法通常是指国家立法机关按照立法程序制定、修改或废止法律的活动。……广义上的立法，包括由国

---

① 戴维·M. 沃克：《牛津法律大辞典》，李双元译，法律出版社，2003，第547页。

家机关授权其他国家机关制定法规的活动。立法有时也是对国家制定的法律、法令、条例等规范性文件的泛称，与‘法规’同义”。[①]

7.1.1 水法的概念

水法规定是调整与防治水害、开发利用和保护水资源有关的各类社会经济关系的法律、法令、条例和行政法规的总称，也可简称为水法。对于水法的含义，可以从三个方面来理解：首先，水法是基于水这一自然资源及其开发、利用、节约和保护而产生的，水法与自然资源法的立法意义完全一致，即通过立法的手段对自然资源实行有效管理和保护。其次，水法是调整人们的水事关系，通过水事立法，把所有的水事活动都置于法律的监督、指导和约束下，规定水事活动中各方主体之间权利和义务关系的法律。最后，水法是各类涉水法律规范的总称。水法的具体表现形式是多样的，既有国家立法机关制定的法律，也有行政机关制定的行政法规，还有地方立法部门和行政部门制定的地方性法规和规章等。

7.1.2 水法的特征

第一，从性质上看，水法具有很强的行政管理特性，属行政法。从水管理的历史来看，水资源普遍实行国家或社会所有，故水资源是由国家行政机关来管理的。行政管理是行政机关实现国家意志和目的的行为，通过行政手段和方式对国家的重要资源实行统一管理，能最大限度地利用和保护资源，发挥水资源的最大效益。

第二，从法律体系上看，水法是由各类水事法律、水行政法规、部门水规章、地方性水法规和规章等组成的综合性水法体系，用以调整人们在水资源的开发、利用、防治水害等活动中的各种水事法律关系，各类法律形式之间既有明显的层级性，又相互关联。

第三，从内容上看，水法涉及的内容十分广泛。水法作为综合性的法律体系，不仅形式具有多样性，而且内容具有广泛性。就具体内容而言，它既包括水资源的开发利用、节约保护、水土保持和防汛抗旱，又包括水工程管理、水利经营；既包括水行政立法、水行政执法，也包括水行政司

---

① 曾庆敏：《法学词典》，上海辞书出版社，2002，第217页。

法，还包括水行政法制监督与救济。

第四，从时间效力上看，水法具有发展性。作为上层建筑的法，总是随着经济基础的发展而发展的。从1988年我国第一部《水法》颁布以来，国家立法机构和各级水行政机关制定、颁布、修改的法律有：新《水法》《水污染防治法》《水土保持法》和《防洪法》4件，行政法规20件，地方性法规160多件，水利部等部门规章90件，地方政府规章170多件等①

第五，从权威上看，水法具有强制力。法律是调整行为关系的强制性规范，达成社会控制的有效途径，通过对人们行为的调整进而对社会关系进行调整。这决定了法律在水资源安全管理中无可替代的重要地位与作用。

7.2 农业水资源立法的沿革

7.2.1 新中国成立前农业水资源立法情况

《周礼》记载了周朝关于水管理的法律、规定和习俗，并描述了当时水管理、水分配、水利建设以及王侯治水的经历。《周礼》中有“泽虞掌国泽之政令，为之厉禁……川衡，掌巡川泽之禁令，而平其守，以时舍其守，犯禁者执而诛罚之”的内容，可知周时已有了与川泽有关的禁令、法令。

《秦律》是秦代的重要法律，其中的《田律》是关于农业生产、农田水利、山林以及鸟兽、鱼类保护等方面的法律。例如，“春二月，毋砍伐材木山林及壅堤水。”“十月，为桥，修陂堤，利津隘”等，是对如何利用和保护水作出的一些规定。

汉武帝元鼎六年（公元前111年），左内史倪宽主持开凿辅渠，渠成，“定水令，以广溉田”（《汉书·倪宽传》），这里的“水令”是最早的一部关于灌溉管理的法令。

唐代曾颁布了一系列的水利法规与规章制度。目前能够查到的主要有唐《水部式》（残部）、《唐律疏议》、《营缮令》片段等。《水部式》被认为是我国迄今为止最早的一部综合性的水利法规，内容丰富，为水部依法行使职权对水利进行有效管理提供了法律基础。其内容包括灌溉渠、堰、

---

① 黄锡生、许珂：《环境友好型社会下我国饮用水源的法律保护》，《环境保护》2007年第12期。

闸门等工程管理，灌溉用水的管理，以及渠道、漕运、津梁、碾硙、渔捕等方面的规定，对水利机构和官吏的设置和职权、水利工程的维修和管理制度、河道堤防制度、上下游左右岸水利关系、灌溉用水分配和管理、处理水事纠纷和水利惩罚等方面都有详细规定。

宋代朝廷颁布的水利法规主要有《疏决利害八事》和《农田水利约束》（又称《农田利害条约》）。《疏决利害八事》颁布于宋仁宗天圣二年（1024 年），主要是排涝方面的内容。《农田利害条约》颁布于熙宁二年（1069 年），包括农田水利工程的规划、兴建、修复、扩建，河道疏治，水利工程的工料来源，以及官员的奖惩等。

金代《河防令》颁布于泰和二年（1202 年），是《泰和律令》二十九种之一。它是一部以黄河为主，兼及海河水系各河的防洪法规，内容涉及各级负责河防管理官员的职责，每年防汛期限，防汛检查，汛情报告，抢险人役的调集，以及河防军夫的休假、医疗等方面。

元代也比较重视农田水利的建设。至元七年（1270 年），颁布了《农桑之制十四条》，其中有条款规定，各地方官要随时发现境内存在的水利问题，并可以运用官力和民力，及时解决水利问题。

明清两代虽没有颁布过全国性的水利法规，但两代皇帝先后发布过很多与水利有关的诏令。工部对水利的管理有明文规定，《明律》《大清律》中也有一些水利条款。此外，明清两代地方性的水利规章与制度，比之前各朝代都更加丰富和翔实，有农田水利、灌溉、治河、防洪等内容。

1930 年国民政府颁布了《河川法》，其内容包括河川主管机关和管理机构的设置、职责和权限；河川的使用和限制（包括许可制度）；河川建筑物之审批；河川经费筹集及土地征用；汛期河川的特殊管理等项。除《河川法》外，国民政府还颁布过其他一些水法规和规章，如《水利法施行细则》《水权登记规则》《水权登记费征收办法》《临时用水执照核放规则》《兴办水利事业奖励条例》等。

7.2.2 新中国成立后农业水资源立法情况

（1）新中国成立到 1978 年

这一阶段的水资源立法多为国务院（新中国成立初期称政务院）颁布的具有法律效力的行政决定和命令，以及水利部颁布的部门规章，并没有

形成专门的水资源法律。这阶段关于水资源管理的法律规定主要有：

①关于水利管理（包括财务、物资等）的，如《全国大型水利基建财务管理实施办法》、《水利工程成本计算规程》、《水利工程有关费用定额》、《水利成本管理暂行办法》（以上由水利部从 1953 年起陆续制定）、《关于加强水利管理工作的十条意见》（农业部、水利电力部 1961 年制定）、《水利事业计划、财务和物资管理暂行办法》（财政部、水利电力部 1963 年制定）、《水利工程水费征收、使用和管理试行办法》（水利电力部 1964 制定）。

②关于防汛抗旱和水文监测的，如《关于大力开展群众性的防洪抗旱运动的决定》（政务院 1952 年颁布）、《水文测站暂行规范》（水利部 1950 年颁布）、《关于发动群众继续开展防旱抗旱活动并大力推行水土保持工作的决定》（国务院 1963 年颁布）。

③关于河流治理及管理的，如《关于治理淮河的决定》（政务院 1950 年颁布）、《关于根治黄河水害和开发黄河水利综合规划的决议》（1955 年第一届全国人大第二次会议通过）、《水土保持暂行纲要》（1957 年国务院制定颁布）、《关于黄河中游地区水土保持工作的决定》（国务院 1963 年颁布）。

④关于水环境保护的，如 1973 年国务院召开了第一次全国环境保护会议，制定并通过了《关于保护和改善环境的若干规定（试行草案）》，1973 年还颁布了《工业三废排放试行标准》，1978 年公布施行了《环境保护法（试行）》。

（2）1978 年到 2000 年

党的十一届三中全会以后，我国的水资源立法得到应有的重视，陆续制定了一批水资源和水事的法律法规。这一阶段，水资源立法在水污染防治、水土保持、水资源开发利用和水生态保护、水灾防治等四个方面都有了相应的体现。

①在水污染防治方面，1984 年第六届全国人大常委会第 5 次会议通过了《中华人民共和国水污染防治法》，同年 11 月 1 日起施行。该法是防治淡水水体污染方面的综合性单行法。为了贯彻该法，国务院于 1989 年发布了《水污染防治法实施细则》，国家有关部门还发布了《地面水水质标准》和《污水综合排放标准》（1996 年），第八届全国人大常委会对第 19 次会议《水污染防治法》进行了修订，于 1996 年 5 月 15 日通过了《关于修改〈水污染防治法〉的决定》并公布施行。

②在水资源开发利用和水生态保护方面，1988 年第六届全国人大常委会第 24 次会议通过了《中华人民共和国水法》（简称《水法》），这是新中国的第一部水法。此外多部与保护水资源有关的法规和规章相继颁行，有：《违反水法规行政处罚暂行规定》（1990 年水利部发布）、《防汛条例》（1990 年国务院发布）、《取水许可制度实施办法》（1993 年国务院发布）、《河流管理条例》（1988 年国务院发布）及《城市节约用水管理规定》（1988 年 10 月水利部发布）等。

③在水土保持方面，1982 年国务院颁布了《水土保持工作条例》，1991 年全国人大常委会通过了《中华人民共和国水土保持法》，1993 年国务院发出了《关于加强水土保持工作的通知》，同年又发布了《水土保持法实施条例》，1995 年国务院发布了《开发建设项目水土保持方案编报审批管理规定》，1996 年国务院发布了《关于治理开发农村“四荒”资源进一步加强水土保持工作的通知》等。第七届全国人大于常委会 1989 年 12 月 26 日通过了《中华人民共和国环境保护法》，其中关于农业水资源保护的规定有：“第二十条，各级人民政府应当加强对农业环境的保护，防治土壤污染、土地沙化、渍化、贫瘠化、沼泽化、地面沉降和防治植被破坏、水土流失、水源枯竭、种源灭绝以及其他生态失调现象的发生和发展，推广植物病虫害的综合防治，合理使用化肥、农药及植物生长激素。”

④在水灾防治方面，1988 年国务院发布《中华人民共和国河道管理条例》，1991 年国务院发布《水库大坝安全管理条例》、《中华人民共和国防汛条例》，1993 年由国务院发布《中华人民共和国水土保持法实施条例》。第八届全国人大常委会于 1997 年 8 月 29 日通过《中华人民共和国防洪法》，其中与农业水资源保护有关的内容有：“第四条，开发利用和保护水资源，应当服从防洪总体安排，实行兴利与除害相结合的原则。江河、湖泊治理以及防洪工程设施建设，应当符合流域综合规划，与流域水资源的综合开发相结合。本法所称综合规划是指开发利用水资源和防治水害的综合规划。”

（3）2000 年以后

2002 年 8 月第九届全国人大常委会通过了《水法》修订案，[①] 修改后

① 1988 年第六届全国人大常委会通过了《中华人民共和国水法》，人们一般称作旧《水法》；2002 年第九届全国人大常委会通过了《水法》修订案，人们一般称为新《水法》。

的《水法》较以前更具有规范意义和执行意义。一是强化了水资源的统一管理，注重了水资源的宏观配置，发挥了市场在水资源配置中的作用；二是把节约用水和水资源保护放在了突出位置，提高了用水效率；三是加强了水资源开发、利用、节约和保护的规划与管理，明确了规划在水资源开发利用、节约、保护中的法律地位，强化了流域管理；四是适应水资源可持续利用的要求，提出通过合理配置水资源，协调好生活、生产和生态用水，特别是要加强水资源开发、利用中对生态环境的保护；五是适应依法行政的要求，强化了法律责任。2002 年修改后的《水法》在农业水资源方面制定了规范性规定：

“第三条，水资源属于国家所有。水资源的所有权由国务院代表国家行使。农村集体经济组织的水塘和由农村集体经济组织修建管理的水库中的水，归各该农村集体经济组织使用。”

“第七条，国家对水资源依法实行取水许可制度和有偿使用制度。但是，农村集体经济组织及其成员使用本集体经济组织的水塘、水库中的水的除外。”

“第二十五条，地方各级人民政府应当加强对灌溉、排涝、水土保持工作的领导，促进农业生产发展；在容易发生盐碱化和渍害的地区，应当采取措施，控制和降低地下水的水位。”“农村集体经济组织或者其成员依法在本集体经济组织所有的集体土地或者承包土地上投资兴建水工程设施的，按照谁投资建设谁管理和谁受益的原则，对水工程设施及其蓄水进行管理和合理使用。”“农村集体经济组织修建水库应当经县级以上地方人民政府水行政主管部门批准。”

“第四十八条，直接从江河、湖泊或者地下取用水资源的单位和个人，应当按照国家取水许可制度和水资源有偿使用制度的规定，向水行政主管部门或者流域管理机构申请领取取水许可证，并缴纳水资源费，取得取水权。但是，家庭生活和零星散养、圈养畜禽饮用等少量取水的除外。”

“第五十条，各级人民政府应当推行节水灌溉方式和节水技术，对农业蓄水、输水工程采取必要的防渗漏措施，提高农业用水效率。”

2008 年 2 月 28 日由第十届全国人大常委会修订通过的《中华人民共和国水污染防治法》增加了 30 条，即由原法的 62 条增加到 92 条，章节设置更合理更科学。关于农业水资源保护的规定，主要体现在第四节——“农业和农村水污染防治”中，包括：

“第四十七条，使用农药，应当符合国家有关农药安全使用的规定和标准；运输、存贮农药和处置过期失效农药，应当加强管理，防止造成水污染。”

“第四十八条，县级以上地方人民政府农业主管部门和其他有关部门，应当采取措施，指导农业生产者科学、合理地施用化肥和农药，控制化肥和农药的过量使用，防止造成水污染。”

“第四十九条，国家支持畜禽养殖场、养殖小区建设畜禽粪便、废水的综合利用或者无害化处理设施；畜禽养殖场、养殖小区应当保证其畜禽粪便、废水的综合利用或者无害化处理设施正常运转，保证污水达标排放，防止污染水环境。”

“第五十条，从事水产养殖应当保护水域生态环境，科学确定养殖密度，合理投饵和使用药物，防止污染水环境。”

“第五十一条，向农田灌溉渠道排放工业废水和城镇污水，应当保证其下游最近的灌溉取水点的水质符合农田灌溉水质标准；利用工业废水和城镇污水进行灌溉，应当防止污染土壤、地下水和农产品。”

2010 年 12 月 25 日由第十一届全国人大常委会修订通过的《中华人民共和国水土保持法》中，关于农业水资源保护的规定有：

“第十八条，水土流失严重、生态脆弱的地区，应当限制或者禁止可能造成水土流失的生产建设活动，严格保护植物、沙壳、结皮、地衣等。在侵蚀沟的沟坡和沟岸、河流的两岸以及湖泊和水库的周边，土地所有权人、使用权人或者有关管理单位应当营造植物保护带。禁止开垦、开发植物保护带。”

“第二十条，禁止在二十五度以上陡坡地开垦种植农作物。在二十五度以上陡坡地种植经济林的，应当科学选择树种，合理确定规模，采取水土保持措施，防止造成水土流失。”

“第三十四条，国家鼓励和支持承包治理荒山、荒沟、荒丘、荒滩，防治水土流失，保护和改善生态环境，促进土地资源的合理开发和可持续利用，并依法保护土地承包合同当事人的合法权益。承包治理荒山、荒沟、荒丘、荒滩和承包水土流失严重地区农村土地的，在依法签订的土地

承包合同中应当包括预防和治理水土流失责任的内容。”

总体来说，当前我国以《水法》为核心，已经形成了与农业水资源保护有关的基本法律规范，并有相应的具体规范通过行政法规、部门规章、规范性文件等形式相继出台。涉及农业水资源保护的法律内容，主要体现在《水法》《环境保护法》《水污染防治法》《水土保持法》《防洪法》，以及国务院颁布的保护水资源的规范性法律文件，地方性法规、水利部等部门规章和地方政府规章中。这些法律法规构成了农业水资源保护法律体系，这一体系从国家层面主要包括四大子体系，即水污染防治法体系、水资源开发利用和水生态保护法体系、水土保持法体系和水害防治法体系（如图 7－1 所示）。[①]

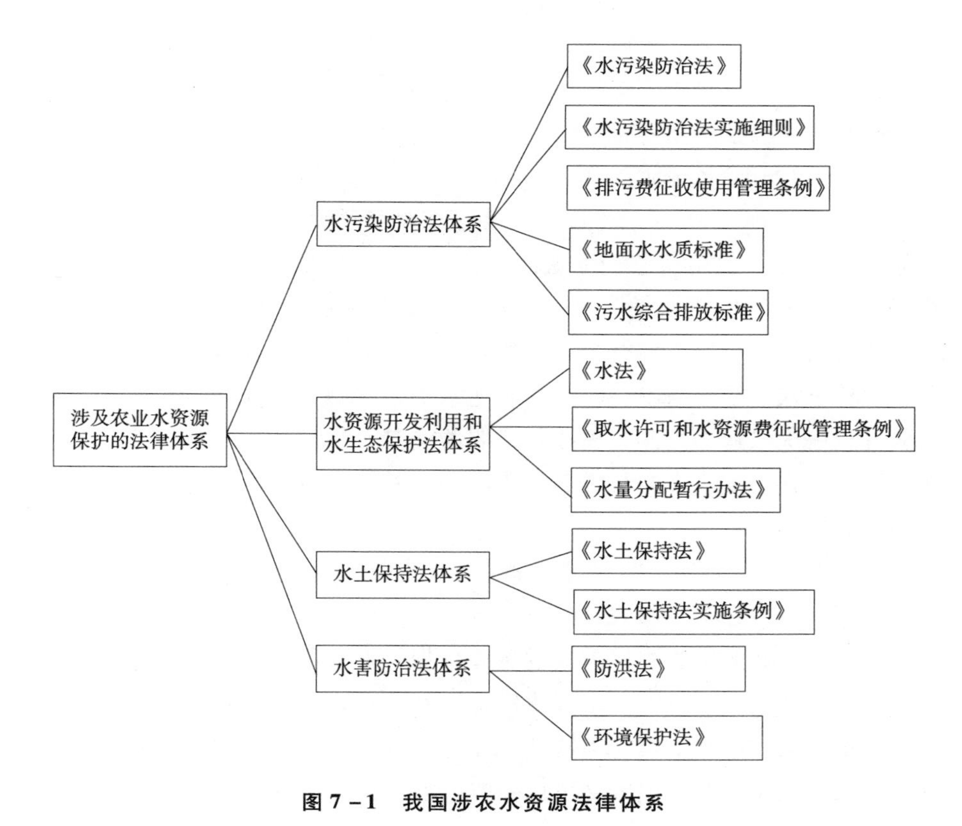

图 7－1　我国涉农水资源法律体系

---

① 张炳淳：《我国当代水法治的历史变迁和发展趋势》，《法学评论（双月刊）》2011 年第 2 期。

7.3 农业水资源安全管理立法的理由

7.3.1 农业大国需要对农业水资源管理立法

我国是农业大国，人口多，保证粮食安全压力大，农业水资源安全是保证农业生产的关键，已经成为影响国家长治久安的重要因素。但是，我国的农业水资源安全管理，一直缺乏法律保障，出台专门法律既是农业和农村发展的客观需要，更是国家安定、经济繁荣的必然要求。提高农业水资源安全管理水平必须依赖制度性的措施和手段，以有效地规制人们的农业水资源开发利用行为，引导和激励人们选择合理的农业水资源开发利用方式，这就要求在农业水资源安全管理中引入法律机制。我国有关农业水资源保护的法律，虽然有环境保护法、水法、农业法、水污染防治法、水土保持法、防洪法等法律法规，并在保护农业水资源方面起到了一定的作用，但在中国占全国用水总量70%的农业水资源管理方面却没有专门的立法。从表面上看，虽然上述法律法规对我国的农业水资源保护问题已做出了规定，但由于它们立法时间先后不一样，法律效力层次不明确，不同层次的立法缺乏协调，没有体现对农业水资源的特殊规定和保护。

通过对农业水资源安全管理立法，以国家意志确定各级政府及有关部门、农民群众、社会组织、企业在农业水资源管理和利用中的关系，可促进较好地解决农业水资源管理缺位、职能交叉、部门之间工作不协调等问题，形成全社会重视和参与农业水资源安全管理的局面，形成农业水资源保护的合力。

“有法可依”是实现农业水资源保护的前提。在各方面的管理中，立法对农业水资源保护的影响具有首要的、决定性的作用。农业水资源保护立法，不仅为农业水资源保护提供法律依据，而且决定并影响农业水资源管理的法律地位。通过农业水资源保护立法，可以确定农业水资源安全管理的基本政策、原则、措施和制度，并确立具体的法律、法规、规章和标准。为此，笔者建议，国家立法机关应启动《中华人民共和国农业水资源保护法》的立法工作。

7.3.2　提高农业水资源安全管理的效力需要专门立法

我国的《水法》《水土保持法》《水污染防治法》《防洪法》《环境保护法》均为全国人大常委会制定，具有同等法律效力。但从农业水资源安全立法的理论上看，农业水资源安全管理与水土保持、防洪、水污染防治、环境保护显然不是同一层次的问题，在农业水资源安全管理问题上的立法也应达到一定的法律效力等级，才有利于维护水资源安全。《水法》中关于农业水资源保护的条文过于原则化；《水污染防治法》有关水污染防治的立法原则和制度创设是以城市为中心，立法主要围绕在城市居住的人对清洁水体的需求而制定的，没有把农业水污染问题充分考虑进去；《水土保持法》主要是针对土地和植被的可持续利用制定的，并不是直接针对农业水资源保护的；《环境保护法》中有一条是关于农业环境的，但也没有具体针对农业水资源保护。

由于相关法律都是按行业线条制定的，对农业水资源虽有涉及，但不系统、不明确，难以有效规范和指导实际中的农业水资源保护问题。在现有的部门立法体制下，有关部门都将水作为自己的立法对象，如以水行政主管部门为主制定了《水土保持法》《防洪法》《取水许可制度实施办法》《河道管理条例》等；以环境保护部门为主制定了《水污染防治法》；其他如农业、渔业、航运、地质矿产等部门也制定有与水资源相关的规章制度。这些规范性法律文件，由不同部门为主进行监督管理，而这些部门之间缺乏相应的协调机制，对取水、用水、排水等进行分割管理，目标及内容往往相互冲突，这种冲突在地方性立法领域表现得尤为突出。没有统一的立法目标和任务指导下的分段立法和分段管理对农业水资源是不利的。显然没有专门立法，不能满足农业水资源安全管理的需要。①

7.3.3　提高农业水资源安全管理的操作性需要专门立法

新《水法》虽然增加了许多农业水资源保护的内容，但相关制度的可操作性令人担忧，如新《水法》规定的“流域管理与行政区域管理相结

---

①　刘浩：《我国水资源保护的立法问题探讨》，中顾网，http：//news. 9ask. cn/falvlunwen/xflw/200912/。

合”的管理体制，最终可能导致“以地方行政区域管理为中心”的分割状态，这样的制度安排极易又走回原来“统分结合”体制的轨道。又如新《水法》第三十条规定“县级以上人民政府水行政主管部门……在制定水资源开发、利用规划和调度水资源时，应当注意维持地下水的合理水位”，但如何算是做到了“注意”，“注意”的范围指的到底是什么没有明确的规定。这样的规范还有很多。关于农业水资源保护的条款本身就比较少，而这些仅有的条文，又仅是原则性的规定，没有具体的实施细则，使这些法律规范的执行力和操作性大打折扣。

目前有关农业水资源保护的法规，绝大多数只是提出了该规定所规范的主题性内容，还是“框架性立法”“宣言性立法”，缺乏进一步的具体性规定。因此，必须加强农业水资源立法的可行性和操作性，走出“文本上的法律”的困境，转变为“行动中的法律”。

7.3.4 提高农业水资源安全管理中的合作需要专门立法

农业水资源是一个复杂的水循环系统，需要统一的管理体系，以及政府各个部门的合作。我国的水资源管理体系是一种交叉状管理体系，系统最高部门为水利部，直接对人大负责。水利部管理下属省一级水利厅，而各省往下依次根据行政区划设立水利局，最低一级为乡镇级水管站。而从省到乡镇，每一级的水利部门又要服从上一级人民政府领导，同时，水利部下属的七大流域委员会又要对相关流域的省一级人民政府的水资源管理工作进行必要的监督和指导。这样就形成多头领导的局面，很容易产生矛盾，水利管理部门利益目标和地方政府利益目标的差异，会造成两者在行动上的不一致，而水管部门却缺乏足够的权力来对地方政府进行约束。在区域管理上，城乡分割、二元结构问题严重；在功能管理上，部门分割；在依法管理上，政出多门，缺乏对农业水资源的统一规划、配置和保护。

对于跨区域农业水资源流域管理权限的问题，《水法》中规定实行区域与流域结合的体制，但每一项具体的流域管理事务、流域管理机构与地方行政主管部门管理权限的划分、双方结合的“点”等问题还处于模糊不定的状态中，形成了国家与地方的条块分割，即以河流流经的各行政区域管理为主，各有关管理部门各自为政，“多龙管水、多龙治水”的分割管理状态。另外，农业水资源流域管理机构执法主体地位不明确。新《水法》规定，水

行政管理主体和执法主体是县级以上地方人民政府水行政主管部门和流域管理机构。而流域管理机构是事业单位，没有相对独立的权限及人员、经费配置，执法主体地位尴尬；在流域水资源保护的实际执法中主要是以地方政府水行政主管部门为主，而该部门往往在行政上受地方政府的领导，实际上削弱了其流域管理职权，致使流域管理机构形同虚设。流域水资源管理机构代表流域整体利益，地方水行政主管部门代表地方利益，两者必然产生冲突、摩擦，由此导致在监督管理中因所维护的利益不同而产生相互争权或推诿的现象。

7.4　农业水资源管理立法的原则

7.4.1　农业水资源管理立法的统一性原则

农业水资源本身是一个生态系统，洪涝灾害、干旱缺水、水质污染、水环境破坏等会使农业水资源生态系统受到破坏，农业水资源生态系统的整体性要求立法的统一性。即农业水资源保护法律要和与水有联系的环境要素保护法律相互配合，共同作用。

（1）农业水资源水质和水量统一立法管理原则

农业水资源的开发利用与保护，涉及“水量”和“水质”两方面问题。农业水资源的开发利用与污染防治是密切相关的：一方面由于农业水资源水质与水量直接相关，水量减少可能降低水体的自净能力使污染加剧；另一方面，对水资源的开发利用排放的污染物质会通过各种不同的途径直接或间接地进入水体，使水资源的利用受到严重影响。因此，在立法时，应该对农业水资源利用和治理进行统一设计。

（2）流域管理与区域管理的统一原则

针对我国农业水资源管理体制的现状，应构建新的流域和区域结合的管理体制，使农业水资源利用能统一规划，上下游用水统一调配，流域管理和行政区域管理关系顺畅。

7.4.2　农业水资源管理立法的协调性原则

农业水资源安全管理的任务绝对不可能由单一机构来完成，必须有各相关部门的参与合作。在目前农业水资源安全管理中，存在权力的交叉和分割，以及分权与平衡的问题，因此，部门间交流与合作是实现农业水资源安全有效管理的关键，在协调原则下，实现各部门有效的分权与平衡，实现共同的管理目标，各负其责。因此，在进行农业水资源立法前，要系统梳理涉及农业水资源的相关法律、法规、规章及规范性文件，明确农业水资源保护法在法律体系中的地位，注意处理好与其他相关法律的关系，确保法律之间协调一致、有机衔接。

7.4.3 农业水资源利用与保护并重原则

农业水资源是农业的命脉，没有农业水资源就没有农业。对农业水资源进行开发利用，必然对农业水资源造成影响。因此，在农业水资源管理中，应当按照流域、区域进行农业水资源利用与保护立法，并进行农业水资源流域规划和区域规划。在科学开发农业水资源的同时，注重利用行政手段和市场手段促进水资源的节约和保护。

7.4.4 农业水资源保护的公众参与原则

农业水资源安全是提高与稳定农业综合生产能力、促进农村经济发展、保障国家粮食安全的重要基础，是国家必须予以扶持的以公益性为主的事业。需要坚持政府主导、社会参与、公众支持的原则，把农业水资源安全管理纳入国民经济和社会发展规划，在农业水资源保护立法中确立公众参与制度，动员全社会力量，建立农业水资源保护主体参与管理的信息公开、环境知情、听证、公益诉讼、决策等制度。

7.4.5 农业水资源管理立法的效率原则

所有的法律活动都是以有效地利用资源、最大限度地增加社会财富为目的的。因此，农业水资源保护立法要进一步明确国家有关水行政主管部门的职责分工，合理配置人员、投入，完善农业水资源保护的法律责任（法律责任是由于侵犯法定权利或违反法定义务而引起的、由专门国家机关认定并归结于法律关系的有责主体的、带有直接强制性的义务）。[①] 做到

① 法律责任的实质是统治阶级国家对违反法定义务、超越法定权利界限或滥用权利的违法行为所作的法律上的否定性评价和谴责，是国家强制违法者做出一定行为或禁止其做出一定行为，从而补救受到侵害的合法权益，恢复被破坏的法律关系（社会关系）和法律秩序（社会秩序）的手段。

农业水资源保护立法科学、操作现实可行、执法有效。建立有效的执法监督机制，完善层级监督的规范和制度。① 推行农业水资源管理的政务公开，推进多角度全方位的监管。

7.5　农业水资源管理立法内容的建构

7.5.1　农业水资源管理立法的内容设计

在分析我国农业水资源安全管理现状、存在的主要问题，总结借鉴国内外相关立法经验的基础上，笔者认为，我国农业水资源立法的基本结构、重点内容可以设置如下。

（1）总则

规定农业水资源保护的立法依据、基本概念、基本对策或原则、适用范围等，以及政府的基本职责、农业水资源管理体制等。

农业水资源保护法是调整农业水事活动中社会经济关系的法律规范。它既是《中华人民共和国水法》的具体体现，也是国家整个法律体系的一个重要组成部分。它以《中华人民共和国宪法》《民法通则》《中华人民共和国刑法》等基本法律为基础，与《中华人民共和国水污染防治法》《中华人民共和国水土保持法》和《中华人民共和国防洪法》等专业法相协调，基本内容可分为：农业水资源的开发利用、农业水利工程管理、农业水资源配置和节约使用、农业水资源费征收和使用、水土保持等。

（2）农业水资源管理规划

主要内容包括：农业水资源规划部门、规划层次体系、规划的原则、规划的内容、规划编制与审批程序、规划实施及修订、规划统筹机制等。

（3）农业水资源管理主体

主要内容包括：农业水资源管理的主体组成、职责、管理组织之间的关系、工作监督考核等。规定农业水资源保护的管理体制、管理机构及其权限、机构间沟通协调的原则和程序等。

---

① 周玉华：《中国农业水资源保护的法律调控》，http：//www. studa. net/jingjifa/110121/15561947. html。

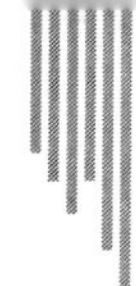

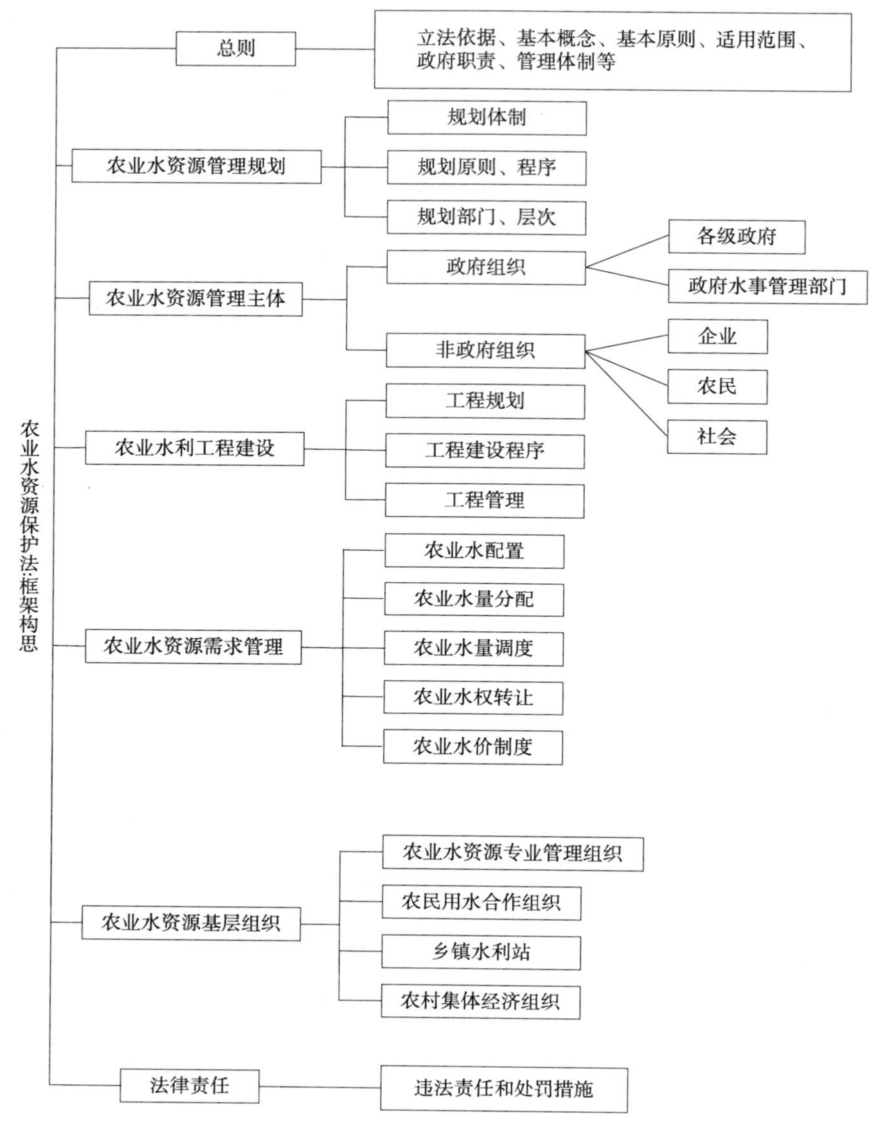

图 7－2　《农业水资源保护法》的基本结构

（4）农业水利工程建设

主要内容包括：农业水利工程建设规划、工程建设资金来源、工程建设制度、工程设计、工程产权、工程维护。

（5）农业水资源需求管理。主要内容包括：农业用水分配、灌区水量分配、取退水管理、农业水价政策、农业节水与水量转让等。

（6）农业水资源基层管理组织

主要内容包括：基层管理组织形式、农业水资源专业管理组织、农民用水合作组织、乡镇水利站、村组集体经济组织等。

（7）农业水资源的纠纷与执法

主要内容包括：规定农业水资源纠纷的和解、调解、行政处理、仲裁以及司法手段解决纠纷的方式、程序，相关机构处理纠纷的职责；建立农业水资源执法责任制度，规定执法权限法定化、执法管理目标化、执法行为合法化、执法文书标准化的细则。

（8）法律责任。具体规定各种违反农业水资源保护法的行为及其应当承担的法律责任。

（9）附则。规定农业水资源保护法的生效、解释、对相关法律法规的适用等。

7.5.2　农业水资源管理立法的程序设计

立法程序就是指具有立法权限的国家机关创制规范性法律文件所遵循的制度化的正当过程。结合我国农村和农业实际，借鉴其他立法的程序，笔者认为农业水资源立法的步骤应有以下几个方面。

（1）总结有关农业水资源安全法制建设经验

自1988《水法》制定颁布以来，我国相关水资源安全法律制度运行20多年，已积累了丰富的经验，这些经验是我们制定农业水资源保护法的营养。同时其他国家（尤其是那些水资源紧缺的国家）有关水资源安全的法律制度和立法经验，也是值得我们认真学习与吸取的。我们需要进行比较研究，以博采众长，为建立中国农业水资源安全法律制度服务。

（2）研究现行水资源管理的法律、法规和规章

对于包含在宪法、法律、行政法规、地方性法规、自治条例与单行条例、中央和地方政府规章内的有关农业水资源安全的现行法律规定，都应悉数收集、汇编和整理。在此基础上，进行研究：哪些是属于相互矛盾、相互冲突的，应当作何修订以便消除矛盾与冲突；哪些是属于过时的规定，是应当重新制定的；哪些是属于不足的，应当作出补充或修改；哪些

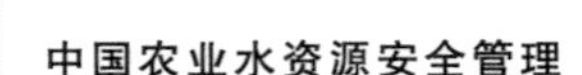

至今还是立法的空白，是应当补充充实的。

(3) 研究农业水资源安全管理中存在的主要问题

农业水资源安全管理方面存在的问题，本书第 1 章中有所阐述，在此不再赘述。针对这些问题，应重点做好农业水资源保护、农业水系管理、农业水利工程、水土保持等方面的立法。

(4) 起草农业水资源保护法

成立农业水资源保护立法工作起草小组，根据全国人大、国务院要求，由国家有关部门联合成立专门小组，专题研究。起草小组应加强与地方、相关部门的联系协调，组织征求意见和专家论证。研究制定农业水资源保护立法规范性文件，编制农业水资源立法规划和工作进度。

(5) 农业水资源保护法的审议与表决

农业水资源立法议案在提交审议前，可以将草案公布，广泛征求意见。各专门委员会审议立法议案涉及专门性问题时，可以邀请有关代表和

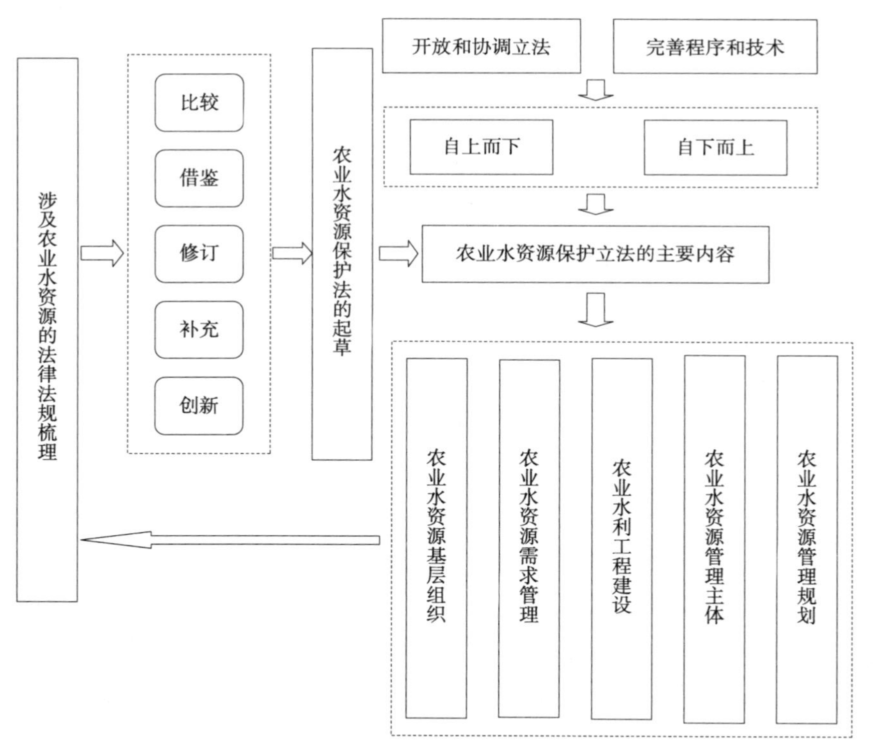

图 7－3　农业水资源管理立法程序

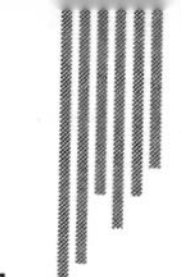

专家列席会议，听取他们的意见。积极推行“开门立法”，完善听证程序，建立公众参与、专家咨询、专门法制机构协调统一的立法机制。农业水资源保护法，按照法定程序修改后，便可依据国家立法议案的具体程序，进入审议或讨论立法议案的阶段。

第 8 章

农业水资源安全的产权管理

产权制度由产权关系和产权规则结合而成，主要功能在于降低交易费用，提高资源的配置效率。农业水资源既然是一种重要的物质资源，参与社会经济活动的资源配置，我们就有必要从产权优化角度探讨农业水资源安全管理的问题。本章将重点探讨产权机制对农业水资源安全管理的作用机理，以及农业水资源产权制度的建设问题。

8.1 水资源产权及其管理效率

8.1.1 产权的释义

产权的研究虽然经历了几十年的发展过程，但西方学者对产权概念的界定并不一致，因而对产权的表述有多种。[①] 德姆塞茨（Demsetz，1967）在《关于产权的理论》中提到："产权是一种社会工具，它的意义来自于这个事实：产权能够帮助一个人在与他人的交易中形成一个可以合理把握的预期。这些预期可以通过社会的法律、习俗和道德得到表达。产权的所有者拥有别人同意的以特定的方式行事的权利，要非常注意的是：产权包括了一个人受益或受损的权利。产权是界定人们如何受益及如何受损，因而修正人们所采取的行动。"阿尔钦（1991）认为："产权是一个社会强制实施的选择一种经济品的使用权利，产权是授予特定的个人某种权威的方法，利用这种权威可以从不被禁止的使用方式中，选择任意一种对待物品的使用方式。"诺思（1995）在《经济史中的结构与变迁》中定义："产

① 罗必良：《新制度经济学》，山西经济出版社，2005，第 236～237 页。

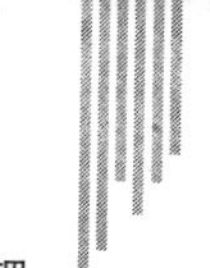

权本质上是一种排他性权利。”张五常在为 1987 年出版的《新帕尔格雷夫经济学大辞典》所写的“共有产权”词条中，将产权定义为：“是为了解决人类社会中对稀缺资源争夺的冲突所确立的竞争规则，这些规则可以是法律、规制、习惯或等级地位。”菲吕博顿和配杰威齐（Furubotn & Pejovich，1972）指出：“产权是因物的存在而产生的，与这些物的利用相联系的人们之间被认可的行为关系。”所谓行为关系是指产权的界定规定了人们的行为规范，不遵守者将负担由此产生的成本。因此，将产权理解为一种行为权利或行为关系，其实质就是将产权理解为由于稀缺资源的存在而引起的人与人之间的关系，而非单纯的人与物的关系。[①]

8.1.2　水资源产权

水资源产权，按照前文对产权定义的描述，就是由于水资源的稀缺，对其进行产权界定，使相关人或组织获得稀缺水资源的排他性权利，并规范其行为，从而产生的人与人或人与组织之间的关系。水资源产权有广义与狭义之分。

广义的水权是以所有权为基础的一组“权利束”，即“四权说”，一般认为，四权是指以所有权为基础的使用权、收益权、处分权和转让权等四种权利。由于水资源的特殊属性，如不可替代性、随机性和流动性、开发利用的整体性和综合性、使用外部性以及水权的公共性和非公共性等，世界上绝大多数国家实行水权公有制度，规定水资源属于国家或州所有，我国也实行公共水权制度，水资源所有权属于国家。由于水资源属于国家所有，政府为了适应水资源开发利用的分散化要求，在拥有所有权的基础上，通过明晰水资源使用中的权、责、利，把使用权、收益权、处分权和转让权分别赋予不同的主体，通过这些权能的社会化来适应水资源利用和管理的要求。

狭义上的水权指水资源的使用权。对水的使用有消耗性使用和非消耗性使用两种方式，所谓消耗性使用，是指水参加使用系统的循环，在使用水的过程中要实际消耗一定的水量，回流水水量比原来的水量减少，大多

① 陈磊：《河水资源的产权管理与运作研究：以黄河为例》，山东农业大学博士学位论文，2008。

数情况下水质也发生变化，工农业生产用水和生活用水就是消耗性用水。非消耗性使用借助于某一水体的水力、水能、水温、水体、水面等特性，把水当做一种手段，进行工具性使用，如航运、水力发电、漂流和渔业等，对于非消耗性用水，水量基本不减少，也基本不改变水质，使用后还能用于消耗性用途。因此，从狭义上，水权是指水的使用权，包括消耗性用水水权和非消耗性用水水权。

8.1.3 水资源产权的经济学特性

（1）水资源产权的排他性

关于水权是否具有排他性，也是水权概念研究中有争论的一个问题。许多研究者从水权客体的流动性、不可分割性和水资源使用的公益性等角度出发，认为水权不具有排他性。但水权作为一种财产权利在理论上也是具有排他性的。在完全私有的水权形式下，权利所有人可以完全自主地使用、处置水资源，独享行使权利的收益并承担所有成本，因而具有很强的排他性。即便是在共有水权形式下，由于水权包含的权利束可以进行分解，因而面对同一水资源客体，不同权项所有人可以行使互不重合的权利，他们之间仍然具有排他性。只不过由于水资源复杂的自然和经济属性，界定水权排他性的成本非常高，以至于在有的情况下超过了由于排他性的界定而带来的收益，因此，在现实的水权制度安排中，水权的排他性常常被弱化了。但实质上水权还是具有排他性的。[①]

（2）水资源产权的外部性

水权的外部性（或外部效果），表现为正的外部性和负的外部性两种，并且是相互联系和制约的。以河流水资源为例，河流上游的用水户拦水修建水库，可以有利于当地生产发展和生态环境的改善，但是可能对下游用水户带来利益的损失和环境影响。上游用水户过度用水，下游用水户可用水就会减少，从而造成损失。如果水权用户都按照所分配的数量和要求科学合理利用，会形成水资源利用的良性循环，产生社会的正外部性，但是如果因缺乏节水激励而过度用水甚至浪费水资源，则会加剧水资源短缺，造成生态环境的破坏，产生社会的负外部性。同时，当代人利用水资源的

---

① 唐曲：《水权市场的构建与运行条件研究》，中国农业科学院硕士学位论文，2007。

行为会影响下一代的用水行为，因此水权也有代际的外部性问题。

（3）水资源产权的可分割性

水权与土地产权一样，其所有权、经营权和使用权可以分离，归属不同的权利主体。根据我国的实际情况，水资源的所有权、经营权和使用权存在分离现象，这是由我国特有的水资源管理体制所决定的。在现行的法律框架下，水资源所有权归国家，这是明确的，但在水资源开发利用过程中，国家总是将水资源的经营权委授给地方或部门，而地方或部门本身也不是水资源的使用者，他通过一定的方式转移给最终使用者，造成水资源的所有者、经营者和使用者相分离。①

（4）水资源产权的收益性

水资源在生产、生活和生态方面的重要作用使水权的行使必然能为权利所有人带来收益。行使水权的收益可以是由水权所有人独享的、货币化的收益，也可以是属于社会成员共同所有，且不能货币化的收益，如支撑社会经济发展、维持生态系统完整性等，这些非货币化收益通常是十分巨大的。正是由于水权具有收益性，才能对人们开发利用水资源的行为产生激励作用，促进水资源的高效利用和优化配置。

（5）水资源产权的有限性

水权的有限性包括两个方面的含义。一是由于水权的权利客体是流动性的水资源，因而要受到水量、水质和用水时间、地点等客体本身自然属性的限制。二是水资源独特的经济属性决定了水权的行使要在很大程度上受到制度的约束和政府的管理。作为公共自然资源的水资源必须体现全民共享的特性。我国《宪法》第九条、《水法》第三条都规定：矿藏、水流、森林、山岭、草原荒地、滩涂等自然资源归国家所有，即全民所有。这样导致了水权二元结构的存在，从法律上讲，法律约束的水权具有无限的排他性，切实体现了产权制度理论。国家对水资源拥有永久主权是国家现行水权制度的政治基础。但从实践来看，水权主体是虚置的，理论上水权归国家，事实上归部门或地方所有，水资源开发利用各自为政，导致了水资源优化配置的重重障碍，使水权的排他性转化为非排他性。②

---

① 姜文来：《水权的特征及界定》，《中国水利报》2000 年 11 月 23 日。

② 谢永刚：《水权制度与经济绩效》，经济科学出版社，2004，第 208 页。

(6) 水资源产权的可转让性

就水权概念本身所包含的内容来看，水权是可以转让和交易的。但由于水资源使用具有很大的公益性和广泛的影响，受到政府的严格管制，因而水权是否可转让在很大程度上还取决于国家不同的政策目标和管理体制。水权的转让和交易必须经过政府的认可和登记，转让内容也受到限制，并不是所有的权项都可以进行转让。

8.1.4 水资源产权界定的成本与收益

产权界定是市场交易的前提。只要交易成本不为零，就可以利用明确界定的产权之间的自愿交换来达到资源配置的最佳效率，从而克服外部性。一个权利界定不清的产权结构必将引起行为主体过多的机会主义行为，从而导致资源配置的低效率。水权的界定，从权利束角度，就是明确界定水资源的所有权、使用权、收益权和转让权，使水权具有可分割性。水所有权可通过国家征收水资源费的形式来实现，同时水使用权分配给具体使用者，使水使用权成为一项财产权。这项财产权由该水使用者通过再向其他水使用者征收水费的方式转变为该水使用者的水资源收益权，在允许其交易的同时又实现了水资源的转让权。[①] 通过维持国家的水资源所有权，同时给予水使用权很强的排他性和让渡性，可以明确水资源的使用权、收益权、转让权，从而实现水权的界定对水资源有效配置的推动作用。

(1) 水权界定的成本

由于水资源的特殊性，水权具有物品产权的特性，水权的界定程度要受到水权排他性费用和内部管理成本的双重制约。水资源的流动性导致测量和跟踪水资源的特定部分非常困难。在现有技术条件下，很难确定水圈中某部分水到底有多少，也难以规定应该属于何人所有。水资源属于经济学中所说的专有性很低的资源。水权交易也是一样，一笔水权交易的最终完成必须经过水量的输送，而输送往往要在由天然河道和人工引水渠道、管道混合构成的通道内进行。买卖双方相距越远，损失越严重。这种代价不容忽视，这些损失和代价最终都要记入交易成本中。

---

① 王学渊、韩洪云、赵连阁：《浅议我国的水权界定》，《水利经济》2004 年第 9 期。

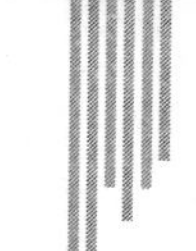

因此，在水资源相对富裕时，价格很低甚至没有价格，水资源是公共物品，水权界定的成本远远大于由此带来的收益，因此没有必要建立水权制度。出现“水紧张”“水危机”时，水权才成为规范人们利用水资源的一种客观需要。水权界定成本表现为以下两个方面。

①水权的排他成本，是指确立水资源排他性权利的过程中所耗费的投入成本。排他成本可分为界定成本、实施成本以及政治成本。其中，界定成本是在物理与价值形态上给出水权边界过程中所发生的成本，影响界定成本的因素主要有水的自然属性、技术和度量成本。水的流动性、来水的不确定性使得度量成本很高，因而水权界定的排他成本较高。另外，政府是一个复杂的政治经济组织，无论是私有产权制度，还是等级产权制度，产权的背后都包含着相应的政治权力，政府行为和产权制度是由一国的政治结构决定的。政治权力的分散将使政府行为趋于中立，并导致产权制度趋向于完整的私有产权制度。反之，政治权力的集中预示着政府将扩大产权界定中的公共领域；同时，政治上的等级规则将取代市场竞争规则成为分配稀缺资源的排他性权利的重要原则。[①] 因此政治成本也是水权排他成本的一个重要方面。

②水权的内部管理成本，是指水资源管理部门采取行动时所耗费的成本。内部管理成本产生于共有问题，即当多个人或多个成员分享资源所有权或使用权时，集体需要加以约束，会付出一定的成本，如水资源管理部门的内部交易成本（包括谈判、计量、监督等）。

（2）水权界定的收益

在经济学中收益是指在给定投入和技术的条件下，经济资源没有浪费，或对经济资源作了能带来最大可能满足程度的利用。我们分析水权界定的明晰程度与水权效率的关系。设水权界定的收益为 R，为水权界定效率改进的一个贡献变量，MR 是边际收益；又设水权界定的成本为 C，边际成本 MC，则水权界定效率 Y 可以表示为：$Y=\frac{R}{C}$

又设水权界定明晰程度为 K，如图 8－1 所示水权界定明晰程度与水权效率存在着这样的关系：当 $0<K<K^*$ 时，如 K_1 点，$R>C$，且 $MR>MC$，

① 罗必良：《新制度经济学》，山西经济出版社，2005，第 649 页。

水资源产权界定是有意义的；当 $K > K^*$ 时，如 K_2 点，$R < C$，$MR < MC$，水权界定得不偿失；当 $K = K^*$ 时，$MR = MC$，水权界定效率达到最优。因此，K^* 就是水权界定的最佳明晰程度。

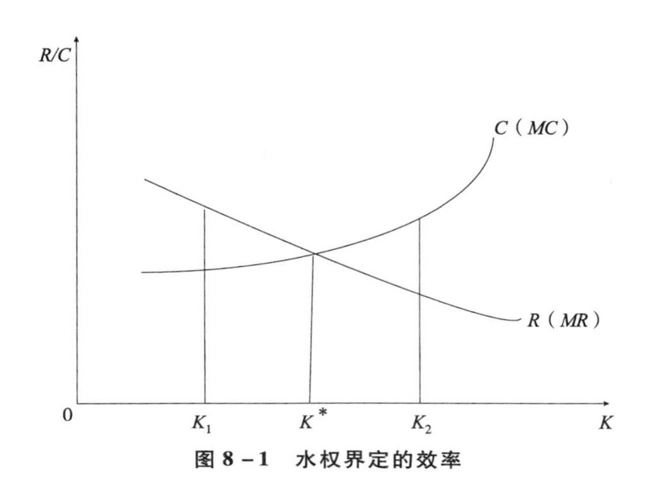

图 8－1　水权界定的效率

水权明晰后提高水资源管理收益的作用主要有以下几个方面。

①提高水资源利用效率

产权制度通过界定个人或团体对水资源的权利边界，把社会成本纳入市场主体自身的成本中，具有明显的优化资源配置和提高效率的功能。如果市场主体在追求自身利益过程中，没有把社会成本纳入自身的成本体系中，那么市场主体就没有节约资源的内在动因，从而导致社会资源浪费和效率降低。反之如果通过合理的产权制度设计，使外部性成本内部化，那么市场主体就会有节约资源和提高效率的主观需要，社会资源的分配和使用就会趋向帕累托最优。[①] 明晰的水权界定实质上给了用水户一种私有财产权，使水资源这种“公共物品”变成了“私人物品”。水资源一旦成了“私人物品”，人们对其利用自然就更加理性了。

②优化水资源配置效率

水权明晰界定后，市场机制发挥作用，通过水权市场对水资源进行配置是最有效率的。市场的作用就是把稀缺资源配置到社会最需要、效率最

① 帕累托最优：不存在另外一种可选择的状态，使得至少有一个人的处境变得更好而没有任何人的处境变差。

高的部门中去，提高整个社会的生产效率。如果产权边界不明晰，那么产权制度的排他性就无从体现，导致产权的权能无法有效行使。在水资源开发和利用中，清晰的产权使市场机制的效率能够更好地体现。

8.2　农业水资源产权的含义

8.2.1　农业水资源产权

农业水资源产权也分为广义和狭义两种概念。

广义的农业水资源产权指与农业水资源有关的一系列权利，包括所有权以及使用权、收益权、处分权和转让权等。农业水资源的公共物品属性决定了其权属具有社会公有性。[①]

狭义的农业水资源产权指农业水资源使用权。按照农业水资源具有流动性的自然规律和所有权与使用权分离的原则，农业水资源产权实质上是一定量的水资源在一定时间段内的使用权。由于农业水资源的范畴涵盖了不同的资源水体，理论上农业水资源产权包括农业大气水产权、农业地表水产权以及农业地下水产权。但一般情况下指地下水权和地表水权。

8.2.2　农业水资源产权的要素

农业水资源产权要素由主体、客体和内容三方面构成：主体是拥有农业水资源产权的单位或个人；客体是农业水资源，主要有两大来源，即天然降水和人工灌溉水资源，前者是指直接利用的天然降水，后者是通过工程而获得的农业水资源；内容是农业水资源产权包括的权利和义务，包括取水权和用水权，以及主体所承担的义务等。

（1）农业水资源产权的主体

农业水资源产权主体是指依法取得农业水资源产权的单位或者个体。农业水资源产权的主体可以分解为所有权主体和使用权主体两种。

①农业水资源的所有权主体。目前我国水资源的所有权主体仅有一个，即国家。《中华人民共和国水法》规定：水资源属于国家所有。水资

---

① 高占义、刘钰、雷波：《农业节水补偿机制探讨——从灌区到农户的补偿问题》，《水利发展研究》2006 年第 2 期。

源的所有权由国务院代表国家行使。农村集体经济组织的水塘和由农村集体经济组织修建管理的水库中的水，归各该农村集体经济组织使用。国家拥有水资源的所有权，但是国家不能够直接进行任何有关水资源开发及利用的活动，同样，国家也不能够对水资源的所有权进行市场买卖。可见，我国水资源的所有权与使用权是相互分离的。

②农业水资源的使用权主体。水资源的使用者要想取得水资源的使用权（开发权、利用权及收益权等）必须首先向水资源的所有权人支付一定的费用。水资源的使用权是一种用益物权。在我国农业水资源的所有权主体是单一的，但是农业水资源的使用权主体却是多种多样的。

（2）农业水资源产权的客体

农业水资源产权的客体很明确，即农业水资源。在第二章中对农业水资源的含义和属性进行了论述，在此不再赘述。

（3）农业水资源产权的内容

农业水资源产权的内容是权利和义务（责任）的统一。

①农业水资源产权的权利。农业水资源产权的权利有多项，如农业用水权、取水权、养殖权、航运权、汲水权、引水权、蓄水权、排水权等，而且随着时代的不断发展，权利的内容也会不断地增加。

②农业水资源产权所有人的义务（责任）。农业水资源产权使用者在享有产权权利的时候也必须同时承担相应的法律、社会及经济等方面的义务（责任）。如在我国的《环境保护法》《海洋环境保护法》《水污染防治法》《水土保持法》中都规定了农业水资源产权人的义务与责任。

8.2.3 农业水资源产权转让及作用

所谓农业水权流转，是农业水权主体所享有的权利和所承担的义务通过市场机制在不同主体之间的转让，其实质是农业水权在初始分配基础上的二次分配。农业水权的初始分配是水资源的所有权与使用权相分离的阶段，农业水权的二次分配则是水资源的使用权在不同主体间流转的阶段，发生在农业水资源的第三级市场中。[①] 农业水权流转分为两大类，一是农业水权的内部流转，流转后的水资源仍然用于农业生产；二是农业水权的

① 成红、徐颖：《农业水权流转法律制度探析》，《法学杂志》2010 年第 5 期。

外部流转，即所谓“农转非”或跨行业流转，流转后的水资源不再用于农业生产。两类农业水权流转各有特点，需设计不同政策有针对性地规范和调整。

农业水资源产权转让是指通过协商或交易的方式，从一个水权人那里转移到另一个水权人那里。由于农业水资源具有公共属性，水权转让大多数情况下需要先征得水权管理者的许可或在遵守水权管理规章制度的前提下才能被允许进行。农业水权转让也有广义和狭义之分。广义的农业水权转让仅包括两个层次，即：一级市场的水权出让和二级市场的水权转让，其中，一级市场的水权出让是指国家将水资源的使用权，在一定期限内出让给水资源使用者，由水资源使用者向国家支付水资源使用权的出让金；狭义的水权转让仅包括一个层次，即二级市场水资源使用权的转让，指“享有出让水权的权利人转移其拥有的水资源使用权，包括出售、交换等，这种转让是平等主体之间的转让。”①

农业水资源产权转让需要“硬件”和“软件”的支撑。“硬件”主要是农业水利工程，以此为依托农业水权转让才成为可能，要求具备基本的蓄水、调水、提水设施和输水、配水、供水网络。以及与工程相配套的农业水资源水环境监测、调控、计量系统和农业水资源信息系统。“软件”主要有：农业初始水权、供需主体、交易场所、交易渠道、市场规则等。

由于农业水资源产权转让包含着财产权移动和收益权预期的意义，推进农业水资源产权的转让有以下几个方面的作用。

（1）有利于提高农业水资源配置效率

在农业水资源产权合理配置后，通过市场机制进行农业水权内部流转，可弥补农业水资源管理中的“政府失灵”。在农业水权流转中，流转中的价格信号比管理机构更能提供有效引导信息，有利于提高农业水资源的配置效率。②

（2）有利于保护农业水资源的权益

---

① 才惠莲、蓝楠、黄红霞：《我国水权转让法律制度的构建》，《探索与争鸣》2007 年第 4 期。

② 成红、徐颖：《农业水权流转法律制度探析》，《法学杂志》2010 年第 5 期。

随着城市化和工业化的发展，农业用水被工业、生活用水挤占的趋势加强，造成农业水资源数量的减少和质量的下降。通过确立农业水权转让补偿制度，可保护农业水权利益，减少对农业水资源的侵害，维护农业生产的基本水权。

（3）有利于提高农业节水积极性

实行农业水权流转法，既可以提高农户的节水积极性，也能调动农业水管部门的节水积极性。首先，农户是农业水权的最终享有者，提高农业水权的私有性并赋予其适度的可让渡性，使农户节约下来的水资源能通过流转制度有偿转让给其他农业或非农业用水主体，获得相应的经济收益，有利于提高农户的节水意识和节水积极性。其次，在农业灌区实行的农业水价制度，虽能提高农户节水积极性，但对灌区水管部门却起了反向激励作用，因为供水越多其收入越多，故其可能反而鼓励农户多用水。如果实施农业水权流转制度，作为跨灌区或跨行业的农业水权流转的最终交易主体，灌区水管部门可在农业水权转让收益中分成，有利于促进其在管理范围内节水。

（4）有利于农业水利工程的投资

安全的水权将强化潜在投资者的信心，对由于投资基础设施（如水库、池塘、水渠等）而产生的水权，投资者可以持有，也可以把水权出售给其他人。因此能够把私人投资吸引到公共水利工程中，改善农业水资源工程的运行和维护。

8.3 农业水资源产权的配置

8.3.1 国外农业初始水权的取得

我国农业水权制度刚刚开始尝试实施，借鉴国外实践经验非常必要，国外的农业水权获得可以概括为四种基本方式，即河岸权、占有权、惯例权和许可权。

（1）河岸权（Riparian Rights）指与水体和水域相毗邻的土地所有者拥有取水和用水的权利，河岸权附着于河流的天然径流及水量存蓄（暂时性存蓄除外）。由于河岸权本身不要求水资源的有效利用，因此，在一些国家受到限制，有的国家已取消了河岸权，明确规定河岸权仅适用于家庭

生活用水等少量用水，不能进行转让和交易。

（2）占有权（Harvestable Rights）是西方国家早期的一种水权形式。即在早期的土地开发和利用中对水资源即取即用，不受河岸权的限制，由此逐渐发展成占有权，形成所谓“时先权先”。

（3）惯例权（Prescriptive Rights）是在相关法律创立前社会上就承认的权利。早期的水资源利用往往是“即取即用”，但随着地方人口增长和开发活动的进行，水资源成为一种短缺的自然资源，特别是在干旱时期，经常发生水资源冲突，水权概念就作为解决特定地区社会系统冲突的制度而产生了，这就是惯例水权的起源。

（4）许可水权（Allowable Rights）是参与水权分配的水权人、转让者或受让者依照政府有关法规、政策，通过一定程序取得的水权。一般获取水权许可的方法有三种：一是通过法律法规确立水权，二是通过向政府申请或竞标得到取水许可，三是通过一定交易规则在水市上购买。

8.3.2　农业水资源产权配置的类别

农业水权配置类别有两种，一种是水权的初始配置，另一种是水权的市场配置。前者按照公平原则，根据宏观总量指标和微观定额体系，通过行政手段在全体用水户之间进行初始配置，后者是在初始配置以后，按照效率原则，从低使用效益者流向高使用效益者的市场配置。[①]

（1）农业水资源水权的初始配置

水权转让的先决条件是水权能成为市场主体的独立财产权，[②] 明晰的初始水权，是水权交易的起点。根据水利部《水权制度建设框架》[③] 的阐述，我国对水权的初始配置建立了两套指标，即水资源的宏观控制指标和微观定额体系。根据全国、各流域和各行政区域的水资源量和可利用量确定控制指标，通过定额核定区域用水总量，制定水资源宏观控制指标，对各省级区域进行水量分配。

（2）农业水资源水权的市场配置

---

① 黄锡生、部峰：《论水权配置的基本问题》，《重庆工学院学报》2006 年第 7 期。

② 吴国平：《水权转让的基本理念和应用分析》，《中国水利》2004 年第 16 期。

③ 水利部：《水权制度建设框架》，水利部网站 http：//www. water. gov. cn/index/20050117。

水权初始配置后，各个用水户拥有了产权清晰的水权量。在用水过程中，由于各个水权所有者所处产业、利用水资源的技术条件以及管理等方面的差异，在用水效益和用水效率上也就存在差异，如果这种差异超过了卖方水权转让的成本而低于买方买入水权的收益，那么水权交易就可能发生，这种交易改变了水权初始分配的格局，是水权的市场配置。[①]

8.3.3 我国农业水权配置的原则

根据国内外的实践和研究，笔者认为我国农业水权配置应该体现以下原则。

（1）保障粮食安全的原则

作为一个发展中的人口大国，任何时候，保护粮食安全都是水资源配置中需要优先考虑的目标。在农业区域多种经济活动并存的情况下，当水资源在某些时段或季节紧张时，应当在国家的主导下以不损害农业利益为原则，进行水权配置，使农用水权得到优先保证。

（2）公平的原则

农业是弱质产业，确定农业水权初始配置，必须充分体现公平性，使落后和欠发达地区的农业产业公平地得到水资源，以保证农业的稳定发展。

（3）时域优先和承认现状的原则

在发展农业的前提下，以占有农业水资源使用权时间先后作为优先权的基础，农业水源地区和上游地区比下游地区和其他地区具有优先权，距离河流比较近的地区比距河流较远地区具有优先权，本流域范围的地区比外流域的地区具有优先权；在已有引水工程从外流域或本流域其他地区取水的条件下，承认该地区对已有工程调节的水量拥有水权。这些原则体现了尊重历史和现状的原则，有利于农业水事关系的稳定。

（4）鼓励节约的原则

通过调查研究制定合理的农用水定额标准，明晰初始水权配置，在总量控制下对用水权进行逐级分解，将水权落实到各个用水户，使最终用水

---

① Slim Zekfi, William Easter. Estimating the Potential Gains from Water Markets: a Case Study from Tunisia. *Agricultural Water Management*, 2005 (72): 161 – 175.

户根据自己所取得的水权进行用水，这样有利于节约用水。

（5）民主协商原则

初始水权配置需要建立一套有效的协商机制，能反映公众诉求，解决各种农业水事争议，对配置的合理性进行监督。

8.3.4　我国农业水权配置的方法

农业水权配置包括了地区之间、不同的用水主体之间、不同空间或时间、不同作物之间以及作物不同生育阶段对水资源的配置，不论是那一层次的配置，都主要以农业水资源的使用为核心，其配置途径有自然配置和社会配置（自然配置不在本研究之内）。社会配置在人们社会行为的影响下有多种配置手段，目前，国际上水资源产权配置方法主要有三种：政府主导的行政性配置、市场主导的市场化配置和各级用水户的协商配置。[①]

（1）行政配置方法

由政府负责和管理农业水资源，提供水利建设经费，统筹向用水户分配水权，政府有权收回水权再重新分配，维护行政调控的延续性。这种方法的理论依据是农业水资源为公共资源，需要政府行政系统的介入进行管理、分配和保护，以避免“公地悲剧”的产生和引导外部效应内部化。

（2）参与式配置方法

由流域范围内用水户自行组成参与组织，如水利灌溉组织、流域用水组织以及用水者协会组织等，通过内部民主协商的形式管理和分配水权。这些协会与组织具有法人资格，实行自我管理，是非营利性经济组织。该方法的理论依据是流域或区域农业水资源是一种布坎南提出的所谓“俱乐部资源”，这种资源具有俱乐部成员之间使用的非对抗性和对非成员使用的排他性特征，将流域或区域水权交由流域或区域内用水户组织这个俱乐部组织去进行配置，可更好地解决公地悲剧、搭便车或外部性问题。

（3）市场交易配置方法

利用市场机制，通过市场公开拍卖方式完成初始水权配置，之后可以通过水权交易方式实现水权再分配和调整。该方式的理论依据是农业水资源属稀缺性的经济资源，将水权交由市场机制配置，可以充分体现

---

① 穆贤清：《农户参与灌溉管理的制度保障研究》，浙江大学博士学位论文，2004。

农业水资源的经济价值和稀缺程度，实现农业水资源的高效配置和利用。

表 8－1　我国农业水权配置方法的比较

方法 效果	行政配置方法	参与式配置方法	市场交易配置方法
经济效率	低	中等	高
公 平 性	整体公平	局部公平	很难公平
节水效果	差	一般	好
实施难度	小	一般	大

在农业水权配置过程中，行政配置方法、参与式配置方法、市场交易配置方法之间存在着合作关系。在保证公平方面，行政配置方法和参与式配置方法发挥着积极的作用，而在配水效率方面，市场交易配置方法最为明显，三种配置方式发挥作用的范围有一定差异，我国的实际情况是行政配置方法和参与式配置方法起主导作用。这三种方法也受到技术的影响，如果一个地区完全采用滴灌、喷灌和微灌技术，那么在技术上已经完成了对用水户之间使用水的完全分割，这时候可以对用户的用水量进行精确的测量，如果水利资产的投资机制也是清晰的，则完全可以用市场交易配置方法对农业用水进行配置，当然这也要受制于农业商业化、市场化的程度和水资源的稀缺程度。

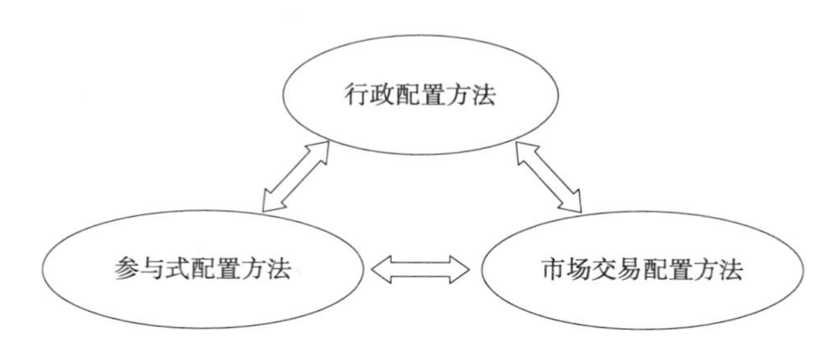

图 8－2　我国农业水权配置方法的合作

从公平的原则出发，国家可以对流域（区域）和农户（业主）发放一个基准水平的用水许可证，在此证限量以内的取（用）水将全部免费，超过这一限量就要计费，使用不完的定量用水许可证可以在所有的用水者之

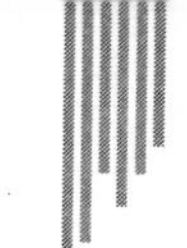

间有偿转让。[①]

以上三种方法各有其优缺点，最好是将它们结合起来运用，以取长补短，在公平与效率间求得平衡，避免市场失灵或政府失灵的出现。由于农业水资源的公共属性，在初始水权配置上，应选择以行政分配为主的方法，兼顾公平与效率，实现宏观调控目标，同时辅之以用水户参与的民主协商方法，允许用水户组织参与政府水权分配方案的协商、制订与执行，增强水权分配方案的透明度与可接受性。并且采取市场方法——对水权按真实价值收费，以提升农业水资源的利用效率。

8.4　农业水资源产权交易市场

水权市场是进行水权转让的场所或制度的总和，主要包括市场主体、客体、交易行为及交易规则等构成要素。水权市场的主体是水权交易的参与者，包括水权的购买方和水权的转让方；水权市场的客体即交易的标的物是各种水权，一般情况下水权指使用水权。

8.4.1　农业水资源产权市场的结构

农业水资源产权市场具有层次性，因为：①农业水资源的分布与农业供水工程具有一定的梯级层次特征；②《中华人民共和国水法》第十二条规定，国家对水资源实行流域管理与行政区域管理相结合的管理体制，水资源行政区域管理具有一定的层级特征。一般把水权市场分为三个层次，当然，具体的农业水资源产权市场级次视具体情况而定，也可分为四级市场甚至五级市场。

（1）一级农业水资源产权市场

由于一级市场实质上是国家对水权的初始分配，一级市场由政府垄断，只有国务院水行政主管部门或其授权的组织才能依法组织水权的出让。在一级市场中水资源所有者（国家）向水资源经营者（供水单位）或使用者（用水大户）出售或配置自然水资源，水资源一般以批量水权的形

① 余梦秋、陈家泽：《水资源产权重构的逻辑思路与实施对策》，《农村经济》2009 年第 8 期。

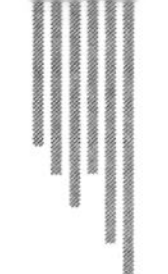

式授予各个经营者和使用者。一级水市场具有绝对的垄断性，是在水资源所有权与经营权、使用权相分离的情况下产生的。

（2）二级农业水资源产权市场

在二级市场中供水单位向用水户直接提供水产品和供水服务。由于水资源空间分布的局限性，供水通常受地域等自然条件限制，为某地提供供水服务的供水单位只有有限的几家甚至只有一家，所以二级水市场具有相对的垄断性。二级市场的水权交易可分为临时水权交易和长期水权交易，同流域（行政区）的水权交易和不同流域（行政区）的水权交易等类别。

（3）三级农业水资源产权市场

三级水市场是指消费市场，是用户之间进行水权交易的市场。在交易中，双方协商一致，并经上级水行政主管部门批准后，买方应按交易价格向卖方支付一定的购买费用，从而获得相应的用水权。在交易达成后，双方应到水行政主管部门对水权交易进行注册和登记，并更换其取水许可证。

在一级水市场中，由于国家政府具有绝对的水权威性，交易的主体相对不平衡，并不是纯粹意义上的水交易市场，故可以把一级水市场看做水资源的初始分配，也即初始水权的分配。狭义的水市场通常仅指二、三级水权交易市场。

农业水资源产权市场的结构层次明显，市场级次从一级市场开始由高到低，市场类型则相应由垄断到寡头再到垄断竞争，与级次相对应，市场参与者由少到多，参与者对市场的控制能力不断下降。

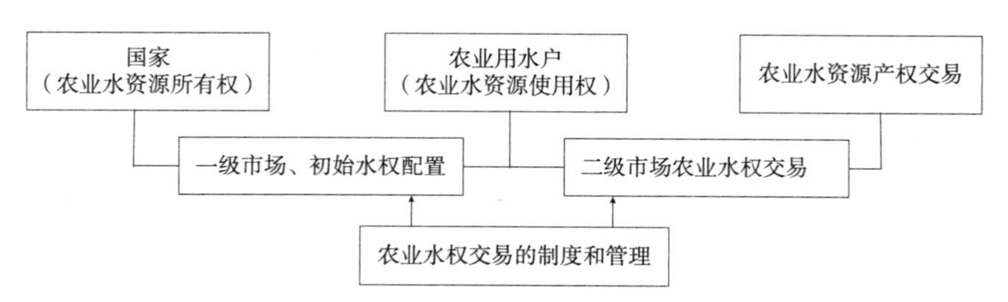

图 8－3　农业水资源产权市场的基本结构

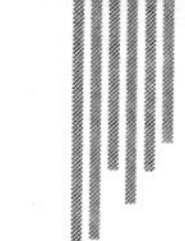

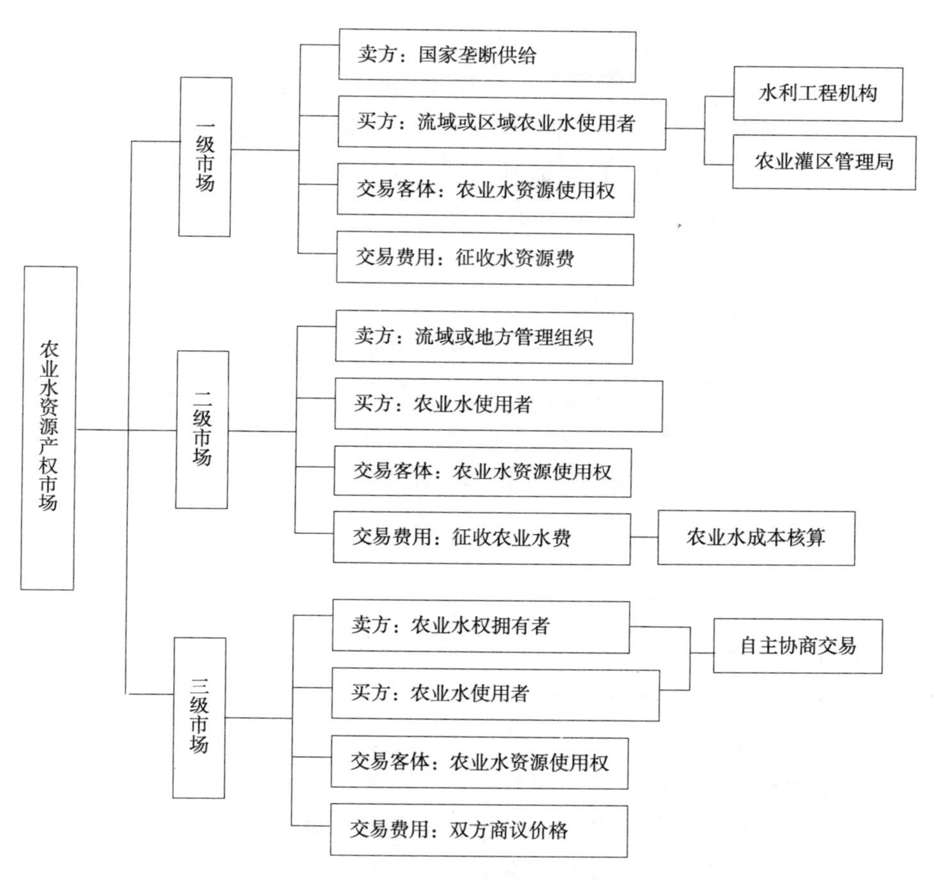

图 8－4　农业水资源产权市场层次

8.4.2　农业水资源产权交易市场的运作方式

（1）一级水权市场的运作

由于水资源归国家所有，所以一级市场实质上是国家对水权的初始分配，由国务院水行政主管部门或其授权的组织依法组织水权的出让。初始水权分配就是界定水资源的使用权。一级市场又称水权批售市场，所进行的是政府与用水户之间水权的初始分配，所采用的配置方式主要是公平分配的方式（辅之以公开拍卖等方式），在政府控制下集中运行，显现出“准市场”行为特征。

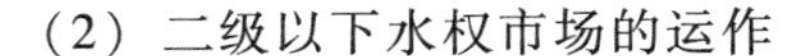

（2）二级以下水权市场的运作

在农业水权初始配置完成后，可以建立起二级水权市场、三级水权市场等，由市场来完成水权的再分配工作。水权市场的运作方式主要有三种：协议转让、拍卖转让和招标转让。协议转让是指交易双方经过协商，就农业水权交易的条件以及双方的权利义务达成一致的交易方式。拍卖转让是指以公开竞价形式由出价最高者获得农业水权的交易方式，显然这是一种对卖方有利的交易方式。招标转让是指通过招标、投标和定标的竞争程序买卖农业水权的交易方式，即在规定的期限内，由符合规定条件的交易主体通过书面投标向卖方竞投某一农业水权，由卖方选出最优标者成交的一种方式。二级以下的市场是水权交易市场，所进行的是用水户之间的二次水权交易，对水资源的配置按照市场机制运行，显现出真正的市场特征。

8.4.3　农业水资源产权交易的运作机制

农业水权交易市场的运作机制包括供求机制、价格机制和竞争机制等，实质与其他类型市场一致。

（1）供求机制

农业水权市场的需求是指买方所表现出来的水权购买要求和能力。这部分水权可能是从一级市场通过初始分配获得，也可能是从水权市场通过交易获得。水权需求主体既有现有的用水户，也有新进入者。水权市场的供给是指卖方所表现出来的水权让渡意愿和条件。在一级水权市场，水权的供给主体是水资源的所有者——国家（政府）。初始分配完成之后，水权市场的供给主体就变成了水权持有者。由此可见，水权市场中买卖双方的要求和意愿，即水权市场的供给和需求，构成水权交易的动力，推进了水权市场的运行。

（2）价格机制

在农业水权交易市场，价格机制是作为反馈机制而存在的，它在市场系统中发挥着反馈经济信息的职能，因此，价格机制又被称为市场机制的信息要素。同时价格机制对水资源的供给者和需求者的决策、对水资源的配置起着至关重要的作用，也是重要的引导机制。价格的信息传递功能主要反映在三个方面。首先，水权价格反映水资源的供求状况，价格信号最

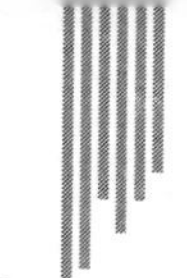

灵敏，是最有力的“调节器”；其次，水权价格反映了水资源的稀缺性；再次，水权价格反映了人们对水资源的评价，水权价格高就意味着市场对水资源的评价高，也就说明水资源的价值高。

（3）竞争机制

在农业水权交易市场，竞争主要来自于三个方面：一是水权供给者之间的竞争，在水权交易市场中，水权的交易一般采用协议转让、竞价拍卖和招标转让等形式，无论采用何种形式，在同一水权品种中，由于不存在质量和服务上的区别，因此，谁的水权价格低，谁就具有竞争力。二是水权购买者之间的竞争。水权购买者之间相互竞争的动机，是水资源可以满足生产需要，带来比购买水权更多的利润。三是水权供给者和购买者之间的竞争，买卖双方的竞争是市场竞争中的最基本形式，也是供求对立运动的基本反映。

从价格机制与供求机制的相互作用来看，价格反映水资源的供求状况，并且作为反馈信息，使供求作反向运动。水权价格升高，会刺激用水户加大节水力度。从价格机制和竞争机制之间的关系来看，价格是竞争的重要手段，水权的均衡价格是在竞争中形成的。对于水权的供给者而言，价格越低，竞争力越强。而对于水权的需求者而言，则价格越高，竞争力越强。从供求机制、价格机制和竞争机制相互作用的关系来看，在竞争中形成水权市场的水权均衡价格，价格又引导着供求关系；反过来，供求关系决定了市场价格，价格又决定了竞争。

8.5　推进农业水资源产权管理的对策

8.5.1　明确管理机构

要明确三个层次的农业水权管理机构，一是明确国家农业水资源产权管理机构，代表国家行使农业水资源管理和水权出让（一级市场卖方）的有关职能；二是明确各个流域管理局、各级地方政府的农业水权管理机构，负责流域或区域的农业水权管理，以及水权市场建设；三是明确农村基层农业水权管理组织机构，组建由用水者自愿组成的用水者协会，对内代表用水户制定用水计划并进行水权的初始界定，对外代表用水户参与水权二级（或二级以下）市场。

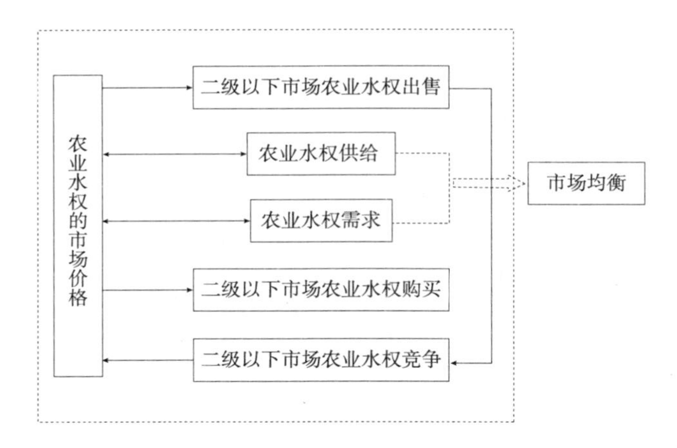

图8－5　农业水资源产权市场的运作机制

目前由于我国农业水权制度处于初创时期，还是探索阶段，由政府主导的机构管理是一种必要的选择。待农业水权市场形成一定规模后，政府可以逐步退出，实行市场主导型的水权交易市场，政府则通过制定法律法规，明确机构职责，对农业水权市场行为和交易进行监管，规范和维护农业水资源产权市场的正常秩序。

8.5.2　完善制度

农业水权管理的有效运行必须依赖于制度保障。而我国现行的各类水利法律法规条例中，对农业水权、水权主体、水权分配、水权人的权利和义务、水权交易等规定，还都比较模糊；农业水权市场运作，以及水权交易的收益等还缺乏法律依据；诸多农业水资源管理部门的政策、法规也不十分吻合。在农业水权制度建设上，需要完善的主要有三个方面：一是法律层面。目前我国还缺乏水市场的专门法律规定，应在相关法律中增加水权交易的内容。二是政策层面。应对农业水权市场建立政策规范，在大的农业灌区进行农业水权试点。三是农业水市场交易的市场章程、交易规则和其他程序等方面的完善。

8.5.3　完善管理体制

我国在农业水资源管理中还存在“多龙管水”的体制现象，在流域管

理上“条块分割”，以致在上下游、左右岸、干支流的协调及水量调度、防汛抗旱、排涝治污和水土保持等方面，往往因为部门、地区之间关系不畅而发生纠纷；管理上“政出多门”，各部门管理职能相互延伸交叉、政令相互抵触。以上这些都不利于农业水权的实施，应建立科层组织体系政令畅通、农村基层参与管理组织职能完备的管理传制，促进农业水权管理的实施。

8.5.4　发展农民用水者协会

用水者协会是用水户自愿组成的、民主选举产生的管水用水组织，属于民间社会团体性质（本书已在第 5 章中对其进行了论述）。用水者协会在促进农业水资源产权机制方面有三个作用：一是用水者协会有助于提高水权管理的制度效率。用水者协会成为联结政府与公众的组织桥梁，可以提高水权政策制定过程的开放度和信息透明度，有利于参与政策的制定；二是用水者协会有助于降低水权交易成本。可以从以下几个方面节省交易成本：①信息搜寻成本，用水者协会组织内部的用水户间进行水权交易，信息的搜寻只是局限在一个小范围内，成本是极其低廉的；②讨价还价成本，水权的买卖主要局限于本协会的用水户之间，大家彼此相互熟悉了解，很容易达成交易，有的甚至无需签约；③监督违约成本，用水者协会起着仲裁员的作用，纠纷的调解无需通过法院这种高成本的途径；另外，用水者协会有利于提高供水、管水的效率。通过用水者协会代表众多用水者与供水公司签订合同和协议，既有助于实现用水者与供水者之间谈判地位的对等性，也有助于供水信息（如水质、保证率、水价的制定依据、水价的调整幅度等）的传递与沟通，增强信息的对称性。因此，可以说农民用水者协会是农业水资源产权管理实施的基层保证。

8.5.5　加强农业水利设施和信息平台建设

农业水利设施是实现农业水权交易的重要硬件基础，一般来说农业水利设施和技术越完备，交易就越容易，交易成本也越低，市场效率也越高。农业水资源的计量是农业水资源配置市场化的内在要求，水权的分配、实施和流转，必须依赖水测量和计量设施。应该深化农业水利投资体制改革，根据工程类别以及“分级办水利”的原则，建立多渠道、多元化、多层次的水利投入机制。信息化平台是实现农业水权交易的技术保障，可以使农业水权交易更加准确、快捷，提高农业水权交易的质量和速度。应加强农业水资源取用接入的流量监控、记录设备以及计费和缴费信息系统的建设。

第9章

农业水资源安全的价格管理

价格机制是市场机制中最敏感、最有效的调节机制，价格的变动对整个社会经济活动都有十分重要的影响。建立科学合理的农业水价形成机制，通过农业水价调节用水需求，调动农业供水部门和农民科学用水的积极性，已经成为发展节水农业、促进农业水资源优化配置的最有效的经济手段。本章通过对我国农业水价的历史和现实进行分析，探讨我国合理的农业水价政策及其形成机制。

9.1 水资源价格及其性质

9.1.1 水资源价格的内涵

马克思主义政治经济学认为，价格是价值的货币表现，价值是凝结在商品中的人类抽象劳动。商品的价值不可能从商品本身得到表现，只有在一种商品同另一种商品相交换时才能表现出来。随着货币的出现，商品价值的货币表现就是价格。① 根据马克思的劳动价值论，我们在讨论水资源价格时，由于处于自然状态的水资源本身没有物化劳动，那么，水资源是否有价值的问题，理论界存在着不同的观点。

一种观点认为，处于自然状态的水资源是自然界赋予人类社会的天然产物，不是人类创造的劳动产品，没有人类抽象劳动的凝结，因此没有价值。正如马克思所说："如果它本身不是人类劳动的产品，那么它就不会把任何价值转移给产品。它的作用只是形成使用价值，而不形成交换价

① 许涤新：《政治经济学词典》，人民出版社，1984，第379页。

值，一切未经人的协助就天然存在的生产资料，如土地、风、水、矿脉中的铁、原始森林的树木等，都是这样。”①

另一种观点认为，随着人口的增长和人类经济社会的发展，自然资源的数量在减少，质量在恶化。为了保持自然资源与经济发展的速度相均衡，人类在资源保护和环境保护方面投入了大量的人力、物力和财力。因此，自然资源已经不是纯粹的天然资源，它有人类劳动的参与，打上了人类劳动的烙印，具有价值。② 例如水资源危机使人们认识到仅仅依靠自然界本身无法解决水资源短缺和水环境恶化问题，人类必须投入一定数量的劳动保护水资源和水环境。在这种情况下，虽然水资源的表面形式仍然是自然状态下的水，但实际上包含了人类抽象劳动的凝结，所有水资源已经具有价值。

以上两种观点都是运用马克思劳动价值论来考察水资源是否具有价值的问题，其关键在于水资源是否包含着人类抽象劳动的凝结。对于水资源是否有价格的问题，国内大多数学者都采用了马克思有关价格的论述作为理论依据。马克思在《资本论》中考察价值形式时曾经指出：“价值形式不仅能够引起价值和价格之间量的不一致，而且能够包藏着一个质的矛盾，以致货币虽然只是商品的价值形式，但价格可以完全不是价值的表现。有些东西本身不是商品，例如良心、名誉等，但也可以被它们的所有者出卖以换取金钱，并通过它们的价格，取得商品形式。因此，没有价值的东西在形式上可以具有价格。”③ 马克思这段关于价格的精辟论述，阐明了价格和价值在实践中存在着严重背离的状况。对于非商品物质，本身没有价值，但是若被其所有者用以换取货币，进入交换过程，这种非商品物质就具有了价格，并通过其价格取得了商品的形式。将马克思这一理论运用到水资源价格的分析中，就可以避开关于水资源价值的争论。不论处于自然状态下的水资源是否包含人类抽象劳动的凝结，是否具有价值，只要水资源的所有者使水资源进入交换过程换取货币，水资源就具有价格，并且通过价格，水资源也就取得了商品形式。

---

① 中央编译局：《马克思恩格斯全集》（第 23 卷），人民出版社，1975，第 230 页。

② 蒲志仲：《水资源价值浅析》，《价格理论与实践》1993 年第 4 期。

③ 马克思：《资本论》（中译本第一卷），人民出版社，1975，第 120 ~ 121 页。

某些资源价格研究的理论基础是“资源稀缺论”和“效用价值论”。稀缺性是资源价值的基础，也是市场形成的根本条件。资源的稀缺性是一个相对的概念，特别是自然资源更是如此，在某一地区或某一时间稀缺的东西在其他地区或时间内可能并不稀缺，这样就会导致资源在不同地区或时间内价值量的不同。水资源越来越成为一种稀缺的自然资源，水资源价值的大小也是其在不同地区不同时段稀缺性的体现。没有稀缺性，水资源没有必要进入交换过程，也就不可能取得商品形式。“效用价值论”认为，一种资源如能满足人的某种需要，就称这种资源具有“效用”。如果这种资源的取得人们不需花费任何努力，那么它就不稀缺，不具有价值。反之，如果不经过努力就不能取得这一效用，这样的资源就是稀缺的，其本身就具有价值。

一般认为水资源价格是指使用天然水资源所付出的代价，包括其他用水者和用水类别或社会减少用水的损失，是水资源稀缺价值的度量或称稀缺租，本质上是水资源绝对租。

9.1.2　水资源价格的构成

（1）资源水价

资源水价又称水资源费，是指由于取水行为的发生而征收的费用，是资源稀缺租金的表现。严格来说它不属于价格范畴，而是国家所有权的本质体现。在我们国家，水资源属国家所有，用水户要取得水资源的使用权，就要以“租金”的形式向国家缴纳水资源费，这就是水资源价值的具体体现，即资源价格。因此，水资源价格应以“地租理论”为依据来确定，本质上是水资源级差地租和绝对地租。在我国，国家通过所有权管理行使水资源管理职能，可通过授予或转让使用权确定天然水的适当价格，如通过申请、发放取水许可证征收一定费用（或税），称为水资源费。所以资源水价主要分析的是使用权，水权的定价受到需水、供水、水资源总量三个因素的影响，需要不断调整和变动，不同用户在不同地区的不同时间，使用不同量的水，其资源水价是不同的。资源水价应能反映稀缺性和使用权转让对放弃水权一方的正当补偿费用。

没有水资源就不可能产生水利工程供水，因此，水价中必须包括资源水价。既然水资源可以成为商品进行买卖，那么就要合理确定它的定价原

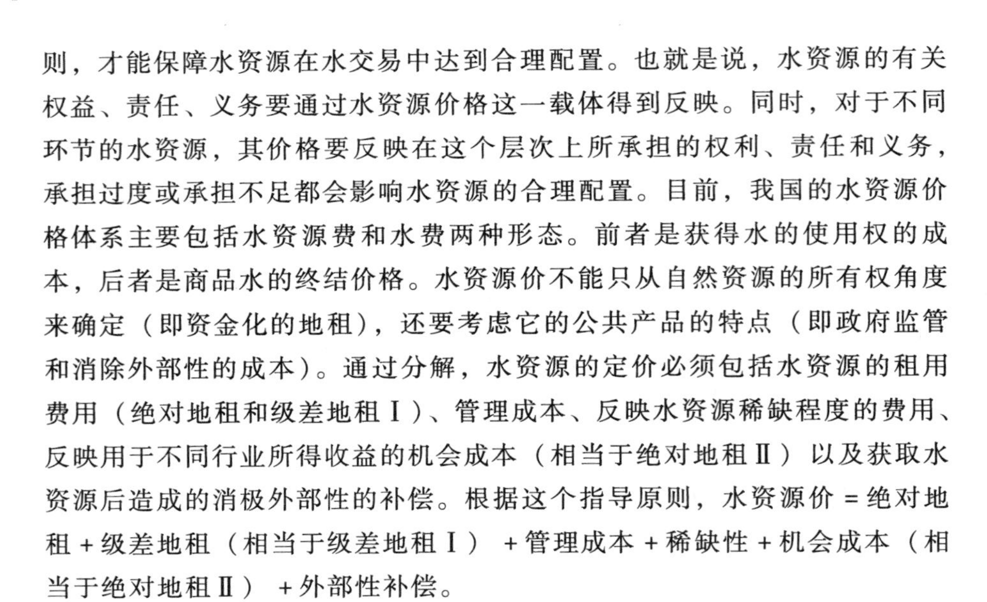

则，才能保障水资源在水交易中达到合理配置。也就是说，水资源的有关权益、责任、义务要通过水资源价格这一载体得到反映。同时，对于不同环节的水资源，其价格要反映在这个层次上所承担的权利、责任和义务，承担过度或承担不足都会影响水资源的合理配置。目前，我国的水资源价格体系主要包括水资源费和水费两种形态。前者是获得水的使用权的成本，后者是商品水的终结价格。水资源价不能只从自然资源的所有权角度来确定（即资金化的地租），还要考虑它的公共产品的特点（即政府监管和消除外部性的成本）。通过分解，水资源的定价必须包括水资源的租用费用（绝对地租和级差地租Ⅰ）、管理成本、反映水资源稀缺程度的费用、反映用于不同行业所得收益的机会成本（相当于绝对地租Ⅱ）以及获取水资源后造成的消极外部性的补偿。根据这个指导原则，水资源价 = 绝对地租 + 级差地租（相当于级差地租Ⅰ） + 管理成本 + 稀缺性 + 机会成本（相当于绝对地租Ⅱ） + 外部性补偿。

（2）工程水价

工程水价是指将原水转化为可利用水的过程中，由于固定资产投入以及人工费用的支出而应向消费者收取的合理补偿价格，其内容包括固定资产折旧费、供水工程大修费用和供水工程运行管理费用。工程成本就是通过具体的或抽象的物化劳动把资源水变成产品水，使之进入市场成为商品水所花费的代价，体现了从水资源的取用开始到形成水利工程供水这一商品的全部劳动价值量。工程水价主要考虑的是投入成本补偿的问题，工程水价是基于成本核算出来的，是水价格的核心内容。

（3）环境水价

环境水价是用水者对一定区域内水环境损失的价格补偿。环境水价的尺度决定于排污总量与环境自净能力的差值，也决定于地方政府财政与用水者环境支付之间的责任分摊比率。由于用水必然会排水，会污染水体，用水必须支付环境成本，向水体排污必须要为使用环境财产付费，水价也必须反映环境代价。因为环境水价是经使用的水体排出用户范围后污染了他人或公共水环境，为污染治理和水环境保护所需要的代价，体现的是利用价格杠杆对人类开发利用水资源所造成生态环境功能降低的经济调节，因此，环境水价的性质是一种政府的事业性收费，从使用方向上看，环境水价是对政府财政支付环境补偿费用不足部分的补充。

9.1.3　水资源价格的性质

从水价构成可以看出，公共产品的价格确定以成本核算为基础，但又不完全由成本确定。从水价的构成看，资源水价属于政府的调控手段，成本难以确定；工程水价的形成基于一般商品的成本核算；环境水价属于商品使用后的处置费用。资源水价具有调控性、工程水价具有成本性、环境水价具有补偿性。

（1）资源水价的调控性

水资源的所有权属于国家，使用权属于单位和个人，所有权和使用权的分离导致其存在地租，因此应通过征收资源税的方式来体现其有偿使用的原则。但是水资源和矿产、土地资源相比，又有其独特性，使用价值高而商品价值低限制了其在不同地域间出于商业目的的传输，因此其供应具有区域性。区域间水资源分布情况差异很大，难以制定出统一的税率，因此一般采用资源费的方式来解决区域间水资源分布不均导致的差异。供水企业向用户收取的水资源费属于代收性质，需全额上交财政部门。财政部门采用专款专用的方式，将其用于水资源开发保护过程中的监测和规划。由于水资源供给受季节（枯、雨季）和年份（旱、涝年）的影响，政府会根据实际水文状况进行调整，因此会存在一定的波动性。

（2）工程水价的成本性

工程水价的成本核算包括供水生产成本和供水生产费用。供水生产成本包括直接工资、直接材料费、其他直接支出以及固定资产折旧费、修理费、水资源费等制造费用。供水生产费用包括生产经营过程中的销售费用、管理费用和财务费用。工程水价实施全成本核算，其目的在于保障供水行业设施的投资、运营和服务质量的稳定性及可持续性，通过市场的效率机制来稳定和提高供水企业的运营效率。①

（3）环境水价的补偿性

环境水价是对消费后产生的环境污染进行补偿的调节价格。从商品的使用过程来看，商品的消费过程及其报废后的处理过程应该是分离的。但是由于水消费的特殊性，我们不能用普通商品的价格管理模式对其进行管

① 郑志来：《典型节水工程水价的实证研究》，《海河水利》2005 年第 6 期。

理。水商品消费一般具有即时性的特点，即水的使用和排放几乎是同时的，基于这一特性，污水的排放和处置费用作为对环境的补偿价格，被添加到水的价格构成中。

9.2 水价对水资源安全管理的作用

水价在水资源安全管理中的作用，是应用市场经济的价格杠杆作用，通过价格手段调节水资源的供求关系，促进水资源保护和节约用水。其调节手段是调整价格结构和价格水平。在水供给管理中，价格是一个“软”需求管理的作用形式和有效信号，是需求管理的主要政策选择。

西方经济学认为，价格信号对资源利用方式有至关重要的作用。市场通过价格调节经济主体在自然资源投入、技术投入、资金投入等方面的最优比例结构。这种比例结构与资源价格存在内在的联系，即价格影响资源的投入量和比例。正是由于这种内在联系，价格机制可以解决微观经济学提出的“生产什么”和“如何生产”的资源利用方式问题。

按照可持续利用原则，水价应包括资源水价、工程水价和环境水价。但受一些理论影响，传统认为自然资源不是劳动产品，因而无价。如果水价完整，对人们的用水方式有什么影响呢？

图 9－1 显示了水价与用水成本偏离的效率损失。如图所示，D 为需求曲线，MC 是水资源使用的边际私人成本曲线，这时水资源使用者私人期望的水价和对水资源的需求量分别为 P_p，Q_p。如果定价低于水资源使用者期望的水价，为 Pc，这时水资源使用者对水资源的需求量为 Q_c，我们可以发现 $Qc > Q_p$，即低水价导致了对水资源的过量需求，从而导致水资源浪费。如果按照资源效用来定价，即 P_p，此时，水资源使用成本为 OBQ_p，收益为 $OABQ_p$，净收益则为 OAB；如果按照低水价，即 Pc，此时，水资源的实际成本增加了 BSQ_pQ_c，实际收益增加了 BCQ_pQ_c，总的社会净损失为 BCS，反映水价偏离用水成本给社会造成的净损失，显示了水价不全面对水资源带来的不利影响。

另外，不完整的水价加剧了水资源使用的外部性问题，表现为水资源使用者的边际私人成本与边际社会成本的不一致。同样如图 9－1，MC 是水资源使用者的边际私人成本曲线，私人期望的水价和对水资源的需求量

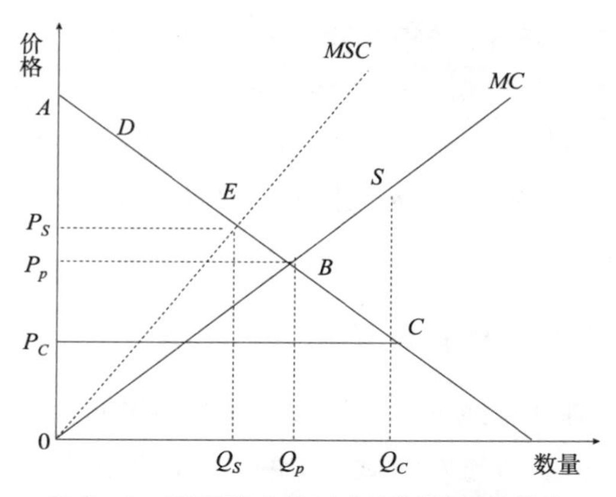

图9－1　不完整水价对水资源利用的影响

为 P_p，Q_p，*MSC* 为使用水资源的边际社会成本曲线，社会期望的水价和对水资源的需求量为 P_s，Q_s。若按边际社会成本与边际收益来定价，水价应为均衡点 *E* 所对应的价格 *Ps*，它高于按边际私人成本定价的价格 P_p，从而按边际社会成本曲线定价导致的对水资源的需求要小于按边际私人成本曲线定价导致的对水资源的需求。按边际社会成本定价的收益为 $OAEQ_s$，而成本为 OEQ_s，净收益为 *OAE*；如上所述，按边际私人成本定价的收益为 $OABQ_p$，而成本为 OBQ_p，净收益为 *OAB*。因此，$OAB - OAE = OBE$ 即为社会的损失。即由于水价与用水成本的偏离，忽略对水资源社会和环境价值的补偿，使外部性成本不能内化①。

以上分析说明，如果水价低于水成本，水资源的耗竭速度和紧缺程度就不能用价格信号准确地表达出来，水资源耗竭的变化不能真正反映在成本中，因而难以用经济手段加强对水资源的管理和保护，导致经济主体在决策上不考虑水资源耗竭的损失，难以形成水资源集约利用的激励。具体地说，合理的水价在水安全管理中的作用如下。

9.2.1　抑制水资源的过度利用

传统观点认为，水资源是“取之不尽，用之不竭”的天赐资源，是不需要按照一定的价格付费的。水资源的无偿使用刺激了经济主体对水

---

①　高明、刘淑荣：《价格调节与水资源集约利用》，《农业现代化研究》2006年第1期。

资源的低效率掠夺性开发，严重威胁了水资源的可持续利用。建立合理的水资源价格既是对传统用水观念的一种纠正，也是水资源有偿使用的具体体现。通过合理的水价，能够改变经济主体的成本收益结构，减少低效率用水，抑制水资源的开发速度和规模，避免水资源危机进一步恶化。

9.2.2 引导水资源的优化配置

各国水资源管理的实践表明，充分发挥市场机制的作用是引导水资源优化配置的较好形式，价格对稀缺资源的有效配置起到了关键的作用，价格信号可以引导经济主体将资源投入到最有效率的用途上。在水资源管理上，水价能对用水主体产生激励和约束作用，使用水向效率高的方向转移，达到优化配置。

9.2.3 有利于水资源的需求管理

传统的水资源管理方式重视供给管理，忽视需求管理，随着水资源短缺程度的加剧，水资源管理方式也从传统的管理方式向供给与需求管理并重的方式转变。所谓水资源的需求管理是指在水资源供给量为既定的前提下，通过各种手段调节用水需求量以保证供需平衡。在水资源的需求管理中，水价能抑制用水户的浪费行为，有效调节水资源的需求量。

9.2.4 促进节水技术的采用

通过建立需求价格弹性函数进行水价研究，理论上得出合理水价可以抑制农业需水。水价过低会使农业灌溉水价起不到农业节水和高效用水的杠杆作用（赵江燕、裴源生、毛春梅等）。[①] 在内蒙古河套灌区进行的相关研究同样表明，在水价合理的情况下，全流域有 57.53% 的农户会选择节水灌溉方式。上、中、下游地区选择进行节水灌溉的农户比例都比较高，超过了 50%。特别是中游地区，选择进行节水灌溉的农户比例达到了

---

① 赵江燕：《国内农业灌溉水价研究综述》，《甘肃农业科技》2006 年第 4 期；裴源生、方玲：《农业水价调整与节水的定量关系研究》，www. chinawater. net. cn/jieshui/2002；毛春梅：《农业水价改革与节水效果的关系分析》，《中国农村水利水电》2005 年第 4 期。

62.84%。这表明水价作为水资源管理的有效经济手段，在诱导农户节水行为方面还是有效的（于法稳等）。[①]

9.3　农业水资源价格的历史与现状分析

根据《水利工程供水价格管理办法》，水利工程供水对象可分为农业用水和非农业用水。其中，农业用水是指由水利工程直接供应的粮食作物、经济作物用水和水产养殖用水；非农业用水是指由水利工程直接供应的工业、自来水厂、水力发电和其他用水。按照农业本身的行业分类，农业有大农业（指农林牧渔业，即产业结构中第一产业的内容）和小农业（仅指种植业及其他农业），因此，农业用水也就有大农业用水和小农业用水之分，大农业用水包括农田灌溉用水和林牧渔用水，小农业用水则专指种植业用水，即农田灌溉用水。根据 1998～2002 年中国水资源公报统计数据，全国各年农业生产用水占总用水量的比例均在 60% 以上，其中农田灌溉用水的比例最大，占农业生产用水的比例均在 80% 以上。[②] 因此，本文主要针对灌溉水价进行研究。

9.3.1　我国农业水资源价格的历史变化

新中国成立以来，我国农业水资源价格先后经历了公益性无偿供水、政策性有偿供水及水价逐步改革并向供水真实成本接近的几个阶段。

第一个阶段：1949～1965 年，公益性供水阶段。在这一阶段，灌溉被视为“福利”，水利工程运行管理和维护费基本靠国家拨付的水利事业费解决。

1949 新中国成立以后，政府为了促进农业发展，实行公益型供水，基本上不收取水费。这一期间，全国范围内修建了大批水利工程，水利管理单位的经费和工程维修费基本靠国家拨付的水利事业费解决。

直到 1964 年，水利电力部召开了全国首次水利管理会议，提出了

① 于法稳、屈忠义、冯兆忠：《灌溉水价对农户行为的影响分析——以内蒙古河套灌区为例》，《中国农村观察》2005 年第 1 期。

② 陈丹：《南方季节性缺水灌区灌溉水价与农民承受能力研究》，河海大学博士学位论文，2007。

《水利工程水费征收使用和管理办法》，这是新中国成立后我国第一个有关水价制度的重要文件，它确立了按成本核定水费的基本模式，从而结束了中国无偿供水的阶段。该《办法》提出水费标准应当按照自给自足、适当积累的原则，并参照受益单位的情况和群众的经济力量合理确定。

第二个阶段：1965～1985年，政策性低价供水阶段。

1965年，国务院批转水利电力部制订的《水利工程水费征收、使用和管理试行办法》，这是我国第一个有关水价政策的重要文件，规定了受益单位需要支付水费，并确立了按成本核定水费的基本模式。在人民公社化的管理体制下，农田牧场和水利工程中除一些大中型跨流域的水利工程管理单位收取水费外，大多数水利工程均不计收水费。也正是由于实行无偿供水或低价供水，当时各水利工程管理单位勉强维持运行，没有资金进行工程维修和改造。

1980年水利部组织对华北、中南、西北一些省市的256个大型水利工程供水成本进行了调查，在调查研究中首次提出了“水的商品属性”概念，为有偿供水奠定了理论基础。同年国务院提出“所有水利工程单位，凡是有条件的要逐步实行企业管理，按制度收取水费，做到独立核算，自负盈亏。”1982年中共中央一号文件指出：“城乡工农业用水应重新核定水费。”1984年7月，中共中央书记处纪要提出“要修订水费标准，拟定全国征收水费的原则，对提高水费以后发生困难的地区和部门，要进行补贴，宁可将水费补贴在明处”。1984年冬水利电力部拟定了《重新核订水利工程收费制度的暂行规定》上报国务院，1985年7月22日经国务院批准并以国发【1985】94号文《关于水利工程水费核订、计收和管理办法的通知》转发全国遵照执行，其主要内容是：为合理利用水资源，促进节约用水，保证水利工程必需的运行管理、大修和更新改造费用，以充分发挥经济利益，凡水利工程都应实行有偿供水。工业、农业和其他一切用水户，都应按规定向水利工程管理单位交付水费。

第三个阶段：1985～2000年，水价改革起步阶段。

1985年，国务院颁布了《关于水利工程水费核定、计收和管理办法》（国发【1985】94号），规定“水费标准应在核算供水成本的基础上，根据国家经济政策和当地水资源状况，对各类用水分别核定”。文件的颁布使我国的水利工程供水由低标准收费，逐步进入了核算成本、按量收费的

新阶段。但在 1985 年全国各地基本完成了家庭联产承包责任制后，农户经营规模变小，农民对农业节水等基础水利设施的投资能力减弱，再加上水土资源条件的限制，各地有效灌溉面积增长极为缓慢，农业水费收入遇到困难。

1988 年颁布的《中华人民共和国水法》规定："使用供水工程供应的水，应当按照规定向供水单位缴纳水费。"这是中国最高立法机关对水利工程供水实行有偿收费的重要法律，是依法制定水利工程供水水价制度的基础。1990 年后，非农用水逐年增加，与农业争水的矛盾日益显现；水价长期低于供水成本，供水单位的财务状况变得越来越差；许多灌区亏损严重，水利工程老化失修。1991 年水利部制订了《乡镇供水水价核订原则（试行）》，明确了乡镇供水是农业社会化服务体系的重要组成部分，实行有偿供水，促进了水价改革工作。

1997 年 10 月国务院颁布了《水利产业政策》（国发【1997】35 号），第十六条规定，"新建水利工程的供水价格，按照满足运行成本和费用，缴纳税金、归还贷款和获得合理利润的原则制定。原有工程的供水价格，要根据国家的水价政策和成本补偿、合理收益的原则，区别不同用途，在三年内逐步调整到位，以后再根据供水成本变化情况适时调整。""根据工程管理的权限，由县级以上人民政府物价主管部门制定和调整水价。"此后，中国水价改革步入了快速发展的新时期。1999 年水利部印发《水利产业政策实施细则》（水政法【1999】311 号），也要求现有水利工程的供水价格应在 2000 年以前调整到位。但囿于当时计划经济的历史条件，《水利部农业水费收取管理办法》将农业水费按行政事业性收费进行管理，而由于农业用水的特殊性，农业水费一直没有调整到位。

第四个阶段：2001 年至今，水价改革推进阶段。

2001 年，国家发展计划委员会会同水利部、农业部印发了《关于改革农业用水价格有关问题的意见》，该文件对农村供水体制以及水价管理存在的问题、改革农业水价的基本原则和思路、农业水价改革具体实施意见以及配套措施进行了说明；试图在充分考虑农民承受能力的基础上，通过建立科学合理的农业水价形成机制，提高农民的节水意识，促进农业灌溉方式的转变，达到节约用水的目的；并提出改革农业水价必须与改革农业供水体制和改造农业灌渠、改善计量手段等统筹安排、配套实施。

2002年3月，国家发展计划委员会发布了《关于改革水价的指导意见》，主要内容包括：妥善处理农业水价改革与农民承受能力的关系。农业用水价格也要在清理整顿中间环节乱加价乱收费的基础上适当调整，但要注意农民的承受能力。可以考虑对农民采取核定合理灌溉用水定额，定额外用水较大幅度提价的办法。

2002年新《水法》把节约用水放在了突出位置，用法律形式确定了取水许可证、水资源有偿使用等制度。2002年《水利工程管理体制改革实施意见》（国办发【2002】45号）把“建立合理的水价形成机制和有效的水费计收方式”列为水管体制改革的重要目标之一，提出：“水利工程供水水费为经营性收费，供水价格要按照补偿成本、合理收益、节约用水、公平负担的原则核定，对农业用水和非农业用水要区别对待，分类定价。农业用水水价按补偿供水成本的原则核定，不计利润。农业水价要根据水资源状况、供水成本及市场供求变化适时调整，分步到位。”

针对农业产业作为弱质产业，需要国家扶持的实际情况，2004年1月国家发改委和水利部联合颁布了《水利工程供水价格管理办法》，该《办法》把农业用水定位为一种特殊商品，明确规定在核定农业水价时不计税收和利润。新的办法规定农业用水按全部供水成本、费用核定水价，比过去价格水平略高。

9.3.2 我国农业水资源价格的现状分析

（1）我国的农业水资源价格改革：两难境地

农业水资源的服务对象是以粮食生产为主的弱质产业——农业，使用者是社会中的弱势群体——农民。稳定和增加粮食等农产品产量，不仅是农民换取经济收入的需要，也是保障国家粮食安全满足全体社会成员对农产品需求、维持社会正常秩序的需要。表面上看，农业水资源的使用者和直接受益者是农民，实际上全体社会成员都间接受益。作为公益性较强的农村准公共产品，其供给的主要责任是政府。世界上几乎所有国家政府都把农业水利设施建设和保障其服务功能的成本费用补助纳入公共政策。WTO规则中的“黄箱政策”也允许政府对灌溉给予补贴。

农民是农业水价承受的主体，国内对灌区水费占农业生产成本、产值、净收益比例的分析研究结果表明，农业水费占农业生产成本的比例已

经不低了，再推进以全成本为核心的农业水价改革，可能会影响粮食生产。因此社会各界呼吁取消农业水费的呼声也越来越高，认为政府现在大力扶持“三农”工作，农业税都免了，而且种粮还给补助，为什么还要收水费。

然而，由于农业水价偏低，存在“大量取水、大量供水、大量跑水漏水”的现象，据研究：国内各主要灌区的渠系利用系数只有 0.4 ~0.6；引黄灌区下游的输水损失达 30% ~50%；河西走廊的一些渠道，水量损失高达 60% ~80%；[①] 全国农田灌溉用水量几乎超过农作物合理灌溉用水量的 0.5 ~1.5 倍，灌溉用水的利用系数仅为 0.3 ~0.4。[②] 如果不进行农业水价改革，农民和农业水管理单位都没有节水积极性，继续采用大水漫灌的方式，不利于农业水资源的保护。

（2）目前我国的农业水资源价格存在的问题

①农村税费改革对农业水价的影响。农村全面取消农业税和“两工”后，对农业水价带来了较大冲击。量多面广的支斗渠以下的农田水利工程依靠农民义务投资，计划时期农田水利工程由“国家补助 + 农民投工投劳”建设，供水不收费或少收费；改革开放后，农业灌溉水价实行“部分成本价 + 农民义务工 + 劳动积累工”的形式，农田水利工程主要靠“二工”来维护；但农村税费改革以后，投劳失去了来源，实际上提高了以建设和管护农业水利工程为目的的农业水价，农户的水费支出比以前增多了。

②农业比较收入低，农民缴纳水费的意愿不高。有些地区青壮年农村劳动力很多去“打工”，种地已经成了副业，也不是家庭的主要收入来源，当然农田水利建设和缴费的积极性都不高。

③农业水价制定的不合理。有些灌区管理局或水务部门在成本核算上模糊，造成农业水价不合理升高。

④农业水价计价方式单一。大部分农业水价仍然执行单一标准，两部制水价、超定额用水累进加价和丰枯季节水价等计价方式没有得到推广，不利于农业节水。

---

① 姜东晖：《农用水资源需求管理理论与政策研究》，山东农业大学博士学位论文，2009。

② 姜文来：《21 世纪中国水资源安全战略研究》，http：//capital. hwcc. gov. cn，2004. 1. 15。

表 9-1 农业水费的征收方式

农业水费的征收方式	具体内容
单一计量水价	按照用水量的大小计收水费，优点是易于收费管理，但没有考虑不同用户之间、不同时间段之间的差别
按照灌溉面积固定收费	不考虑用水量的变化，用户每月或每年按照灌溉面积支付一定费用。由于征收方便，应用较为广泛。但此种形式不利于节水
"两部制"水价	计量水价和基本水价相结合的一种收费方式。在某一用量以下，收费为固定值，不随着用水量的变化而变化，而超过这个用水量，将按照用水量收费。
递增水费（阶梯制水价）	也叫累进制水价，随着用户用水量的增加，单位水价上升，用户用水越多价格越高，因此，有利于节水
季节水价	水价随着季节变化。供水的边际成本上升，水价就提高。能灵活反映供求关系和水资源稀缺程度

⑤末级渠系水价混乱。许多地区末级渠系水价未纳入政府管理范围，农业供水的管理层次和环节较多，水费收取不规范。农村乡镇以上供水渠系由国有水管理单位管理，价格由政府价格主管部门核定；乡镇以下供水渠系由基层政府自建自管，水费由乡村干部代收。由于缺乏监管，普遍存在中间加价和搭便车行为。农业供水中，一方面，国有水管理单位收缴水费困难，实收率低，出现供水经营者亏本运行；另一方面，由于监督不力，乱加价、乱收费现象严重，基层政府和有关部门多收少付，坐支挪用，加重了农民负担，农民实际负担水费却居高不下，导致末级渠系得不到正常的维护管理。①

9.4 关于最佳农业水价的分析

9.4.1 农业水价最佳点的确定

从根本上说，资源使用应该追求帕累托优化②目标。如果通过资源配

① 朱杰敏、张玲：《农业灌区水价政策及其对节水的影响》，《中国农村水利水电》2007 年第 11 期。

② 经济学家帕累托提出了作为资源配置评价标准的帕累托最优（Pareto Optimum）准则：一个经济系统的资源配置如果达到如下状态，即在社会成员的福利都不减少的条件下，已经无法通过生产与分配的更新安排和组合来增加任何社会成员的福利，这时资源配置就达到了最优状态，也即帕累托最优状态。

置的制度设计使一个经济系统的资源配置向帕累托最优状态逐步改进，称为帕累托改进，也称为帕累托优化。从经济学角度分析农业水资源价格改革的帕累托改进方向，如图 9-2 所示。图中 *AC*、*MC* 分别为供水单位的供给平均成本和边际成本曲线，均有随供水量增加而提高的趋势；*K*、*MR* 分别为用水者的需求和边际收益曲线，其均有随用水量增加而下降的趋势。在自由竞争条件下，在供水方的边际成本曲线 *MC* 与用水方的需求曲线 *K* 的交点 *C* 确定水价 P_2，根据福利经济学第一定律，水资源总供给与总需求达到均衡，社会总效用最大，此时的水资源配置达到帕累托最优化，水资源得到合理利用和达到节水的效果，这就是应追求的最优水价。[①]

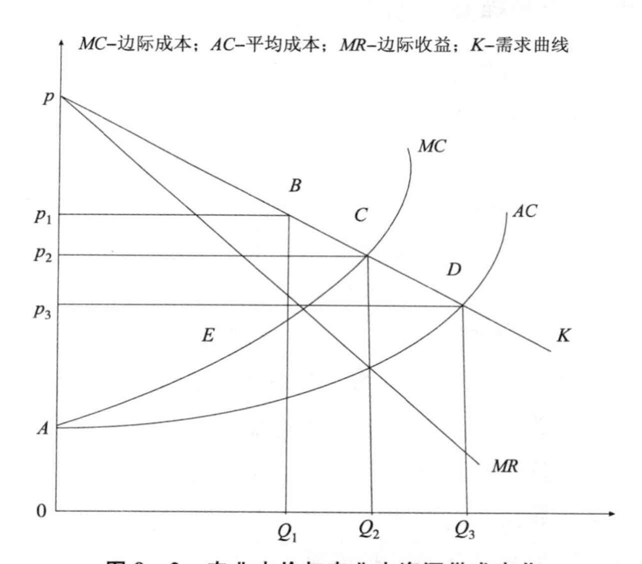

图 9-2　农业水价与农业水资源供求变化

但是如果政府不进行管制，任凭供水经营单位随意定价，它们会在边际成本 *MC* 等于边际收益 *MR* 处的 *E* 点决定其最佳供水量 Q_1，并按用水者的需求曲线抬高水价确定其垄断价格 P_1，以追求利润最大化获得超额利润。这虽节约用水，但却将严重损害农民利益。因为供水单位具有自然垄断性质，完全由市场定价并不是帕累托优化。因此，需要政府的限价。

① 马孝义：《基于帕累托优化的农业用水定价机制与模型研究》，《科技导报》2006 年第 10 期。

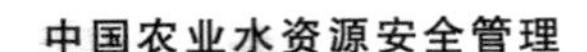

在平均成本曲线 AC 与需求曲线 K 的交点 D 处决定水资源价格 P_3。对农户来讲，福利剩余比 C 点大，他们乐意接受，但这不利于农业节水，此时供水单位的赢利为零，影响了供水能力。

但在现实中，边际成本曲线 MC 和需求曲线 K 很难定量计算，尤其农业供水单位具有区域的自然垄断性，农户是一家一户分散的个体，农户并不掌握议价权利，因此，从这个意义上说并没有绝对的农业水价最佳点，或者说很难找到这个确切的点。需要政府从保护农民利益和节水双重目标考虑，利用行政管理与市场调节作用，确定农业水价的最佳平衡点。

9.4.2 农业水价的确定分析

（1）从供水单位角度分析

如果从社会效率角度考虑（如图 9－3），农业供水的水价应等于长期边际成本，即实行边际成本定价。此时，农业水价为 P_3。但这样会导致农业供水单位的亏损，亏损额为 $fdeP_3$，供水单位不会有生产积极性。为了满足资源配置最优的目标，政府必须给予供水单位一定的补贴，才能保证继续经营下去。如果按供水单位边际收益等于边际成本定价，定价为 P_1，此时，供水单位会获得 $abcP_1$ 的超额利润，但产出水平 Q_1 较低。如果实行平均成本定价，即定价为 P_2，供水单位只能获得平均利润。

从实际情况看政府和农业供水单位是委托—代理关系。按照信息经济学的观点，代理人具有信息优势，委托人具有信息劣势。[①] 在边际成本定价下，供水单位会凭借其掌握成本信息的有利条件，有可能更多地依靠与政府机构的讨价还价而不是通过积极降低成本来谋求更多的利益。因为政府在一定程度上很难确定供水单位的亏损是由于其定价太低还是由于经营管理无效率造成的成本上升。在这种机制下，供水单位的经营管理人员不仅不会控制和降低生产成本，反而会人为增加生产成本。因此，边际成本定价不会使供水单位产生成本节约的激励。

在平均成本定价下，供水单位能够获得平均利润，在这样的约束条件下，供水单位一方面会减少耗损以免带来亏损，另一方面会尽量节约成本

---

① 肯尼思·阿罗：《信息经济学》，何宝玉等译，北京经济学院出版社，1989，第 157～193 页。

以便获得短期的超额利润。因此，在供水单位具有较强垄断性的条件下，平均成本定价是基于水资源供给角度的水价制定的一个次优选择。与边际成本定价相比，图 9－3 中 agih 部分为实行平均成本定价后社会福利的增加。

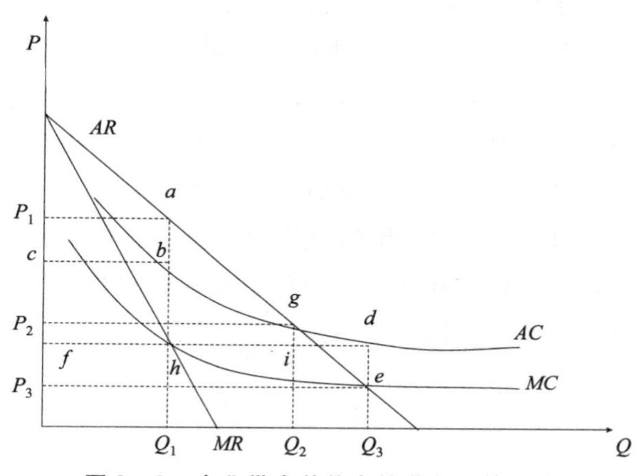

图 9－3　农业供水单位自然垄断下的定价

（2）从农户角度分析

农户对农业水的消费程度一方面要依赖于作物对水的需求状况，另一方面要考虑其本身的经济承受能力。图 9－4 为农户对灌溉水的需求曲线。水价 P_b所对应的用水量为 Q_b，Q_b包含两部分用水量，一部分是满足作物生理需求所需要的用水量 Q_a，另一部分是由于水价太低不能产生节水激励而采用大水漫灌等落后灌溉方式所浪费的水量 Q_b-Q_a（其中包括计量设施落后和渠道渗漏造成的水资源浪费）。当水价从 P_b降到 P_c时，水量浪费继续增加。当水价从 P_b提高到 P_a时，用水量逐渐减少，最终达到 Q_a。在 Q_a时的用水量是作物必需的用水量，理论上不存在水资源的浪费。当水价在 $P_a'-P_a$这个区间内变动时，假设水价在农户的经济承受能力范围内，农户对水的需求不仅有购买欲望，而且有支付能力。因此，水价在 $P_a'-P_a$区间的变化不会对用水量产生影响（或产生的影响极小），即农业用水的需求价格弹性接近于 0。当单位水价等于单位水的边际产值时，即单位水价在 $P_a'-P_a$的某一点时，农户生产利润达到最大。

当水价在 P_a-P_m区间内变化时，价格对水需求的影响变得十分敏感。

在这个区间内，农户用水量小于作物的最低生理需求量，这势必会导致作物减产。农户在由于多浇水而增加的水费支出与多浇水而增加的作物产出之间进行权衡，当单位水价大于单位水的边际产值时，农户多浇水而增加的水费支出将大于多浇水而增加的作物产值，则农户会减少灌溉水的需求；当单位水价小于单位水的边际产值时，农户多浇水而增加的水费支出将小于多浇水而增加的作物产值，则农户会增加灌溉水的需求。在 $a-m$ 区间内，作物的市场价格对农户的水需求选择也会产生重要影响。如果农户种植的作物市场价格水平高，那么，农户多浇水而增加的水费支出一般会小于多浇水而增加的作物产值，此时，农户可能会增加水的需求（尽管水价超出了其承受能力）。如果作物价格较低，农户多浇水而增加的水费支出一般会大于多浇水而增加的作物产值，农户会尽量减少水的需求，甚至不浇水（当水价达到 P_m 时）。

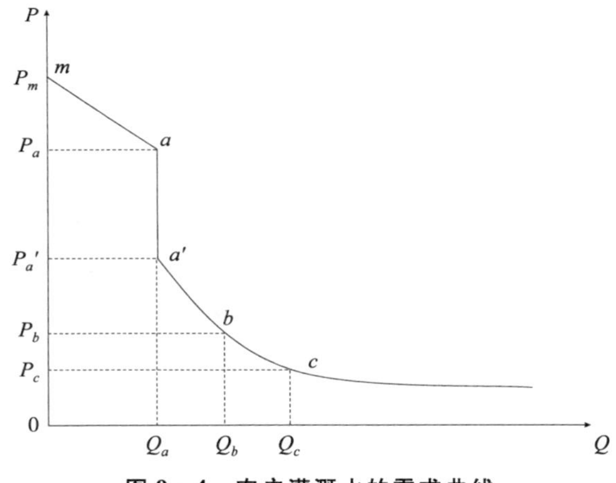

图 9－4　农户灌溉水的需求曲线

不同学者对我国农民对水价的承受能力认识不尽相同，但很多人认为承受能力不高，相对讲农业水价已经很高了。贾大林、姜文来①认为，由于我国工农业剪刀差的存在，农民的收益相对较低，客观上导致了农民的

① 贾大林、姜文来：《农业水价改革是促进节水农业发展的动力》，《农业技术经济》1999年第5期；姜文来：《农业水价承载力研究》，《中国水利》2003年第11期。

承受能力极其低下。沈大军、郭善民、苗慧英、廖永松等[①]等认为，农民以水费形式支付的费用比例已经相当高，农民的水费负担较重，灌溉水价上涨空间有限。赵连阁对水价和水稻种植关系的研究认为，提升灌溉水价会直接导致水稻种植成本提高，而灌溉水价提升的直接后果是水稻种植面积减少。灌溉耕地在满足中国日益增长的粮食需求方面还将发挥重要作用，如果任由中国水稻种植面积持续减少，必将对中国的粮食安全产生一定的负面影响。[②]

由以上分析可知，在制定水价时，要考虑农户的经济条件、农作物的生理需求和市场价格，以便确定既保证农户在经济上能够承受，又能反映农户用水需求的合理的水价结构。

（3）从供求季节性和地域性分析

由于农业水资源需求的季节性和不同地域水资源供给量的不同，在缺水的季节和地区，供水的边际成本随供水量的提高而提高，这时在需水的高峰期（即峰荷期）提高水价可以减少消费量。同理，当需求水平较低时（即基荷期），降低价格能鼓励消费并利用供水单位闲置的生产能力。实行峰荷定价理论可以抑制峰荷期的用水需求和鼓励基荷期的需求，使供求双方获得的效用最大化。如图 9－5 所示，D_1和 D_2分别为基荷期和峰荷期的需求曲线，P_0是两个时期供水单位边际成本加权平均得到的价格。如果实行单一定价的方式，即整个需求周期都按照 P_0收费，那么基荷期和峰荷期的水需求量分别为 Q'_1和 Q'_2。如果实行峰荷期和基荷期分别定价，即在基荷期按 P_1定价，峰荷期按 P_2定价。那么，在基荷期消费者增加了 $Q_1-Q'_1$的消费，而在峰荷期消费者减少了 Q'_2-Q_2的消费。与单一价格 P_0相比，在基荷期消费者剩余增加了 P_0P_1CA 的面积，供水单位由于生产成本的增加，生产者剩余减少了 P_0P_1BA 的面积，则在基荷期的社会福利增加了 ABC 的面积。同样，在峰荷期的社会福利由于生产成本的降低而增加了

① 沈大军、阮本清：《黄淮海流域灌区农民灌溉水费支出的调查报告》，《中国水利》2001 年第 4 期；郭善民、王荣：《农业水价政策作用的效果分析》，《农业经济问题》2004 年第 7 期；苗慧英、聂建中、李素丽：《农业用水水价承受能力分析》，《南水北调与水利科技》2004 年第 3 期；廖永松、鲍子云、黄庆文：《灌溉水价改革与农民承受能力》，《水利发展研究》2004 年第 12 期。

② 赵连阁：《灌区水价提升的经济、社会和环境效果——基于辽宁省的分析》，《中国农村经济》2006 年第 12 期。

EFG 的面积。因此，实行峰荷期和基荷期分别定价，可以使社会总体福利水平增加。由以上分析可知，取消单一定价制度，依据不同地区、不同季节和不同作物品种的不同用水需求实行峰荷水价和基荷水价可以达到提高用水效率、缓解供水单位供水压力的目的。

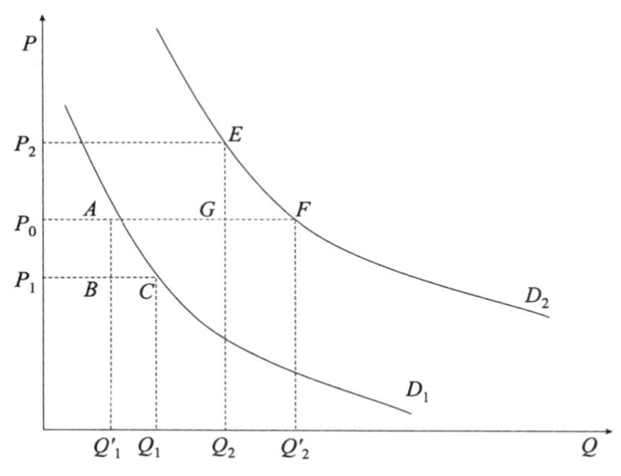

图 9－5　峰荷期与基荷期的水价制定

（4）从农户基本需求和超量需求角度分析

由于农业生产用水需求都有一个最低限，是在保证作物产量的前提下，满足作物生理需要的水需求。这一部分用水对于农户来讲，几乎是没有弹性的。超过基本需要的水需求，用水户的需求弹性较大。针对这一部分水需求，可以通过实行两部制水价和累进制水价（即超量用水加价），来抑制用农户的超量需求，起到节约用水的作用。

以农业灌溉用水为例，来分析实行两部制水价和累进制水价对供水单位和农户福利的影响。如图 9－6 所示，曲线 D 为一定区域内所有农户水需求曲线的加总，曲线 S 为区域内供水单位的供水曲线。P_0为在考虑满足作物生理需求（也包括输水工程的损失量和灌溉工程地下渗漏量等）及农户承受能力、供水单位正常运行所需人员工资和管理费用前提下的“政策水价”。在 P_0价格下，农户用水量为 Q_0，即满足作物生理需求和正常损失条件下的用水量。在农户用水量超过 Q_0的情况下，如果仍实行 P_0的定价，则农户的用水量会增加到 Q_0'，即增加了 $Q_0'-Q_0$的消费。此时，也会导致供水生产成本的提高。在农户的用水量超过 Q_0的情况下，根据水资源供求

实行 P_1 的定价，与实行单一定价 P_0 相比，实行两部制水价（即水使用量在 Q_0 以内，实行 P_0 的定价；在使用量超过 Q_0 以后，实行 P_1 的定价），社会福利净增加为 $FEAC$ 的面积；如果把使用量超过 Q_0 以后的用水量实行 P_2 的定价，社会福利净增加为 $GHAC$ 的面积；当把使用量超过 Q_0 以后的用水量实行供求均衡所决定的价格，即 P_3 时，社会净福利的增加达到最大，为 ABC 的面积。因此，实行两部制水价或累进制水价（累进制水价的福利分析与两部制水价相同），一方面，可以抑制农户用水；另一方面，可以减少供水单位的生产成本，增加利润。

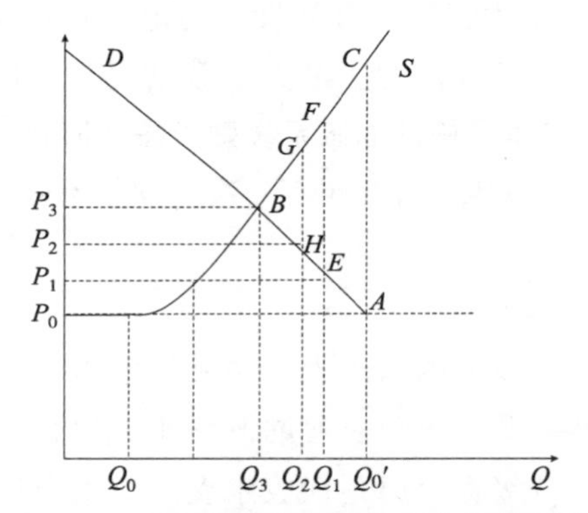

图 9-6　两部制水价和累进制水价的制定

9.5　农业水价政策的改革与创新

9.5.1　国外农业水价的介绍

以下选择几个国家的农业水价执行情况进行介绍，以期对我们有借鉴意义。各国实行的水价形成机制不尽相同，但农业水价的确定均考虑用户的承受能力。美国采用“服务成本 + 用户承受能力”定价；加拿大全部实行政府补贴的政策性低水价；法国、英国、澳大利亚、印度、菲律宾、泰国、印度尼西亚等普遍采用用户承受能力定价模式。由于农业的基础性地位，大部分国家对农业用水有一定的政策倾斜，通常对灌溉用水实行高额补贴，工程投资与维护管理费主要依靠政府补助。灌溉水价的实施方式一般可分为计量水价和非计量水价。通常计量水价可以促进节水和实现水资源最

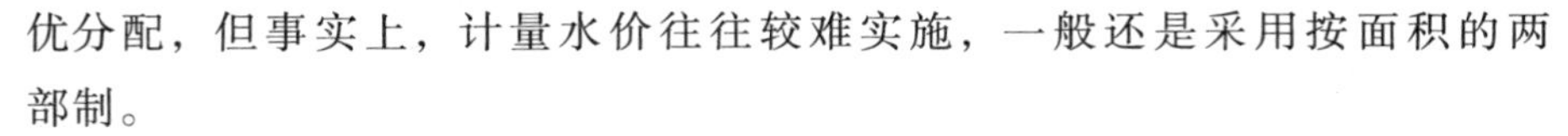

优分配，但事实上，计量水价往往较难实施，一般还是采用按面积的两部制。

（1）印度的农业水价

作为一个农业大国，印度法律规定，农业水价的制定和计收统一由各邦负责，水费收入的估算和计收一般由各邦的灌溉或者税务局负责，灌溉水费与灌溉工程的运行和维护费用之间没有直接的联系。其水费收取一般有如下原则：水费在任何情况下不得超过农民增收的净效益的50%，一般在20%～50%之间；在缺乏灌溉前和后的单位土地面积作物产量对比的情况下，可以根据作物总收入制定水费标准，可控制在5%～12%之间，上限适用于经济作物。绝大多数情况下，印度农业水价按耕地面积计收水费，但有量水设施的灌溉系统则应按实际供水量为依据，还有一些灌区实行合同水费，每年或者几年订一次合同，不管用水与否，均按照合同缴纳水费。①

（2）以色列的农业水价

由于缺水而且半数以上的国土为干旱和沙漠地区，在以色列水被认为是国家最珍贵的自然资源。对于农业灌溉用水，以色列实行分段制配额水价，超出配额用水按分级提价原则征收水费。所谓分段制配额水价是指将配额用水量分为两部分，按不同的水价收费。例如，1992年以色列对农业用水配额水量的前50%定价为每立方米0.1美元，其余部分定价为0.14美元，其目的是为了改变农业种植结构，促进节水。对于超出配额10%以内的用水，定价为每立方米0.26美元，再多的超额用水每立方米0.5美元。实践证明：以色列实行的用水配额制度和水价政策是切实可行的，它不仅基本满足了以色列各行业的用水需求，而且激励了农业采用节水灌溉技术，使以色列成为国际上农业节水技术最先进的国家之一。

（3）巴基斯坦的农业水价

巴基斯坦灌溉取水收费有三种形式：计量收费、根据作物和土地类型收费、统一收费。由于计量收费开支巨大，很少农户根据用水量支付水费。大部分农民根据作物和土地类型支付水费。这种方式易于管理和操

---

① 许学强、李华：《试论新形势下农业水价改革》，载《中国水利学会2010学术年会论文集》（下册），2010。

作。桑德省实行统一收费，统一费用为前三年的平均水费，用平均水费除以耕地面积表示“单位生产指数”，总费用等于生产指数乘以灌溉面积。统一收费存在明显的缺陷，它意味着农民支付高回报作物与低回报作物相同的水费，加重了灌溉系统末端用户的负担，因为，末端用水户往往使用的水量较少。

在一些水资源较为短缺的国家，普遍实施了有利于提高水资源利用效率的水价体系。如累进制水价、两部制水价、季节差价、地区差价等。对农业供水实行优惠政策，政府明确给予农业补偿。

9.5.2　我国农业水价政策改革的原则

如前文所述，我国当前农业水价改革存在两难境地：在减免农业税的大背景下，提出减免农业水费；但当前农业用水效率低下，减免农业水费的时机尚不成熟，必须充分发挥价格促进节水的杠杆作用；由于农业水费是水利工程良性运行的重要保证，在尚未建立完善的农业灌溉财政补贴机制前提下，减免农业水费无疑是雪上加霜，可能造成水利工程的运行无法保证，甚至导致农业生产需要用水时无水可灌，对国家粮食安全造成严重威胁。

因此，我国农业水价制定应坚持以下原则：

（1）“补偿成本”原则。水价按成本核定，应作为定价的基本原则，以顺应价值规律，保证水管单位的正常运行费用和发挥价格的调节作用，促进节水用水。

（2）合理分摊原则。农业供水是一种准公益性商品，应该由政府和农民共同承担，考虑兼顾补偿成本和农民承受能力，合理分摊供水成本，原则上不增加农民负担。

（3）政府调控和市场调节相结合。农业水费是经营性收费，是农业生产成本，用水应当支付水费。但农业用水是一种特殊商品，具有公共物品的特征，需要政府调控，甚至由政府补贴部分水费。

9.5.3　我国农业水价的政策创新内容

（1）实行“两部制”农业水价

两部制水价是计量水价和基本水价相结合的一种水费计收办法，在某一用水量以下，收费为一固定值，不随用水量的变化而变化；超过这一用水量，将采用按方计费甚至推行农业用水超定额累进加价制度[①]。这种价格模式，既考虑了农业弱质产业的特点，又兼顾了节约水资源的要求，体现了一定的公平性，即它首先必须满足农业用水需求，同时，又能够体现一定的效率原则，能够切实调控水资源的需求，通过一定的加价收费方式，对超额用水实行反向激励。

然而，在“两部制水价”模式中，由于不管使用量多少，都要征收固定费用，显然会增加农业用水户的负担，可能会导致更多的消极影响。特别是对于那些用量少的用户来说，会觉得与自己的使用量相比，显失公平。因此可采取“选择性两部制水价”模式，在一定程度上解决这一问题。

图9－7显示了按使用量定价的价格曲线 L_1 和按二部制定价的价格曲线 L_2。其中，曲线 L_2 的斜率表示传统的两部定价中的从量定价，而0B 则表示传统的两部制定价过程中一定范围内的基本费定价。可以看出，在需求量比 L_1 和 L_2 的交点 A 对应的 Q_1 更大的情况下，实行传统的两部制定价比一般从量定价对农户是有利的；当需求量比 Q_1 点小时，实行从量定价比传统的两部制定价来说对居民更有利。因此，现实中可以选择图中 OAC 所表示的曲线定价模式，称为选择性两部制定价模式。与传统的两部制定价相比，这种模式能够使农户实现更大的福利；在此基础上，对于那些大量用水的农业生产者，则可采取能够完全收回成本的传统两部制水价。该种价格模式是相对比较可取的。

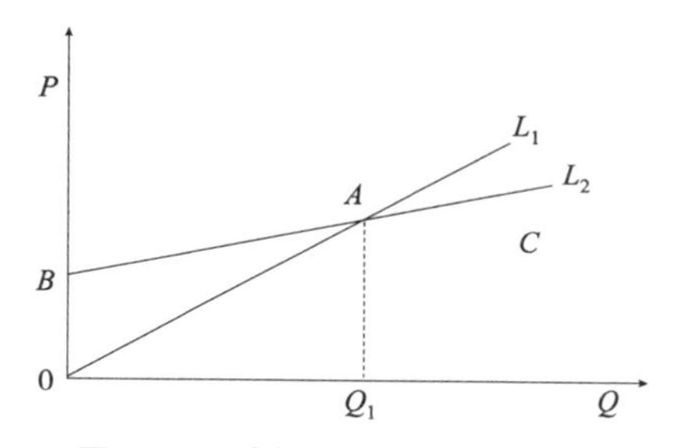

图9－7　选择性两部制农业水价

① 此制度是对农业用水户的合理、基本用水（也就是用水定额内的用水）实行正常的价格，对农业用水户超过合理水平的用水（也就是超过用水定额的用水）实行较高的水价，超额用水量越多，水价越高。

两部制水价标准核算方法：

基本水费：按供需双方核定的有效灌溉面积和政府核定的基本水价标准计收。

定额内计量水费：按政府核定的计量水价标准和实际用水量计收定额内水费。

超定额部分计量水费：按照超用水量的分级、加价幅度和政府核定的计量水价标准计收超定额部分水费。

计算公式如下：

水费总额 = 基本水费 + 定额内计量水费 + 超定额部分计量水费；

基本水费 = 有效灌溉面积 × 基本水价；

定额内计量水费 = 计量水价 × 实际用水量；

其中：实际用水量≤有效灌溉面积 × 用水定额；

超定额部分计量水费 = 第一级超用水量 × 计量水价 × k_1 + 第二级超用水量 × 计量水价 × k_2 + … + 第 n 级超用水量 × 计量水价 × kn；

其中：第一级至 n 级超用水量是指用水分级；k_1、k_2…kn 为加价的比例或倍数。

（2）建立农业水价合理分担机制

农业水价是指单位立方米水量的价格，其与农业水费是两个不同的概念。农业水价改革是一个复杂的过程，涉及供水单位、农民、地方政府、国家等多方因素，而且农业用水本身就存在特殊性。长期以来，农业都是一个负重的行业，巨大的“工农剪刀差”让农业承受了不应有的重负，农业成为国民经济中的弱质产业。农业水价合理分担是指由国家、地方政府、农民及农业用水受益者等组织或个人共同合理负担农业供水成本（姜文来）。之所以进行农业水价分担，是因为农业用水具有多功能性，受益者是多方的，完全由农民承担供水成本是不合理的，由受益者共同合理分担成本才是科学的。通过农业水价合理分担以后，农业供水成本可以得到回收，能够及时补偿维修改造资金缺口，农田水利设施得到有效的维护，农业用水效率会得到一定程度提高，形成“农业水价机制—农业水资源保护—粮食安全”的良性循环。

（3）确定合理的农业水价补偿办法

从各国的情况看，政府往往需通过供水实现一定的政策及社会目标，不可能使供水完全商品化，这样就必须将水的社会公益部分剥离出来，由政府承担。对农业供水而言，水成本补贴和水价格补贴实际上是对粮食价格的补贴。提高农业水价和政府对农民直补这一制度设计，本身具有很好的激励与约束作用。农民作为“理性人”受利益最大化所驱动，知道如何才能节水，同样，供水单位“理性人”也将通过降低供水成本，千方百计地实现更大利润。① 因此，采取提高农业水价、政府对农民直补的方法，是理性的政策设计。

如果根据农业水资源构成的全成本价格对农户征收水费，农民将很难接受，会挫伤农民的种粮积极性。因此，首先应该在核定水价并确定农业用水的价格后，确定两者之间的差额（即亏损额），在农业用水未能实现按成本收费之前，该亏损额需要由国家给予补偿。补偿的数额可以根据实际灌溉面积来确定，建议将补偿款直接补偿给农民，而不是补贴给农业水利管理单位。这样农业水利管理单位可以逐步提高水价直至按照成本水价收取水费，同时让农民意识到真实的水价，提高农民的节水意识，而农民承担的实际水费仍然在可以承受的范围之内。

另外还可以考虑运用“绿箱”政策②。对农业水利设施建设，加强政府财政补贴，主要由国家投资，农民不承担过多的农业水利公益性任务，而在农业水价核算上，国家对农业水利建设的投资与资产折旧费不加入到农业供水成本中。③

（4）推行“终端水价”

农业终端水价是指整个农业灌溉用水过程中，农民用水户在田间地头承担的经价格主管部门批准的最终用水价格，由国有水利工程水价和末级渠系水价两部分组成。在农业供水各个环节中，农业供水成本费用沿着干渠、支渠、斗渠和农渠逐级累加，在农渠出口处达到最大、形成农业终端

---

① 关良宝、李曦、陈崇德：《农业节水激励机制探讨》，《中国农村水利水电》2002 年第 9 期。

② WTO《农业协议》中规定，政府执行某项农业计划时，其费用由纳税人承担而不是从消费者转移而来，没有或者仅有最微小的贸易扭曲作用，对生产影响很小的支持措施，以及不具有给生产提供价格支持作用的补贴措施，均属于“绿箱”措施。

③ 李鹏、汪志农、李强：《大型灌区农业水价改革中存在的问题与对策》，《安徽农业科学》2008 年第 14 期。

水价。①

采用终端水价计价方式，农业用水从供水源头到用水地头只承担一个水价，可以有效遏制末级供水过程中搭车收费的问题。同时，采用终端水价可结合“国有水管单位 + 农民用水者协会 + 农户”的管理模式，推进农业用水计量收费，实行节约转让、超用加价的经济激励机制。

（5）推进农业水价计价方式改革

计收水费的方式分为单一制水价、两部制水价、超定额累进加价、阶梯水价、丰枯季节水价和季节浮动水价等。可根据水资源条件和供水工程情况实行不同计价方式；要将末级渠系水价纳入政府价格管理范畴，依据末级渠系的运行管理成本核定末级渠系水价，积极推行“一价到户、一票收费”的水价制度，实行开票到户，增加缴费透明度，遏制乱收费。另外，建立农户参与机制，如用户参与听证会，充分发表意见，用水者协会作为用户的代表直接参与水价的谈判等。

① 终端水价等于国有灌区工程供水成本费用与末级渠系合理费用之和除以终端计量点计量的水量，计算公式如下：$P=\frac{P_1W_1+P_2W_2}{W_2}=\frac{P_1}{\eta}+P_2$，式中：$P$——以灌区为单位的终端水价；$P_1$——国有水管单位支渠出口农业成本水价；$W_1$——国有水管单位支渠出口计量供水量的多年平均值；$P_2$——末级渠系供水费用；$W_2$——终端供水量，$0<W_2<W_1$；$\eta$——末级渠系平均水利用系数。

由于末级渠系大多属于政府出资、农民投劳修建，因此末级渠系供水费用一般不计算末级渠系固定资产折旧费。维修养护费用因工程所处区域而异，一般包括渠道清淤、除草、渠顶（坡）养护、渠道破损修补、裂缝处理、涵闸的维修养护、计量设施的维护等费用。

第 10 章

农业水资源安全的社会资本管理

在第 2 章中已经论述了农业水资源安全管理是一种集体行动，需要合作完成。社会资本理论是20 世纪 80 年代发展起来的，为人们提供了一个理解社会的新视角。它着力阐释如何解决集体行动问题，特别是社会公共管理领域的公共产品供给、共同利益协调等方面的问题。社会资本正是在公共产品供给困境研究中，发展成为有影响力的分析理论之一的，在其他领域也有应用。本章着重探讨社会资本机制在农业水资源安全管理中促成理性集体行动的功能，及其培育和应用。

10.1 社会资本理论概述

10.1.1 社会资本理论的观点

社会资本概念源于这样一种思想：非经济的社会关系对人们获取有价值的效益有着直接的影响。埃莉诺·奥斯特罗姆（Elinor Ostrom）认为，最早将社会资本看做是社会关系的功能，而且最接近于现代社会资本概念的研究至少可以追溯到汉尼凡（Hanifan，1920）关于满足个人的社会需要的讨论。当然，汉尼凡并没有在社会资本与其他形式的资本之间作明确比较，而是使用这个概念来形容生活的某些方面。他指出：善意、友谊、同情心以及构成社会纽带的个人和家庭之间的社会互动，可以产生人们在日常生活中有价值的东西，如不动产、个人财产或者现金。在汉尼凡之后研究者增多，下面介绍几位著名社会资本理论家的观点。

（1）布迪厄的主要观点

布迪厄（P. Bourdieu）把社会资本当成一种比喻用法，与其他多种多

样的“资本”形式一样，用这一概念来定义一种特定的关系。20 世纪 70 年代，布迪厄和帕瑟龙（Passeron）在《再生产》一书中，发展了社会资本的概念。他将资本看做是真正的实体，资本总量是在实际中发挥作用的一系列资源和权力，包括经济资本、文化资本和社会资本（P. Bourdieu，1984）。

布迪厄认为：“社会资本是实际的或潜在的资源集合体，这些资源与对某种持久性的关系网络的占有密不可分，这一关系网络是大家共同熟悉的、得到公认的，而且一种体制化的……集体的每一个成员都拥有这些资源。”（1997）他定义的社会资本概念有两个特征：第一，它是一种与群体成员资格和社会网络联系在一起的资源；第二，它是以相互认识和认知为基础的。“某一主体拥有的社会资本量取决于他能有效动员的关系网络的规模。”（Bourdieu，1986）

（2）科尔曼的主要观点

科尔曼（J. S. Coleaman 1990）从功能上界定社会资本：“社会资本是根据其功能定义的。它不是一个单一体，而是有许多种，彼此之间有两个共同之处：它们都包括社会结构的某些方面，而且有利于处于某一结构中的行动者——无论是个人还是集体行动者的行动。和其他形式的资本一样，社会资本也是生产性的，使某些目的的实现成为可能，而在缺少它的时候，这些目的不会实现。与物质资本和人力资本一样，社会资本也不是某些活动的完全替代物，而只是与某些活动具体联系在一起。有些具体的社会资本形式在促进某些活动的同时可能无用甚至有害于其他活动。”（科尔曼，1990）

科尔曼在《社会理论的基础》中，论述了社会资本的形式、特征以及社会资本的创造、保持和消亡的过程。科尔曼认为，社会资本有以下几种表现形式：一是义务与期望，在“相互服务”的社会结构中，人们相互之间形成的义务与期望构成有用的社会资本。对于这种形式的社会资本，社会环境的可信任程度至关重要。二是信息网络，个体可以利用自己拥有的已经存在的社会关系网络获取有利于行动的信息。三是规范和有效惩罚，这种社会资本不仅为某些行动提供便利，同时限制其他行动。四是权威关系，人们之间以控制权为基础的权威关系体现为社会资本，这种权威关系有利于解决共同性的问题。五是多功能组织，为某一目的建立的组织，可以服务于其他目的，因而形成了可以使用的社会资本，这种社会资本是人们因别的目的从事活动的副产品。六是有意创建的组织，在特定情况下，行动者为某一目的而创建的组织体现为社会资本，这些组织为行动者提供效益。其中，义务与期望、信息网络、规范和有效惩罚以及权威关系是社会资本的基本表现形式。

科尔曼认为社会资本不仅是增加个人利益的手段，也是解决集体行动问题的重要资源。正如奥斯特罗姆指出的，认识到社会资本对于集体行动的作用，对于集体行动理论及公共政策理论有着极为深刻的意义。

（3）帕特南的主要观点

美国哈佛大学的罗伯特·帕特南（R. Putnam）教授把社会资本概念带入了政治社会范畴。他在《使民主运转起来：现代意大利的公民传统》中，将社会资本概念扩展到民主治理中。在书中，帕特南这样定义：社会资本指的是社会组织的某种特征，如：信任、规范和网络，它们可以通过促进合作行动而提高社会效益。他认为，信任是社会资本必不可少的组成部分，信任是社会资本的一个重要要素，互惠规范、公民参与网络能够促进社会信任，它们都是具有高度生产性的社会资本。正是这样的社会资本使公民共同解决集体行动问题。社会信任、互惠规范以及公民参与网络是相互加强的，它们对于自愿合作的形成以及集体行动困境的解决都是必不可少的。其中，社会信任是社会资本的关键因素，互惠规范和公民参与网络产生社会信任，它同时有效地限制了机会主义行为，提高了人们之间的信任水平。

10.1.2 社会资本与集体行动

以上几位社会资本理论家的观点，我们可以从微观、中观、宏观三个角度来理解，微观层面的社会资本是个体所建立的社会关系网络，即私人关系型社会资本；中观层面的社会资本是各类社会组织在特定的范围内、以特定性质的组织联系向其成员提供服务和便利，是一种组织型社会资本；宏观层面的社会资本是规章和制度，作为一种公共资源为生活于其中的个体提供足够的方便，是一种制度型社会资本。[①] 社会资本最本质的要素是信任、互惠

---

① 邹宜斌：《社会资本：理论与实证研究文献综述》，《经济评论》2005 年第 6 期。

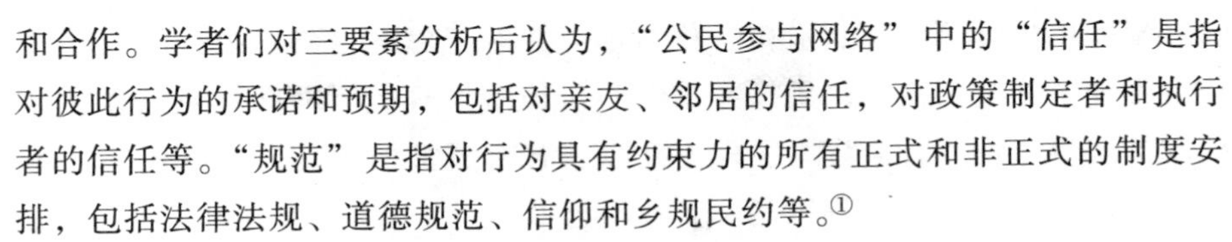

和合作。学者们对三要素分析后认为，“公民参与网络”中的“信任”是指对彼此行为的承诺和预期，包括对亲友、邻居的信任，对政策制定者和执行者的信任等。“规范”是指对行为具有约束力的所有正式和非正式的制度安排，包括法律法规、道德规范、信仰和乡规民约等。[①]

那么，社会资本与集体行动是什么关系呢？在《集体行动的逻辑》中，奥尔森（Olson，1973）认为由于成员之间无法了解其他人对共同目标的贡献，一些人采取“搭便车”，在一个大群体中合作很难发生。根据理性选择理论，如果收益对所有人来说可不受限制地获得，搭便车现象就一定会出现。而社会资本理论产生于志愿性的社群内部个体之间的互动，这种社群被认为是推动公民之间合作的关键机制，并且提供了培养信任的框架（Putnam，1993；Fukuyama，1995；Coleaman，1988，1990）。经济学的囚徒困境分析和博弈理论也为此提供了理论，一次性的囚徒困境游戏并不会导致合作结果的出现，因为背叛构成了游戏双方的纳什均衡；然而，如果游戏多次重复，那么，针锋相对的简单策略最终将导致游戏双方产生合作的结果。同样道理，在非游戏理论的情况下，如果个体相互之间反复互动，他们也将发展出一种诚实和可靠的信誉。一个完全由康德（Kant）的“理性恶魔”（rational devils）构成的社会最终将产生社会资本，这种结果只不过是“恶魔”长期的自私利益的产物。社会资本正是重复的囚徒困境游戏的产物，也就是说，社群成员之间重复互动将产生促进合作行动的规范、网络和信任。实际上，奥斯特罗姆（Elinor Ostrom）已经做了许多经验的研究，验证了重复的社群互动会产生合作规范。

奥斯特罗姆研究的公共池塘资源成功治理案例，可从社会资本角度来分析原因：（1）由于接触频次高、时间长，成员之间发生的博弈是多次重复博弈，在反复博弈中，成员知道合作策略长远来讲比背叛策略能够得到更高的个人回报，因此是更理性、更优化的策略；（2）成员之间足够熟悉，他们知道其他成员的偏好和习性，这可提高成员对未来的预期，减少行为的不确定性；（3）对个人特征的评价能够在成员之间得到传播，基于团体逐渐形成的非正式规范，人们会迅速采取针对性措施。因此成员将采用合作作为占主导地位的策略，同时对背叛者进行惩罚。这种多次重复博

① 李劼：《社会资本及其在自然资源管理中的作用》，《林业经济》2008 年第 10 期。

弈在集团中建立了信任、道德、价值观，并对于怎样合作、怎样处罚不合作者形成了规范，集团内的这些信任、价值观、规范、准则就是集体社会资本的表现形式。社会资本量较高意味着含有丰富的规范，这种规范“不仅促进某种经济行为而且压制了其他行为”。

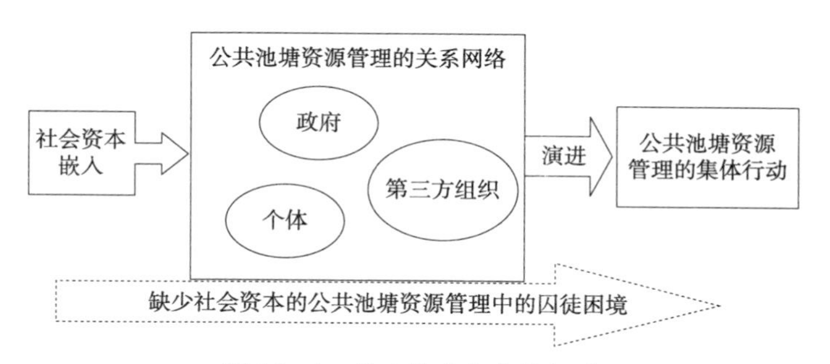

图 10－1　社会资本与集体行动

与理性选择理论和社会交换理论对比，社会资本在解释集体行动方面更有客观意义。就像戴维·休谟所描述的乡村社会中的农夫困境一样，农夫为了从对方获得帮助和好处，就必须给对方以回报，通过这种彼此间的你来我往的互惠形式的互动在整个社群的人们之间建立起强有力的社会资本，解决了个人面临的资源稀缺的困境；还可以使大家团结起来共同抵御农业风险。社会学家帕特南给出的解释是：“像其他形式的资本一样，社会资本是生产性的，使某些减少它就无法实现的目的，有了可能……。在那里农户彼此之间相互帮助，因为社会资本的存在，完成了合作才能完成的工作。”（R. Putnam，1999）所以说，社会资本的生产也是一种理性行为。它是促成稀缺资源有效配置和集体行动的必要元素（Neil Adger，2004），表明了在社会资本与公民参与之间有显著的相关关系（Anheier & Kendall，2002；Brehm & RAHN，1997；Flora，2000），二者之间相互促进（Flora，2000）。

10.2　我国农村社会资本

10.2.1　我国农村社会资本的内涵

我国农村社会资本是指农村社会中，社会成员因长期交往、互利合作

以及历史传统、习俗等原因而形成的人际及组织关系网络，这种参与网络将产生内部成员间的信任以及合作互惠，并通过信任和互惠促进成员间以共同收益为目的的集体行动的达成。

从关系层面来看，农村社会资本指村民可通过投资或动员来获取社会稀缺的关系资源，以各种“人际关系”的形式存在，如血缘、地缘、业缘关系等；从结构层面来看，农村社会资本指农村中结构化的关系网络资源，它包括结构化关系网络本身，以及依附于结构化关系网络之上的信任和规范等；从环境层面来看，农村社会资本指“内化于”农村社会结构的文化、制度等环境资源，通过非正式制度和正式制度两种形式表现出来。[①]

10. 2. 2　我国农村社会资本的类型

从大的方面划分，我国农村社会资本分两类，一类是传统性社会资本，是以传统“血缘关系”“宗法制度”等为原则的各种社会关系网络，如礼俗人情、宗法关系等，主要出现在以家庭、家族、村社等为单位的小规模社会网络结构中，成员的公共精神表现在对以家族为边界的忠诚和维持上；另一类是现代性社会资本，它以新生产关系和社会结构为基础，如法人组织、民间组织、契约关系等，具有差异性和开放性等特征，它强调成员之间形成自主、平等、信任、互惠合作等关系。改革开放以来，农村社会资本发生了很大的变化，正由传统社会资本占主导，转变为传统和现代社会资本平分秋色，并且现代社会资本成分迅速增长。为了研究需要，我们可以把农村社会资本细分为：家庭社会资本、家族社会资本、邻里社会资本、自组织社会资本几个主要类型。

（1）家庭社会资本

家庭社会资本是指家庭范围内的信任、规范和关系网络，家庭社会资本可以转换为在家庭成员之间流动的物质资源和非物质资源，如：资金、信息、关注、照料和情感依靠等。家庭社会资本是最基本、最原始的社会资本形态。

---

① 陶艳梅、景琴玲：《论农村社会资本在新农村建设中的作用》，《乡镇经济》2009 年第 10 期。

（2）家族社会资本

家族社会是指在家族范围内形成的信任、互惠规范和关系网络。家族社会资本在农村的存量非常丰富，家族在维护乡村秩序、扶助乡村弱势群体、提供和维护农村公共品，代表农民与政府对话等方面都发挥了重要的作用。家族社会资本主要体现为因血缘、姻缘或者亲缘等关系构成的社会网络。由于农村社会结构仍然主要体现为“差序格局”,[①] 因此家族、宗族依然在农村人的生活中占据最重要的地位。

（3）邻里社会资本

邻里社会资本是指邻里之间结成的关系网络，形成的信任和互惠规范。农村的邻里社会资本很难同家族社会资本截然分开，因为家族里的人往往是比邻而居。但是随着后代的成家立业，邻居可能就不是族人了。一般狭义上的邻里是“左右五家为邻”，广义上是指同村的人。

（4）自组织社会资本

自组织是指人们为了一定的利益自愿组成的按照一定程序运行的组织。自组织社会资本是指农民通过自组织结成的关系网络，形成的信任和互惠规范。目前农村中存在的组织包括：村民的自治组织、社区集体经济组织、农村中介组织、农村社会化服务组织、乡镇企业、龙头企业和农村专业合作组织等（王习明，2005）。它主要体现为村民为达到某些利益而自发设立的一些组织所形成的网络，如，经济互助组织、专业合作社、产业联合会、果林培育学习小组、财务监督小组等。

10.2.3 我国农村社会资本的功能

（1）个体之间的互助功能。农村社会资本为个体的社会交往提供了一个通道，通过这个关系网络可以增进人们之间的互助。如农村社会在大事发生时，村民相互之间的参与性“帮忙”几乎是不计报酬的。

（2）情感支持功能。农村居民之间交往的环境是一个“知根知底”的社会环境，而社会资本是一种值得人们信赖和依靠的资源，与城市社区相

---

① 费孝通认为，在差序格局中的乡土中国，社会关系是逐渐从一个一个人推出去的，是私人联系的增加，社会范围是所有私人联系所构成的关系网络。他指出，差序格局的基础是血缘关系和地缘关系。

比，它更加细腻、周全，也体现了传统礼仪的人情味。

（3）经济发展功能。农村居民个体社会资本的聚集形成组织化的群体，如农村经济协会、合作组织等，村民之间的认识和了解，彼此之间的信任关系在组织化中得到了深化，这无疑为经济合作的形成奠定了基础。可以解决农户分散经营与大市场的矛盾，降低农民在交易过程中隐藏的风险，通过组织内信息的共享，抵御因信息不对称而导致的市场失灵。

（4）社会和谐功能。发挥农村社会资本的作用，可以更好地表达村民的权益和诉求。农村的村民委员会、村民议事会、红白事理事会、老年人协会和妇女禁赌协会等，对于维护农村社会和谐发挥了很好的作用，是农村社会治理的重要补充。

当然，农村的社会资本除了具有以上的积极功能外，自然也存在部分消极的功能，如农村社会资本在相当程度上是一种人情义务和具有“回报”期望的网络关系，更多地是以地域或者血缘关系为要件形成的“小集团”式社会资本。

10.3　我国农村社会资本对农业水资源安全管理的作用

农业水资源在经济学中属于社区池塘资源（common resources），无排他性但有竞争性。针对社区公共资源管理的研究有三个理论，即“公地悲剧”“囚徒困境”和“集体行动的逻辑”。“公地悲剧”论证在资源可以被自由使用的社区里，每个人都追求个人利益的最大化，往往导致资源过度使用。“囚徒困境”是模型化的“公地悲剧”，论证博弈双方在做出“合作”还是“背叛”的抉择时，基于双方没有事前沟通或沟通结果没有约束力的假设，单次博弈中“背叛”是个人最理智的选择。但是博弈双方作为一个整体，个体利益最大化的实现并不能带来整体的利益最大化。“集体行动的逻辑”则证明：即使在利益相关的群体中，“公地悲剧”仍然适用，除非群体很小或者存在某种对群体成员都有效的约束力，否则理性的个人将不会为实现群体共同利益而采取行动。

然而，农业水资源使用是在特定的区域与时间进行的，与其涉及的组织和个人，如当地政府、水利管理局、灌区机构、农民、用水者协会等，由于生活在同一区域，必然有稳定的互动联系，形成网络关系，构成社会资本的基本要件。因此，可以说农业水资源管理依赖于社会资本的存量及分布状况，社会资本起着明显的促进或制约作用。虽然农业水资源产权模糊，主体不清，但在特定的区域里“个人理性并不必然导致集体非理性”。在社会资本的作用下，“对局人的多次重复博弈可能促使对局人相互合作，达到集体理性”，在社会资本的情境下合作是可能的。[①] 根据前文对农村社会资本功能的论述，如果在农业水资源安全管理中加入社会资本的因素，其作用可以归纳为以下几个方面。

10.3.1　有利于农业水资源安全管理主体的合作

农业水资源流域是按照水文地理形成的一个整体，每个流域都涉及上下游、干支流、左右岸之间的利益。涉水主体之间构成了复杂的关系网络。按照社会资本理论，社会资本必然存在于社会关系网络上，并影响农业水资源的管理。相关利益主体之间的信任与合作是实现水资源管理的前提，否则就不能形成普遍的认同，也就无法产生农业水资源保护的动力。农业水资源安全管理需要多元主体合作，尤其是农田水利建设需要农村社区成员之间的密切合作。社会资本能把人们转变为利益共享、责任共担和有社会公益感的社会成员。通过社会资本对村民的认同感、归属感进行培养，信任、惯例等得到强化和积累，可减少成员的机会主义行为，使水利事务合作成为一种约定俗成的习惯。

10.3.2　有利于农业水资源安全管理的集体行动

由于我国基层财政状况和农业水利需求的差异性，农业水利必须由国家、农村社区和村民三者合作供给。社会资本能够为政府提供真实、详细的信息，提高农业水利供给的适宜性，也能对水利供给过程中政府的寻租行为和村庄成员的“搭便车”行为进行有效预防。社会资本功能不仅可以利用村庄内部的资源，还可以把网络延伸到村外，将村外的资源带到村内来发挥作用。[②] 普特南认为“在社会资本丰富的共同体中，孕育着一般性交流的共有准则。这种准则有利于协调和交流，解决集体行动的困境”、

---

① 陈剩勇：《组织化、自主治理与民主》，中国社会科学出版社，2004，第119~125页。

② 吴淼：《基于社会资本的农村公共产品供给效率》，《中国行政管理》2007年第10期。

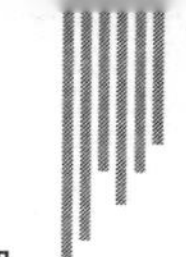

“社会资本不是静态的或一次性的，而是在不断的互动、不断的运用中增殖的”。国家、农村社区和村民等组织和个人，在长期的协调和沟通中，结成了组织网络，促成了集体行动，可以拓展参与者的自我意识，将“我”发展成为“我们”。农村社会资本是农村社区的黏合剂，使国家、农村社区、村民、用水协会、农村精英等，在农村水利建设中达成默契，把农业水资源安全保护变为集体行动。

10.3.3　有利于农业水资源安全管理的自主组织

在“陌生人社会”中，需要通过正式制度规范人们的行为并引导人们的合作。农业水资源安全管理需要依靠国家法律和政府组织，但农村社区具有半熟人社会的特点，在“半熟人社会”中，社会资本就会起重要作用。因为在“半熟人社会”中，人们之间的关系虽然不是完全人格化的，但至少也是半人格化的；在“半熟人社会”中，社会成本转化为经济成本

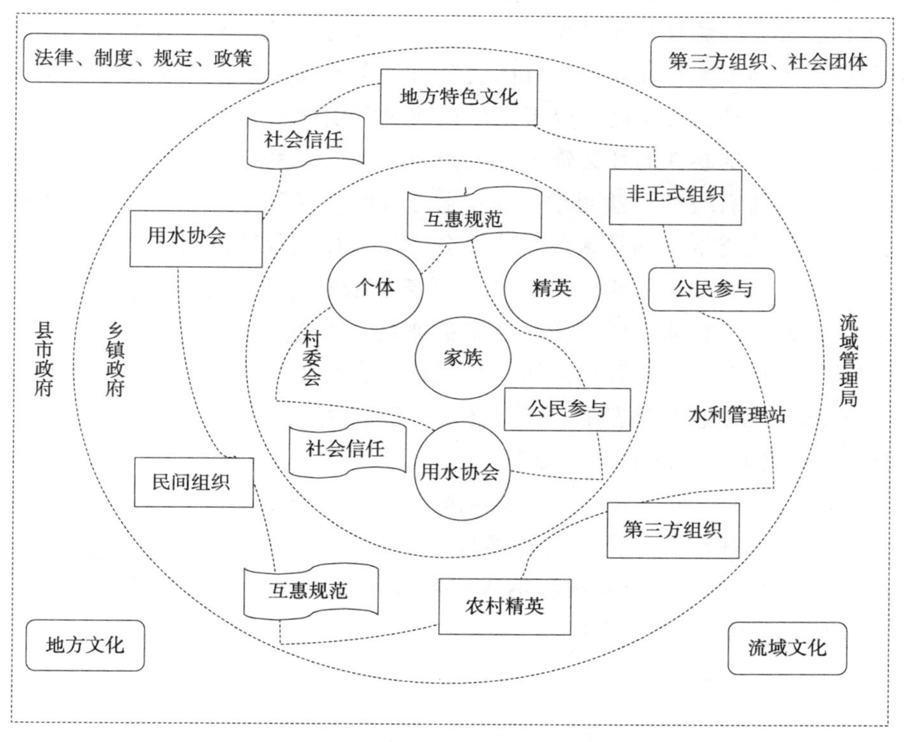

图 10－2　区域农业水资源安全管理与社会资本嵌入

的力度至少比“陌生人社会”要大得多，这决定着农村社会行为的引导需要社会规范、道德、习惯等的作用。这些规范的产生依赖于村民间的契约意识，是一种“自发衍生的秩序”。它与由国家机构自上而下指令性发布的法律规则不同，是村民在多次重复自由组合过程中，逐步发展起来的保障成员行动的准则。在农业水利建设和农民用水者协会中，如果没有社会资本这些自主组织工作是无法完成的。

10.4 基于农业水资源安全管理的社会资本培育

10.4.1 我国农村社会资本的退化

我国农村社会资本历史悠久，丰富多彩，影响深远，是中华民族最为宝贵的精神财富之一。然而，我国在市场化改革之后，加速了社会分化，在传统社会向现代社会转型过程中，“乡族式”社会资本在逐渐被消解，传统社会资本以血缘和地缘为纽带的“差序格局”延伸半径逐渐变小，相互间联系逐渐松弛，而新型“社团式”社会资本尚未完善。在农村最近20多年发展中，社会资本已显得不足。目前对我国农村社会资本整体的判断是：农村社区情感性的社会资本（如亲缘网络）相对丰富，认知性的社会资本（即为了各自的利益而建立的互惠与合作规范等）也较多，但制度和规范性的社会资本（如社区规范、社会信任、社区行动的共识、强有力的领导班子和有效的民间组织等）相对缺乏。农村社会资本存在的问题是：网络联结脆弱、整体信任度低、合作精神差、非制度供给不足、个体原子化严重、宗族关系网络日趋减弱，甚至有些农村年轻人处在一种期待却迷茫、焦躁甚至愤怒的状态中。现在必须着手解决农村“社会资本”的退化问题，[①] 注意以下几种倾向的蔓延。

（1）“互利规范”转变为市场经济条件下的“互惠互利”

农村家庭联产承包责任制的推行，极大地调动了农民的生产积极性，然而，农民的生产活动被逐步纳入市场经济体制之下，人际关系“讲效益”的观念开始为农民所重视。

（2）“公民参与”转变为利益化的“有偿服务”

---

① 李军：《社会资本与乡村精英重构》，《中国行政》2006年第1期。

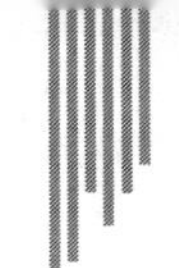

在春播、夏收、秋种等农忙季节，社区邻居寻求互助合作，是基于人们在生产活动中的交往与合作关系，本身具有网络关系特征。然而，随着农村经济改革的不断深入，农村社区的互助合作关系，不再仅限于一种传统道义上的“无私”帮助，而是更多体现出市场经济条件下“有偿服务”的原则。

（3）“网络性社会交换”转变为“非网络性社会交换”

徐晓军（2002）曾将乡村社会的交换分为网络性交换和非网络性交换两种形式。网络性社会交换指的是发生在社会关系网络内部的交换，这种社会关系网络包括血缘关系、亲缘关系、地缘关系等，在中国的传统社会中，这些关系是按照“差序格局”构成一个同心圆式的网络。而非网络性社会交换是指发生于上述“差序格局”网络内部与外部之间的交换，即陌生人之间的交换。这两种交换具有不同的交换模式，遵循着不同的交换法则。[①] 其本质是利益与利用关系增强，而情感成分在下降。

（4）“情感精神”转变为“利益货币化”

正如费孝通（1998）所言，“乡土社会的信用并不是对契约的重视，而是发生于对一种行为的规矩熟悉到不假思索时的可靠性。”网络性交换不以追求经济利益为终极动因，而是表现为儒家文化中的“重义轻利”取向原则，或者说是感性原则。因为对于一个祖祖辈辈都生活在乡土社会中的人来说，关系往往比金钱更重要。而在市场经济中，关心权力和利益，采用货币作为结算方式，无需付出甄别交易对象的成本，是具有经济效率的，但对农村社会资本的健康积累是不利的。

（5）农村社区亲情淡漠化

农村社区关系具有生产上互济、生活上守望相助等功能。但随整体经济利益“情结”的加重，由利益得失引发的农村社区成员矛盾和摩擦冲突不断，使邻里关系更多地成为“地理”上的关系，村庄成员之间交往的功利性和目的性越发浓厚，心理交往距离拉大。

以上问题对农业水资源安全保护可能会造成如下不利影响。

第一，降低农田水利“一事一议”的效率

---

① 牛喜霞、谢树芳：《新农村建设：重建农村社会资本的路径选择》，《江西社会科学》2006 年第 2 期。

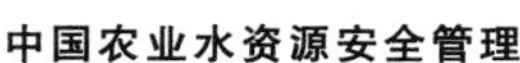

伴随农村人口流动性的增强，大部分年轻人常年外出务工，他们之间的关系以及与留守村民之间的关系都会下降。原有的人际关系网络变得不稳定，人们之间的信任或合作也会下降。这样，在农田水利的需求表达上他们往往强调自己，忽略他人，争夺个人利益而不妥协，同时由于村庄缺乏相互协调和制约的规范，在农田水利行动上就很难达成一致，导致“事难议、议难决、决难行”的问题。

第二，导致农业水资源的无序使用

上下游之间不配合，地块之间不配合，“拥挤性使用”严重，“搭便车”现象增多，只使用不维护，农业用水和水产用水无序，农业水事纠纷增多。

10.4.2　我国农村社会资本的培育

（1）弘扬我国优秀农村社会资本的传统

长期以来我国形成了博大精深的民族精神和传统美德。社会资本是其中的重要部分，乡村社会资本“是从人类的经验中演化而来，体现着过去曾最有益于人类的各种解决办法，包括习俗、惯例、内化规则和正式化内在规则。内在制度也在一定程度上抑制着人类交往中可能出现的任意行为和机会主义行为”（布迪厄，1990）。社会资本是基于道德习俗建立起来的，具有“路径依赖”性。在农村社会资本重建的关键，是要在发挥“现有血缘关系和家族意识”的基础上，积累信任、合作、创新和规范等现代社会资本意识。而要实现这一点，就需要开展家庭和睦、邻里友善、团结互助、注重诚信的民族精神和传统美德教育，使之家喻户晓，蔚然成风，形成良好的文明乡风。尤其要从青少年抓起，不断加强德育教育，培育一种超越血缘和地缘关系的广泛的信任与合作意识，让中华民族的传统美德得以不断地承继和传扬。

（2）培育农民的集体合作意识

从本质上讲，社会资本就是具有集体合作精神的社区文化和规则，并由此形成具有约束力的行为选择。应该突出培育村民的集体意识，这是自主管理或组织合作的需要，应当多组织一些喜闻乐见的活动形式，吸引村民参加，通过参与活动增加人们之间的交往沟通机会，促进村民的参与意识与合作精神的养成，使集体精神在村民日常生活中得到贯彻，成为村民

自然而然的态度和方式。这些教育过程包括参与水利建设、参与用水协会的讨论和决策等活动，激发农民参与集体事务的热情，使参与合作成为农民需要的必须“规则”，使农民或集体在公共事务中积极合作成为一种当然的理性选择。

（3）建设新型农村社会群体

可培育各种多元化的功能组织和利益组织，如文艺爱好组织、互助组织、农产品技术组织、经济合作组织、村老龄会、能人协会、理财小组等。乡村组织体系是凝结社会资本的网络和社会资本发展的表征。这些建立在公民权利、契约、法理基础之上的现代公民社会组织已经超出了家族的血缘关系，甚至超越了村庄的边界。这些乡村组织可以提供丰富的表达意愿的平台，可以为村民的利益表达、利益集中提供多种渠道。通过增强农村社会群体的横向交流，农民在组织中能够修正自己的狭隘目标，相互宽容和理解，形成良好的社会规范与秩序。政府应扶持一批与农民生活密切相关的民间组织，完善农村民间组织的结构，促进内部机构优化，建立民主决策制度，克服内部人控制问题，采用民主协商的方式处理组织内部事务。如可通过农民用水者协会，动员民间力量进行农田水利建设，与乡镇政府、村委会和民间团体一起推进农业水资源安全管理。

（4）推进农村民主建设

从 1987 年《村委会组织法（试行）》通过实行至今，我国农村村民自治的民主选举、民主决策、民主管理和民主监督都有不同程度提高，村民自治总体上改变了以前农村基层干部由上级任命的传统。在此基础上，应明确农村社区农业水资源管理的范围和承担的职责，动员农民在农田水利建设中发挥民主参与、监督的作用，把农村集体当成共同的家园，培养农民的农村社区主人翁意识。

第11章

农业水资源安全的公私合作管理

第6章中论及农业水资源安全管理的物质载体是农业水利工程，2011年中央一号文件指出："水利是现代农业建设不可或缺的首要条件，是经济社会发展不可替代的基础支撑，是生态环境改善不可分割的保障系统，具有很强的公益性、基础性、战略性。"① 由于农业水利工程具有较强的公益性和外部性，投入回报率低，在这样的背景下，如何调动社会资源投入农业水利工程建设，实现政府主导下社会资源的广泛参与，就成了一个亟待研究的问题。本章探讨公私合作模式在农业水利建设中的应用，以及实施公私合作模式的程序和具体对策。

11.1　公私合作模式概述

11.1.1　公私合作模式的含义

"公私部门伙伴关系"（Public-Private Partnerships）即一般称为的PPP模式，由英国的Reymont（1992）最先创立，是指公共部门通过与私营部门建立伙伴关系提供公共产品或服务的一种合作模式，在不同的经济、文化背景以及不同的应用场合内涵有所不同。美国公用事业民营化的重要推动者之一E. S. 萨瓦斯（E. S. Savas）将这一概念归结为三个层次：首先，在广义上指公共和私人部门共同参与生产和提供物品、服务的任何安排；其次，用于一些复杂的、多方参与的民营化基础设施项目；再次，指企

① 2011年中央一号文件，《中共中央、国务院关于加快水利改革发展的决定》，2010年12月31日。

业、社会贤达和地方政府官员为改善城市状况而进行的一种正式合作。①英国财政部于 2000 年出版了《公私伙伴关系——政府的举措》，从三个方面解释了公私伙伴关系：在国有行业中引入私人部门所有制；鼓励私人投资行动，公共部门通过合同长期购买商品或服务，利用私人部门的管理技术优势，以巩固公共项目；扩大政府服务的出售范围，从而利用私人部门的专业技术和财力开发政府资产的商业潜能。欧盟委员会于 2004 年发布的《公私伙伴关系与共同体公共合同与特许法律绿皮书》指出："公私伙伴关系是指公共机构与商业社会之间为了确保基础设施的融资、建设、革新、管理与维护或服务的提供而进行合作的形式。"加拿大国家 PPP 委员会这样定义：PPP 是公共部门和私人部门之间的合作经营关系，它建立在双方各自经验的基础上，通过适当的资源分配、风险分担和利益共享机制，最好地满足实现清晰界定的公共需求。② Darrin Grimsey 等（2008）讲述 PPP 是一个过程、一个系统化的方式，这个过程包括确认服务需求、界定项目成果和支付机制、评估并量化项目的财务影响和内在风险、找到最合适的采购方式、建立商业规则、确认资金使用价值、监管设计和建设过程、管理合同，一直到移交和服务的监管③。

国内学者对 PPP 模式也有不同的定义，王灏（2004）认为 PPP 模式有广义和狭义之分，广义的 PPP 模式泛指公共部门与私人部门为提供公共产品或服务而建立的各种合作关系。而狭义的 PPP 可以理解为一系列项目融资模式的总称，包含 BOT、TOT、DBFO 等多种模式；余晖、秦虹（2005）认为公私合作制是指公共部门与私人部门为提供公共服务而建立起来的一种长期的合作伙伴关系；刘正光（2009）则认为，公私伙伴关系模式是指两个或两个以上机构之间的长期承诺，目的是尽全力提高各伙伴所拥有资源的效益，以求达到特定的目标。④

根据以上论述，可以对 PPP 模式作一个概括性的描述：公私合作模式

① E. S. 萨瓦斯：《民营化与公私部门的伙伴关系》，中国人民大学出版社，2002，第 105 页。

② 肖海翔：《"公私部门伙伴关系"模式：新农村基础设施供给的新选择》，《财经理论与实践》2007 年第 2 期。

③ 达霖·格里姆赛、莫文·K. 刘易斯：《公私合作伙伴关系：基础设施供给和项目融资的全球革命》，中国人民大学出版社，2008，第 5 页。

④ 刘正光：《香港公路桥梁维修及保养工程合约——引用公私伙伴关系（PPP）协议的经验》，《科技进步与对策》2009 年第 21 期。

是指政府与私人部门为提供公共物品或服务而建立的合作伙伴关系。该模式支持政府与私营部门建立长期合作伙伴关系，以“契约约束机制”督促私营部门按政府规定的质量标准进行公共品生产，政府则根据私营部门的供给质量分期支付服务费。私营部门根据公共项目的预期受益及政府的扶持力度进行融资和运营，而政府则依托私营部门的民营资本和运作能力来提高公共物品的供给效率，其实质是通过“共赢为理念”的长期合作机制，实现公私部门合作、共享投资收益、共担投资风险和社会责任①。

11.1.2 公私合作模式的特点

（1）应用灵活。表现在：这种模式在很多国家和地区的多种类型的基础设施建设项目中都得到了应用，包括公路、桥梁、电信、农村水利、医院、学校、研发、技术转移、社区服务等。

（2）合作长期。PPP 项目的合同期限根据工程的使用寿命、投资回收期等因素确定，公私部门一旦建立起伙伴关系，这种关系就将是长期的。

（3）类型多样。PPP 模式在不同的国家采取的形式也不同，不同形式的 PPP 模式在产权、融资、建设、运营和维护方面也不同，公共部门和私人部门在不同形式的 PPP 模式下的角色和责任也是不同的。

（4）注重结果。公共部门关注的是成果，而不是资产。项目由私人部门来完成，政府只需对私人部门要达到的服务成果或标准进行界定即可，公共部门根据成果质量支付给私人部门费用。

11.1.3 公私合作在我国农村应用可以选择的形式

公私合作模式在实践中应用的形式有多种，通常可以根据公私合作双方参与项目的程度、合作期限的长短以及项目所有权的归属等，分为外包、特许经营和私有化等三大类。② 根据我国农村的实际情况，笔者认为公私合作的应用模式可有以下几种选择。

（1）服务形式，一般由政府部门投资，私人部门承包整个项目中的一

---

① 高明：《公私合作模式在农村基础设施建设中的应用》，《宏观经济管理》2010 年第 7 期。

② 张万宽：《公私伙伴关系的理论分析——基于合作博弈与交易成本的视角》，《经济问题探索》2008 年第 5 期。

项或几项职能，按照协议履行服务责任、获取收益。政府部门仍需对农村公共工程的运营和维护负责，承担项目的融资风险。

（2）承包形式，即运营和维护协议，政府与私人部门签订运营和维护协议，由私人部门负责对农村基础设施进行运营和维护，获取商业利润。在该协议下，私人部门承担农村公共工程运行和维护过程中的全部责任，但不承担资本风险。

（3）租赁形式，是政府与私人部门签订长期的租赁协议，由私人企业租赁已经存在的农村公共工程，向政府交纳一定的租赁费用，并在已有工程的基础上，凭借自己的融资能力对农村公共工程进行扩建，并负责其运营和维护，获取商业利润。

（4）租赁—建设—运营形式，政府与私人部门签订协议，由私人部门负责农村公共工程的融资和建设，完工后将设施转移给政府。然后，政府把该项农村公共工程租赁给该私人部门，由其负责基础设施的运营，获取商业利润。

（5）建设—经营—移交形式，是私人部门自己融资，并设计、建设农村公共工程。投资建设者根据事先约定，经营一段时间以收回投资。经营期满，项目所有权或经营权将被转让给政府。其基本思路是：由政府或所属机构对项目的建设和经营提供一种特许权作为项目融资的基础。由项目的投资者和经营者安排融资，承担风险，开发建设项目，并在有限的时间内经营项目，获取商业利润，最后，根据协议将该项目转让给政府机构。

（6）建设—经营形式，是私人部门根据政府赋予的特许权，建设并经营农村公共工程，但是并不将此项农村公共工程移交给政府部门。在项目经营中，私人部门有权不受任何时间限制地拥有农村公共工程。

（7）出售形式，是指政府将原有的农村公共工程出售给私人部门，由私人部门负责对该农村公共工程进行改、扩建，并拥有永久性经营权。

（8）打包形式，是指政府与私人部门签订协议，由私人部门对已有的农村公共工程进行扩建，并负责建设过程中的融资。完工后，由私人部门在一定的特许权期内负责对整体农村公共工程进行经营和维护，并获得商业利润。在该模式下，私人部门可以对扩建的部分拥有所有权，因此会影响到农村公共工程的产权问题。

11.2 公私合作模式在农业水利工程建设中的作用

在农业水利工程建设中推行公私合作模式，可以打破农业水利工程建设单纯依靠政府财政投入的体制，为多渠道融资提供便利。因此，引入公私合作模式是农业水利工程建设的必然选择。[①]

11.2.1 实施公私合作模式有利于农业水利工程的多元投入

由于农业水利工程具有社会效益突出、经济效益不足的特点，追求利润的私人资本考虑到投资回报率一般不愿意介入，如果仅仅依靠财政投资，既不能满足农村需要，也不符合市场经济的环境特点。由于公私合作模式在“公共利益”与“私人利益”之间找到了一个结合点，将两者有机结合起来，解决了农业水利工程建设资金“短缺”、民间资本又不能进入的矛盾。[②] 通过实行公私合作模式，融合政府和市场的功能，可以提高建设项目的经济效益，维护投资者的利益，使农业水利工程建设主体（主要是政府、企业、农村集体组织和农户）的力量得到整合，达到社会各方面力量参与农业水利工程建设的目的。

11.2.2 实施公私合作模式有利于提高农业水利工程的建设效率

通过公私合作模式，促使政府利用私营机构的运营效率和竞争压力，通过公开竞争的形式选择私人投资部门，进入农业水利工程领域，打破了原有单一垄断的局面，体现出市场与政府结合的效果。一是私人部门的管理经验、专有技术和专业人员可以提高水利建设的水平，减少成本；二是私人部门的趋利本性使资金达到高效利用；三是私人部门和公共部门取长补短，发挥各自优势，能够克服农业水利工程建设中的“政府失灵”和“市场失灵”，[③] 有利于农业水利工程的利用和保护。

---

① 高明：《公私合作模式在农村基础设施建设中的应用》，《宏观经济管理》2010 年第 7 期。

② 杭怀年：《PPP 模式公私博弈框架和合作机制构建》，《建筑经济》2008 年第 9 期。

③ 唐英：《公私合作制及其经济逻辑透视》，《产业与科技论坛》2007 年第 7 期。

11.2.3　实施公私合作模式有利于农业水利工程的使用公平

公私合作模式不同于私有化或者民营化，私有化和民营化实质都是通过将资产或者服务的所有权从公共部门转移到私人部门，由私营部门完全拥有资产或服务的所有权，借此提高资源配置效率的方法。公私伙伴关系中虽然也强调私人部门在提高效率上的重要作用，但政府的作用并未弱化，而是起到主导农业水利工程设计、建设、监督等重要作用，所有权仍处于政府的有效控制之下。避免农业水利工程在追求利润的前提下沦为营利性组织，而忽视公平性。

11.3　公私合作模式在农业水利工程建设中的应用程序

PPP 模式运作一般可分为立项与选择私人机构、项目建设、项目运营和项目移交等几个阶段。根据我国农村基层组织特点和现行农业水利工程的供给体制，PPP 模式的运作应用程序应有以下几个步骤：

（1）立项。在农业水利工程建设中应用 PPP 模式，可行性分析是关键的第一步，分析的内容包括市场、技术、经济等方面，也包括市场化的可行性，以及对民间资本的吸引力、民间资本的实力和风险承受能力等方面，在确认可行以后，才能够立项。

（2）选择私人投资机构。政府可以通过招标引入竞争机制，明确招标内容，通过对投标人的建设方案、经济、技术实力等方面进行评估，选择有实力、有信誉的私人投资机构，并签订协议。根据项目工程的大小，可选择一个或几个私人投资机构。

（3）成立项目公司。对政府部门和私人公司共同确立的农业水利工程建设项目，组织成立项目公司作为特许权人，承担合同规定的责任和义务。

（4）项目建设。PPP 项目公司根据协议的规定，按照数量和质量方面的要求，负责项目的设计、施工等，同时还要保证私人投资机构按照计划投入资金。项目的建设可以由项目公司自己承担，也可以承包给工程承包商。

（5）项目运营。农业水利工程竣工通过项目验收以后，开发阶段结束，项目进入运营阶段。项目公司可以自行运营项目，也可以承包给专门的运营公司运营。项目的运营和维护直接关系到项目的效益，要求运营商必须有丰富的经验和良好的业绩，有较强的商业和管理能力，且有较强的专业技术力量。为了确保项目的运营和维护按照规定的协议来进行，公私双方都有对项目进行监督检查的权利。

（6）项目移交。合同期满后，PPP 项目公司必须按照特许权协议中规定的项目质量标准，将项目的资产、经营期预留的维护基金和经营管理权全部移交给政府。项目的移交阶段包括资产评估，利润分红，债务清偿，纠纷仲裁等等。一般而言，合理的 PPP 项目应能使私人投资机构在特许期间还清债务并有一定的利润。这样，项目最后移交给政府时是真正的无偿移交。

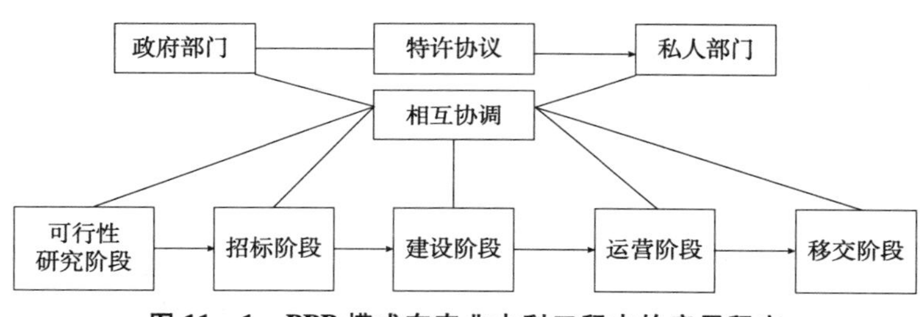

图 11－1　PPP 模式在农业水利工程中的应用程序

11.4　促进公私合作模式在农业水利工程建设中应用的对策

11.4.1　建构 PPP 模式的应用机制

在 PPP 模式应用中公私合作双方不可避免会产生不同层次和类型的利益和责任分歧，为了达到双赢的初衷，需要设计各种机制来抑制和消除投机行为。根据我国农业水利工程建设的体制和农村社会经济环境，为保证 PPP 模式在农业水利工程中应用的效率和公平，应构建 PPP 模式的市场准入机制、激励约束机制、风险分担机制、利益补偿机制和政府监管机制。

（1）市场准入机制。在应用 PPP 的过程中，清晰明确的市场准入机制是选择私人合作伙伴的基本保证。合作协议的制定，既要考虑农业水利工程的公共性特点，又要有严格的程序，避免“暗箱操作”等不正当行为，

公开、公平和竞争的市场准入机制是 PPP 模式健康发展的保证。

（2）激励约束机制。为吸引社会投资者参与 PPP 项目，政府可采取农业项目综合开发、农业贴息贷款和税收优惠等政策，保证各参与方实现合作的共赢，但需要建立合理的激励约束机制，兼顾公平和效率，协调农业水利工程的公益性和私人部门利润两者之间的平衡关系。

（3）风险分担机制。为促进 PPP 模式在农业水利工程中得到私人投资方的认可，需要建立风险分担机制，在不损害效率与公平的前提下，根据政府和私人投资机构的责任分配项目风险，使政府部门、私人投资机构都能够接受，这样的 PPP 项目才具有可操作性。

（4）利益补偿机制。农业水利工程建设项目，属于公共品或准公共产品，从总体上讲是以良好的外部效应和社会效益为基本目标，因此采用 PPP 方式建设农业水利工程，既不能完全按市场原则来实现，也不能让民间投资者完全无利可图，否则将不能吸引或妨碍民间资本的进入。

（5）政府监管机制。政府监管一方面要保证私人投资机构回收成本并有合理的利润，保证 PPP 项目建设和经营的可持续性；另一方面要保护农村公众的利益不受损害。政府在进行监管时，首先，要制定良好的监管框架，兼顾 PPP 项目有关的利益各方，形成有效的监管模式；其次，需要制定和实施有效的法规，保证监管活动的顺畅公正，减少人为的随意性。

11.4.2 制定 PPP 模式的应用对策

（1）坚持政府主导和民主决策

鉴于农业水利工程公益性较强的特征，应发挥政府的主导作用，规范 PPP 模式运作的程序，实施民主决策，为 PPP 模式的顺利实施打下良好的前提与基础。一方面政府要起投资主导作用，不能以实施 PPP 模式为借口，逃避农业水利工程建设的责任，减少投入，如果实施 PPP 模式成为政府不作为的理由，就违背了实施 PPP 模式的初衷。实施 PPP 模式的目的不是减少政府的投入，而是带动社会的投入；另一方面，政府要保证农村公众的利益，进行准入监管、价格监管和服务质量监管，不能因为实施 PPP 模式而损害农民的利益。建立规范的工作流程，选择 PPP 项目时要广泛地征求农民意见，在地方政府、村委会和农民达成一致的情况下，才可以立项建设，使政府主导与市场运作相结合，达到既增加供给，又促进和谐的目的。

（2）科学选择 PPP 模式项目

农业水利工程包含多种类型，PPP 模式主要适用于具有混合公共品性质的农业水利工程。在这个性质范围内，对于外部性较弱的农业水利工程，根据它可收费的特点，按照谁投资谁受益的原则，可选择特许经营 PPP 模式，由政府将垄断经营权授予某私营部门，让它在政府的价格管制下负责该领域的建设、营运，提供服务。对于外部性较强的农业水利工程可选用合同承包的 PPP 模式，将该项目中的一项或几项承包给私营部门建设和管理。各地在选择 PPP 模式项目时，不能一概而论，要因地制宜，根据当地经济发展水平、农民的需要标准、基础设施的收益条件、政府的投入强度等方面，综合选择 PPP 模式的项目和应用形式。由于 PPP 模式在农村仍然是个新生事物，可以先试点，后推广。

（3）慎重选择私人合作伙伴

根据国外 PPP 模式实践经验，政府选择私人伙伴应遵循三个基本原则。一是信息发布公开、透明。政府应将拟招标的项目在相关媒体上公开发布，给予投标人和潜在投标者充分的信息认知；二是开放与竞争。为减少信息缺乏风险，农业水利工程 PPP 模式的设立必须建立在市场充分开放基础之上，并引入平等的竞争机制，选择真正有能力的投资人作为私人合作伙伴；三是程序科学、规范。程序包括初步筛选阶段和正式确定阶段。

（4）建立合理的定价机制

对于外部性较弱的可收费农业水利工程，价格是私人投资者、政府和农民共同关心的问题。项目收费价格的高低是决定私营部门能否收回投资、取得效益的最根本因素。因此，在价格制定上，应兼顾私人投资方利益和农民的承受能力，让私营部门有合理的获利空间，农民得到满意的服务并符合他们的支付能力，力争使农民、私人投资者和政府都满意。如果定价低于市场价格，政府就必须向该私营部门提供补贴。同时，政府也有责任制止私营部门由于其管理不善造成的成本增加转嫁给农民的不合理提价行为，并监督其提供合乎标准的产品和服务。

（5）完善相关的政策法规

政策法规保证是 PPP 模式在农业水利工程中成功应用的重要条件之一。主要包括：关于 PPP 模式在农业水利工程建设中的适用范围、设立程

序、招投标和评标程序、特许权协议、风险分担、双方的权利与义务、监督与管理、争议解决方式等方面。目前虽然中央政府和各地方政府出台了一些关于公用事业市场化的政策，如原国家建设部 2004 年实施的《市政公用事业特许经营管理办法》。但在农业水利工程领域中尚无相关政策出台。因此，需要有一套比较完善和可操作的政策法规作为依据，使公私合作双方有章可循。可以以 2011 年中央一号文件提出的“加强水利投入”为契机，加强这方面的政策研究，并有选择地进行政策法规试点。

第 12 章

农业水资源安全的文化管理

文化功能既表现在对社会发展的导向上，又表现在对社会行为的规范和调控上，还表现在对社会力量的凝聚和驱动上。水文化与水安全密不可分。2006 年 3 月 22 日是第 14 个世界水日，主题就是“水与文化”。我国是一个充满浓郁水文化特色的国家，水文化渗透到社会各个领域，水文化作为一种力量在农业水资源安全管理中的作用是毋庸置疑的。

12.1 水文化的行为规范力量

12.1.1 我国水文化的底蕴

水文化是人类活动与水发生关系所产生的以水为载体的各种文化现象的总和，反映着人类社会不同时代一定人群对自然生态水环境的认识程度及由其决定的思想观念、思维模式、指导原则和行为方式。在中国文化活动中水是一个重要的主题，水不仅是哲学概念、审美意象，而且是道德的象征。作为哲学概念，水是本体；作为万物的本原，由水可领悟道的本质和规律；作为审美意象，水是山水园林、音乐、诗歌中空灵鲜活的必要条件；作为道德的象征，水是某种自由而富于力量的人格的表现。在我国水被用来喻人、喻性、喻德、喻道，同精神生活有着极其密切的内在联系。

（1）以水喻本

古人认为水是“万物之本原”，不仅是人的本原，也是各种生物的本原。把水作为万物本原的观点可以追溯到管子，他在《管子·水地篇》中说：水者何也？万物之本原也，诸生之宗室也，……万物莫不以生。人，水也。男女精气合，而水流行。……凝蹇而为人。是以无不满，无不居

也，集于天地而藏于万物，产于金石，集于诸生，故曰水神。集于草木，根得其华，华得其数，实得其量。鸟兽得之，形体肥大，羽毛丰茂，文理明著。万物莫不尽其机，反其常者，水之内度适也。[①] 据《国语·郑语》记载，以土与金、木、水、火杂，以成百物。[②] 由此可知，水与其他四个概念相互作用、相继为用、共同构成万物的基本元素。

（2）以水喻德

在《论语·雍也》中，孔子从人的伦理道德观点来看待水，把水看做是君子的某些精神品质的象征。子曰："知者乐水，仁者乐山；知者动，仁者静；知者乐，仁者寿。"孔子从人的伦理道德的观点去看水现象，把水现象看做是人的某种精神品质的表现和象征。这种"乐"是精神上的感应、共鸣，也就是人对水美的感受和喜悦，是"知者乐水，仁者乐山"的体现。[③]《淮南子·原道训》中这样说水：上天则为雨露，下地则为润泽；万物弗得不生，百事不得不成；大包群生，而无好憎，泽及蚑蛲，而不求报；富赡天下而不既；德施百姓而不费。[④] 在《荀子·解蔽篇》中这样说：故《道经》曰："人心之危，道心之微。"故人心譬如槃水，正错而勿动，则湛浊在下，而清明在上，则足以见须眉而察理矣。微风过之，湛浊动乎下，清明乱于上，则不可以得大形之正也。心亦如是矣。《荀子·王制篇》中也说：庶人安政，然后君子安位。传曰："君者，舟也；庶人者，水也。水则载舟，水则覆舟。君以此思危，则危将焉而不至矣。[⑤] 荀子把水的形态、功用与社会的和谐关系结合起来，比拟君子的德、义、道、察、善等性格特征。《管子·水地篇》中说：故曰水具材也，何以知其然也？曰：夫水淖弱以清，而好洒人之恶，仁也。视之黑而白，精也。量之不可使概，至满而止，正也。唯无不流，至平而止，义也。人皆赴高，己独赴下，卑也。卑也者，道之室，王者之器也，而以水为都居。[⑥] 这是管子所

---

① 戴望：《管子校正》，载《诸子集成》（第五卷），上海书店出版社，1986，第 236～237 页。

② 冯契：《中国古代哲学的逻辑发展》（上），华东师范大学出版社，1997，第 72 页。

③ 李泽厚、刘纲纪：《中国美学史》（第一卷），中国社会科学出版社，1984，第 146 页。

④ 刘安著、高秀注《淮南子注》，载《诸子集成》（第七卷），上海书店出版社，1986，第 10 页。

⑤ 北京大学《荀子》注释组：《荀子新注》，中华书局，1979，第 500 页。

⑥ 戴望：《管子校正》，载《诸子集成》（第五卷），上海书店出版社，1986，第 236 页。

说的水的道德意义。

（3）以水喻政

《孟子·告子章句下》中说：白圭曰：“丹之治水也，愈于禹。”孟子曰：“子过矣。禹之治水，水之道也。是故禹以四海为壑。今吾子以邻国为壑。水逆行，谓之洚水。洚（jiang）水者，洪水也，仁人之所恶也。吾子过矣。”孟子认为，大禹治水完全顺乎了水的本性，对水进行疏导，使水流入了四海，为仁人所喜；而白圭治水却违背了水的本性，使水流入了邻国，为仁人所恶。并由此认为：如智者若禹之行水也，则无恶于智矣。禹之行水也，行其所无事也。如智者亦行其所无事，则智亦大矣。（出自《孟子·离娄下》[①]）

《孔子集语》所引《说苑·杂言》：子贡问孔子说：“君子看到大水必定观看，不知有何讲究？”孔子答：“夫水者，君子比德焉，遍予而无私，似德；所及者生，似仁；其流卑下句倨，皆循其理，似义；浅者流行，深者不测，似智；其赴百初之谷不疑，似勇；绵弱而微达，似察；受恶不让，似包蒙；不清以入，鲜洁以出，似善化；至量必平，似正；盈不求概，似度；其万折必东，似志。是以君子见大水观焉尔也。”[②] 从中体会水的德、仁、勇、智、明察、度量和公正。儒家的哲学核心理念“中庸之道”也正是以水为中线，“上过之，下犹不及”，而形成“修身、齐家、治国平天下”的圭臬。

南宋理学家朱熹在《四书集注》中以水激励人，朱熹说：“水有原本，不已而渐进以至于海，如人有实行，则亦不已而渐进以至于极也。”首先，君子要像“有本”之水一样立足于儒家之道这个根本，才能获取取之不尽、用之不竭的原动力；其次，水具有“不舍昼夜，盈科而后进”的特点，君子就应该有锲而不舍、坚持不懈、身体力行的态度。

---

① 朱熹撰、徐德明校点《四书章句集注》，上海古籍出版社，2001，第350页。

② 《说苑·杂言》，此句话的意思是：君子用水比喻自己的德行。水遍及天下，没有偏私，好比君子的道德；水所到之处，滋养万物，好比君子的仁爱；水性向下，随物赋形，好比君子的仗义；水浅则流行，深则不测，好比君子的智慧；水奔赴万丈深渊，毫不迟疑，好比君子的勇敢；水性柔弱活灵，无微不至，好比君子的明察；水遭到恶浊，默不推让，好比君子的包容；水承受不法，终至澄清，好比君子的善化；水入量器，保持水平，好比君子的正直；水过满即止，并不贪得，好比君子的适度；水历尽曲折，终究东流，好比君子的意向。

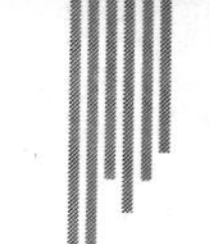

在《墨子·亲士》中，墨子以水寓意了君子的修养：良弓难张，然可以及高入深；良马难乘，然可以任重致远；良才难令，然可以致君见尊。是故江河不恶小谷之满已也，故能大。……是故江河之水，非一源之水也。……夫恶有同方取不取同而已者乎？盖非兼王之道也。……是故溪陕（狭）者速涸，逝（浅）者速竭。《墨子》强调统治者只有像江河一样容纳百川，才能广泛招募到各方面的人才；像有无数的源头，采纳不同的意见，才能兼听则明，实行王者之道，使国家长治久安。

（4）以水喻道

《老子》书中的“道”，既是指世界的统一原理，又是指世界的发展原理。老子认为，上善若水。水善利万物而不争，处众人之所恶，故几于道。居善地，心善渊，与善仁，言善信，政善治，事善能，动善时。夫唯不争，故无尤。① 老子的“上善如水”是说，有道德的上善之人，就像水的秉性一样，水善于利养万物而不与万物相争。在《孟子·离娄章句下》中有：徐子曰：“仲尼亟称于水，曰水哉，水哉！何取于水也?”孟子曰：“源泉混混，不舍昼夜，盈科而后进，放乎四海。有本者如是，是之取尔，苟为无本，七八月之间雨集，沟浍皆盈；其涸也，可立而待也。故声闻过情，君子耻之。”在这里孟子认为，水之所以永不枯竭是因为“有本”。正如朱熹的《观书有感》诗所说：“半亩方塘一鉴开，天光云影共徘徊。问渠那得清如许，为有源头活水来。”

12.1.2　水文化与水资源安全的和谐

人与水和谐相处是中国传统水文化的精髓，“天人合一”的思想认为，人与自然、人道与天道、人文与自然是相通的，“自然之天”与人类主体的和谐统一始终是中国水文化的传统，规定了中国人利用水的价值取向、思维方式、审美情趣和行为模式。

人与水的关系体现在两个方面：人对水的征服，及水对人的制约。在中国传统哲学中强调水生态—经济—社会系统的统一，《礼记·中庸》记载“万物并齐而不相害，道并齐而不相悖”；《淮南子·天文训》认为“阴阳和合而万物生”。由这些论述可以看出，古代哲学不是把天、地、人

---

① 王弼注《老子道德经》，载《诸子集成》第三卷，上海书店出版社，1996，第 4 页。

孤立起来考虑，而是把三者看做相互联系、和谐、平衡运动的大整体，强调人与自然共生共存。“天生万物，以地养之，圣人成之。功德参合，而道术生焉。”①

从价值的角度来看，对人与水的关系有三种认识论：一是“极端的人类中心论”，即认为“人是万物之灵”，当然是水的中心、主宰、征服者、统治者；二是“极端的自然中心论”，认为存在独立于人类实践之外的自然价值，主张以生态为中心、一切顺应自然；三是“人与水和谐相处论”，中国水文化的本质正是人与水的和谐相处，也如恩格斯所说，“我们不要过分陶醉于我们对自然界的胜利。对于每一次这样的胜利，自然界都报复了我们。”由于水文化包含的和谐内核，在水文化氛围影响下人们也就潜移默化地接受了和谐的思想，水文化成为人们保护水资源的精神动力。

12.2 水文化对水资源安全的作用机理

长期以来，基于亚当·斯密“经济人”假设上的经济学，很少考虑文化在经济发展中的作用，往往把文化因素看作外在变量。针对这一状况，有的学者注意到了文化的重要性，认为“探讨财富和福利、交换和生产方式的经济学，不再将‘经济人’与人的其他追求完全分开考虑，而是将其论据建立在人的真实存在基础上，会十分有用”。②“文化不再是一种非人格力量。”“现代人开始领悟到人性正在走向一种包罗万象的世界文化；这种文化不是自动出现的，而是必须不断地由人自己来指导和驾驭。比起以往任何时候，今日的文化更是一种人的战略。”③因此，经济社会发展既是人类主体目的性和价值性双重目标共同作用的结果，也是主体行为的结果，而主体行为总是要受到文化的影响和制约的。

12.2.1 水文化可以促进当代人合作

要实现水资源安全，必须做到人与水的和谐、人对水公平合理地使

① （汉）陆贾：《新语》，《新语·道基》，文渊阁四库本，695册。

② B. 马林诺夫斯基：《科学的文化理论》，中央民族大学出版社，1999，第30页。

③ C. A. 冯·皮尔森：《文化战略》，中国社会科学出版社，1992，第16~17页。

用。但在实际中存在着“公地悲剧”，不同地区、不同部门、不同国家纷纷从各自利益出发，对水资源进行竞争性利用，由此引发过度消耗，任意排放“公共劣品”——污水，给生态环境造成危害。水资源短缺的加剧都是人类在利用水资源上采取非理性、非合作的结果。

我们用“囚徒困境”的博弈模型加以描述。假设甲、乙两单位，每单位都有两种选择，或以不合作的态度抽取尽可能多的水或尽可能地排放污水，或以合作的态度限制水的利用量或污水排放量。甲、乙博弈的支付矩阵假设如表 12－1 所示。

表 12－1　水资源利用博弈

	乙合作	乙不合作
甲合作	甲 8，乙 8	甲 2，乙 9
甲不合作	甲 9，乙 2	甲 5，乙 5

这个博弈只有一个纳什均衡，即甲、乙都出于各自利益选择不合作。这个例子反映了个体理性与集体理性的矛盾，从集体理性来看，最优解应为甲、乙都以合作的态度，主动限制自己的水资源利用量或污水排放量，而事实上，在个体的分散决策中，甲、乙却选择对自己最优的非合作，从而造成水资源的过度开发和低效率使用，因此个体最优的实现是以过度利用资源为代价的。因此，可以得出这样的结论：个体理性的选择无法促成人们之间的合作，只有借助于某种机制，才能促成个人之间建立起合作和信任。

水文化在规范人们的行为方面发挥着重要作用，它为人们提供了一个特定的价值导向，规定人们的选择集合，构成人们的行为规范，它通过社会规则、社会舆论等形式形成内部激励和外部约束，促使行为主体进行理性行为选择，矫正非理性行为。人们根据“水文化思想观念”做出理性判断，会认为“理性”行为是“善”的，而“非理性”行为是“恶”的，然后在内心信念的激励下，会选择水资源可持续利用的方式，因为这样会使良心得到安慰，否则就要受得良心的谴责和折磨；在外部舆论的约束下，人们也会选择水资源可持续利用的方式，因为这样做会受到他人、群体和社会的称赞与尊重，得到一种心灵上的满足感，否则要受到社会舆论的谴责。因此，水文化能帮助人们进行价值判断，改变人们单纯依据经济利益进行博弈的行为，即通过改变收益值来改变人们的策略选择，促成人们的合作。我们仍用上例，假定甲、乙认为自己选择“合作”行动策略后能增加的价值或效用分别为（4，2），选择“非合作”行动策略后则得到极低的价值或效用，甚至可能为负价值或负效用，这里不妨设为0，在水文化影响下的水资源利用博弈的支付矩阵如表12－2所示。

表12－2　水文化影响下的水资源利用博弈

	乙合作	乙不合作
甲合作	甲12，乙10	甲6，乙9
甲不合作	甲9，乙4	甲5，乙5

这个博弈只有一个纳什均衡，即甲、乙都在“水文化机制”的引导下，选择“合作”策略，实现纳什均衡与帕累托最优相一致，这说明水文化能够帮助人们走出水资源利用博弈中的“囚徒困境”。

新制度经济学派把经济伦理称作“意识形态”。科斯认为，“意识形态”属于经济资源，是人力资本，这种“意识形态”能产生虔诚的影子价格（科斯，1991）。1992年7月，世界观察研究所的桑德拉·波斯泰尔（Sandra Postel）发表的《最后的绿洲——直面水短缺》，强调建立“人与自然分享，人与人分享”的新的“水道德观”，利用文化道德激励人们爱护水资源。

12.2.2　水文化可以维护代际公平伦理

（1）水资源利用的代际时间阈

水资源利用具有鲜明的时间性，在代际时间内保持水资源利用的边际效益相等是可持续利用的重要标志。“代际”在《中国大百科全书》中等同于代际关系，代际关系就是两代人之间的人际关系，通常一代指20年，代际关系的两代，泛指老年人与年轻人，如家庭中的父母辈或祖父辈与儿女、子孙辈的关系。但这种解释不能满足水资源利用的时间阈的要求。在水资源利用中代际的概念与上述定义是存在差异的，它不是指人类个体，而是整个人类。代除概念暗含着一个假设，即人类社会由许多连续的世代组成，并且代与代之间存在着明显的界限。图12－1是代际关系示意图。

A_{00}	A_{10}	A_{20}	A_{30}	……	A_{n0}
A_{01}	A_{11}	A_{21}	A_{31}	……	A_{n1}
A_{02}	A_{12}	A_{22}	A_{32}	……	A_{n2}

图 12－1　人类世代繁衍示意图

图 12－1 中，A_{0t}，A_{1t}，A_{2t}，……，A_{nt}代表人的年龄组，处于任何一个特定时间 t 的人类都是由不同年龄组个体组成的，其中 A_{0t}代表最年轻的年龄组，A_{nt}代表最大年龄组，每过一个时间单位以后，一个年龄组的一些人会进入下一个比较老的年龄组，p_{ij}就是一个单位时间以后 i 年龄组进入 j 年龄组的比率（p_{ij}是一个特定年龄组的存活概率，如 p_{01}代表 A_{0t}年龄组中个体存活并进入 A_{1t}年龄组的概率（$0 \leqslant p_{ij} \leqslant 1$））。

为了清楚地理解代际与水资源的关系，我们对图 12－1 进行简化，图 12－2 是人类世代繁衍的简化图。从图中可以看出，A 代人不仅同 $A-1$ 代人共同生存一段时间 t_1，而且还要同 $A+1$ 代人共同生活一段时 t_2，A 代人有接受 $A-1$ 代人抚养的权利，也有对 $A+1$ 代人进行抚育的义务。从水资源的传递上看，水资源在各代间的使用、继承、保护存在着相继关系。

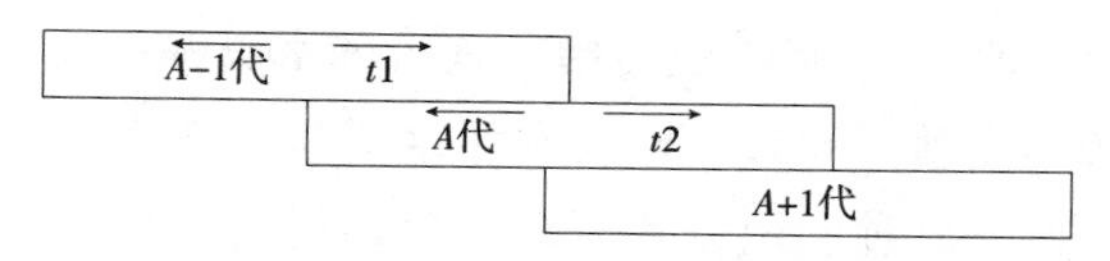

图 12－2　人类代际关系简图

由于人类存在着世代重叠，确定一个世代所经历的时间就成为一个重要的问题。根据生态学的理论，可以用个体生育时的平均年龄来表示世代的长短，其基本计算公式是：

$$T \approx \frac{\sum_{x=0}^{n} x l_x m_x}{\sum_{x=0}^{n} l_x m_x} \approx \frac{\sum_{x=0}^{n} x l_x m_x}{R_0} \tag{12.1}$$

式（12.1）中 T 是一个世代经历的时间；x 为年龄、年龄组或发育阶段；l_x为在年龄组开始时存活个体百分数；m_x为特定年龄生育能力，如 m_x可表示 x 年龄组平均每个人生子数；R_0为净生殖率，其基本含义是下一个世代数量与本世代数量之比值。

（2）水资源代际公平利用模型

假设水资源利用后留给第 a 代的存量为 S_a，该代人的水资源利用量为 C_a，水资源的替代率为 R_a，则每代人拥有的水资源为：

$$S_1 = S_0 - C_1 + S_0 \cdot R_1 \tag{12.2}$$

$$S_2 = S_1 - C_2 + S_1 \cdot R_2 \tag{12.3}$$

$$S_{a-1} = S_{a-2} - C_{a-1} + S_{a-2} \cdot R_{a-1} \tag{12.4}$$

$$S_a = S_{a-1} - C_a + S_{a-1} \cdot R_a \tag{12.5}$$

水资源代际变差为：

$$\begin{aligned}\Delta S &= S_{a-1} - S_a \\ &= (S_{a-2} - C_{a-1} + S_{a-2} \cdot R_{a-1}) - (S_{a-1} - C_a + S_{a-1} \cdot R_a)\end{aligned} \tag{12.6}$$

如果 $\Delta S > 0$，说明 $a-1$ 代人留给 a 代人的水资源较多，a 代人享有比 $a-1$ 代人更多的水资源，表现为水资源的数量与质量逐步提高。

如果 $\Delta S = 0$，说明水资源代际间转移是均衡的，是一种可持续利用模式。

如果 $\Delta S < 0$，即 $a-1$ 代人遗传给 a 代人的水资源少了，本代人消耗了下代人的水资源本底值，导致后代人利用水资源的成本上升。为了后代的公平利用，必须改变这种利用方式，对过度消耗的水资源给予补偿。补偿的系数为：

$$\begin{aligned}\bar{u} &= \frac{\Delta M}{J} \\ &= \frac{V_{a-1}(S_{a-2} - C_{a-1} + S_{a-2} \cdot R_{a-1}) - V_a(S_{a-1} - C_a + S_{a-1} \cdot R_a)}{W_a + r_a K_a + V_a C_a}\end{aligned} \tag{12.7}$$

式（12.7）中，$\bar{u}$ 是水资源转移系数，其基本含义为需要按多大的比例将当代人的水资源给予下代人，才能保证水资源在代际间的公平；W_a为工资量；r_a为利息率；K_a为资本；V_a为水资源的价格。[①] 文化是伦理的基础，水文化的作用就是强化人们的水资源伦理意识，保证水资源的代际公

① 姜文来、杨瑞珍：《资源资产论》，科学出版社，2003。

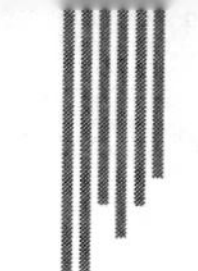

平利用。

12.3　我国水文化的继承与培育

12.3.1　我国现今用水的错误认识

虽然我国水文化有几千年的历史传承，但在实际生活中还存在着一些与水文化相背离的观点，主要表现为经济利益与水文化的冲突。从表面看，水危机的产生是人类社会不断向水与自然过度索取的结果，而从更深层次看，水危机的产生是人类社会水文化发展滞后和缺失的产物。人类在经历对水的长期掠夺和占有的过程中，也逐渐形成了以人类自我为主宰的用水意识、用水习惯以及价值体系。

（1）人水关系的“机械论”

机械主义作为一种世界观，在人与水关系的表现上，强调人独立于水资源之外的二元论，割裂了人与水的相互依赖、相互制约的重要性质，导致人的行为与水资源系统规律相背离。有人把水资源当做上天赐予的，取之不尽、用之不竭的自然物品，人可以无偿地开发、利用水资源，并凭自己的能力和水平任意、无限度和无约束地开发、索取，把水环境当成广阔无垠的接收地和垃圾坑。这种意识使传统水文化对人类用水的行为规范失去作用。

（2）人水关系的“征服观”

古代人敬畏水，把水看得很重要，现代人在经济利益的驱使下，把水看成是生财的工具，水的地位发生了变化。现在我们虽不用回到从前去崇拜水，但还是应该把水人格化，把水当做人的朋友，从生存角度把水看成“人类之母”。然而，一些人信奉“经济第一”，主张人是“自然的主人和所有者”，形成征服主义资源观，致使人类中心论过度张扬。人类中心论是人类最初摆脱因生产力低下而受到大自然困扰后逐渐产生或形成的一种文化观、价值观和伦理观，其核心思想是一切以人类的利益和价值为中心，以人为根本评价尺度。但是，随着人类欲望的无限扩张，人类自身利益的过度张扬，每一个“经济人”都以获取经济利益最大化为其宗旨和目标，征服自然获得经济发展成为一种行为逻辑，势必导致人类毫无节制地开发、掠夺水资源，造成水环境破坏、水资源短缺等问题。

（3）人水关系的“本位主义”

各谋其利的“本位主义”使水资源的使用者对流域上、中、下游进行“诸侯割据”，进行“竞争性使用”，导致了流域中、上游水资源的破坏，给中下游造成严重的洪旱灾害和水环境恶化；而中下游在享受上游的良好水资源和水环境时，却不对上游人所付出的努力给予一定的补偿，区域间的互助意识淡薄。当今河流水污染问题的一个重要原因就是“本位主义”。

12.3.2 我国水文化的培育

（1）开展水文化道德观教育

水文化道德观是指建立在一定价值观基础上的人类利用水资源的思想观念和行为标准，是一种意识形态。应将水道德观教育列为全民素质教育的重要内容，把水道德观教育作为贯彻《全民道德建设实施纲要》的具体行动，向公众不断灌输水道德的原则、规范，提高公众的水道德觉悟，陶冶公众的水道德情操，培养其水道德意识，确立其水道德信念，最终养成其良好的水道德习惯。

应采用公众喜闻乐见的形式，通过报刊、杂志、广播、电视、网络等媒体，广泛宣传普及水道德，特别是要充分利用每年的“世界水日”“中国水周”进行集中宣传，提高公众的水忧患意识，唤起人们珍惜水资源、节约水资源的责任感和义务感，增强人们的危机感和紧迫感。充分发挥我国传统文化教育资源的作用，汲取传统文化中的宝贵资源，使水文化得以发扬光大。

（2）营造水文化氛围

应以水文化为主题，因地制宜，形成说水、讲水、演水、唱水、表现水的浓厚文化氛围，使人们的思想和情操在这种氛围中受到陶冶和升华。①教育类水文化活动，如学校教育、争创先进和创建文明等；②艺术类水文化活动，开展各种形式的水文学艺术创作和演示活动；③健身怡神类水文化活动，如游泳、垂钓、龙舟赛、泼水节等；④旅游类水文化活动，以海、江、河、湖泊等山水资源为依托，开展旅游活动，让人们在旅游中亲近水，感到水的魅力和可贵。

（3）促进水文化“硬化”

第一，完善水资源利用与管理的制度建设。任何文化的传承都要有制度保证，大家通过遵循制度、遵循程序来取得文化上的共识，如果没有制度基础，就会妨碍水文化的规范力。第二，推进水文化设施的建设。在保护已有的水文化设施，如古代水利工程，水利文物、古迹和名胜等的同时，兴建新的水文化设施，增添以水为背景的自然景观和人文景观，如滨水空间、滨水公园、滨水广场，以及亲水建筑、亲水设施等。

（4）开展水文化研究

中国的水文化历史悠久，拥有极为丰富的水文化遗产，应该结合时代精神加以继承和发展，并创造新鲜的当代水文化，构建水文化科学体系。研究中国水利史，保护水文化遗产，制定物质的和非物质的水文化遗产保护名录，总结并传播水文化遗产保护的经验。

参考文献

1.《21 世纪水安全——海牙世界部长级会议宣言》,《中国水利》2000 年第 7 期。

2. 白玥:《社会资本与社会卫生资源利用策略研究》,华中科技大学博士论文,2006。

3. 包春丽:《西部水资源匮乏的相关法律问题研究——以甘肃永靖县为例》,西北民族大学硕士论文,2010。

4. 毕明爽:《论我国水资源管理体制改革和水权制度的构建》,吉林大学硕士论文,2004。

5. 边立明:《调水工程公私合作机制研究》,河海大学博士论文,2007。

6. 财政部、水利部:《关于实施中央财政小型农田水利重点县建设的意见》,《中国水利》2009 年第 13 期。

7. 蔡祥军、章平、李玉连:《群体规范、集体行动发生与共享资源合作治理》,《技术经济》2007 年第 10 期。

8. 蔡永民:《论物权法视野下的水资源法律保护》,对外经济贸易大学博士论文,2007。

9. 曹国建:《东安县水利工程管理单位体制改革方案设计与实施》,中南大学硕士论文,2009。

10. 曹琳:《水权制度基本问题研究》,山东大学硕士论文,2008。

11. 曹鹏宇:《农村改革新时期推进小型农田水利设施建设探讨——以河南省为例》,《农业经济问题》2009 年第 9 期。

12. 曹阳、王春超、李鲲鹏:《农户、地方政府和中央政府决策中的三重博弈——以农村土地流转为例》,《科技经济市场》2011 年第 1 期。

13. 曹瑜、于翠松:《国内外水价比较研究》,《节水灌溉》2010 年第 7 期。

14. 曹振伟：《农村社区公共产品供给的集体行动与自组织发展研究》，延安大学硕士论文，2010。
15. 柴方营：《中国水资源产权配置与管理研究》，东北农业大学博士论文，2006。
16. 柴玲：《水资源利用的权力、道德与秩序——对晋南农村一个扬水站的研究》，中央民族大学博士论文，2010。
17. 柴盈、何自力、王树春：《中国农村灌溉系统治理与制度创新研究》，《贵州社会科学》2007 年第 5 期。
18. 柴盈、曾云敏：《管理制度对我国农田水利政府投资效率的影响——基于我国山东省和台湾省的比较分析》，《农业经济问题》2012 年第 2 期。
19. 常红：《贵州农业灌溉用水管理模式的研究》，浙江大学硕士论文，2004。
20. 常全旺：《清代豫西地区农田水利建设及其管理》，陕西师范大学硕士论文，2011。
21. 常永明：《我国水务管理体制改革问题初论》，河海大学硕士论文，2006。
22. 畅明琦、刘俊萍：《论中国水资源安全的形势》，《生产力研究》2006 年第 8 期。
23. 畅明琦、刘俊萍：《水资源安全基本概念与研究进展》，《中国安全科学学报》2008 年第 8 期。
24. 畅明琦：《水资源安全理论与方法研究》，西安理工大学博士论文，2006。
25. 陈宝玉：《中国水资源的治理转型与体制创新》，《中国国土资源经济》2008 年第 10 期。
26. 陈博：《完善水资源价格形成机制的思考——以三峡库区为例》，《价格理论与实践》2009 年第 6 期。
27. 陈诚：《村落公共池塘资源治理的研究》，厦门大学硕士论文，2008。
28. 陈辞：《中国农业水利设施的产权安排与投融资机制研究——基于 SSP 范式的分析视角》，西南财经大学博士论文，2011。
29. 陈丹：《南方季节性缺水灌区灌溉水价与农民承受能力研究》，河海大学博士论文，2007。

30. 陈定洋、王泽强：《从非合作博弈到合作博弈——基于当前农村社区公共产品供给机制“一事一议”制度分析》，《商业研究》2008年第3期。
31. 陈定洋：《中国农村公共产品供给制度变迁研究》，西北农林科技大学博士论文，2009。
32. 陈东：《农村公共品供给意愿、利益群体与行为博弈》，《改革》2008年第6期。
33. 陈贵华：《中国共产党领导农田水利建设经验之制度分析》，《毛泽东思想研究》2011年第2期。
34. 陈贵华：《农民与我国农田水利建设的关系分析》，《农业考古》2009年第4期。
35. 陈贵华：《新中国农田水利发展的制度性特征分析》，《中国农村水利水电》2011年第10期。
36. 陈皓皓、黄介生、曾革军、黄志强、罗文胜：《基于农民用水协会的用水总量控制模式研究》，《灌溉排水学报》2009年第4期。
37. 陈洪：《我国水权交易立法问题研究》，湖南师范大学硕士论文，2008。
38. 陈晖：《森林资源社区共管的社会资本问题研究——以白水江自然保护区为例》，兰州大学硕士论文，2008。
39. 陈晖涛：《建国以来农田水利设施供给制度的变迁及其启示》，《世纪桥》2012年第3期。
40. 陈菁、陈丹、褶琳琳、代小平：《灌溉水价与农民承受能力研究进展》，《水利水电科技进展》2008年第6期。
41. 陈静：《水质型缺水地区节水型社会评价体系与激励机制研究》，华东师范大学博士论文，2009。
42. 陈坤：《流域管理中的法律冲突问题探讨》，《科技与法律》2011年第3期。
43. 陈雷：《实行最严格的水资源管理制度　保障经济社会可持续发展》《资源与人资环境》2009年第13期。
44. 陈磊：《河水资源的产权管理与运作研究：以黄河为例》，山东农业大学博士论文，2008。

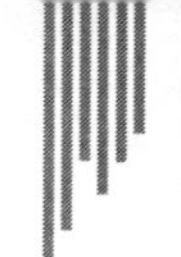

45. 陈俐帆、高明：《财政支农对农民收入的贡献分析》，《就业与保障》2011 年第 8 期。

46. 陈俐帆、高明：《社会资本、信任机制与社区公共池塘资源管理》，《发展研究》2012 年第 1 期。

47. 陈绍金：《水安全概念辨析》，《中国水利》2004 年第 17 期。

48. 陈绍金：《水安全系统评价、预警与调控研究》，河海大学博士论文，2005。

49. 陈诗波：《循环农业主体行为的理论分析与实证研究》，华中农业大学博士论文，2008。

50. 陈潭、刘建义：《集体行动、利益博弈与村庄公共物品供给——岳村公共物品供给困境及其实践逻辑》，《公共管理学报》2010 年第 3 期。

51. 陈伟：《税费改革后的农田水利困境与制度选择——基于湖北荆门的调查》，华中师范大学硕士论文，2006。

52. 陈伟东、舒晓虎：《社区空间再造：政府、市场、社会的三维推力——以武汉市 J 社区和 D 社区的空间再造过程为分析对象》，《江汉论坛》2010 年第 10 期。

53. 陈曦：《城市饮用水源保护与管理机制研究》，中国地质大学博士论文，2010。

54. 陈显艺：《提高我国水资源利用效率的经济学分析——水权交易理论的应用》，复旦大学硕士论文，2007。

55. 陈新业：《水资源价格形成机制与路径选择研究》，《探索》2010 年第 1 期。

56. 陈星：《自然资源价格论》，中共中央党校博士论文，2007。

57. 陈旭升：《中国水资源配置管理研究》，哈尔滨工程大学博士论文，2009。

58. 陈彦翀：《农业自然资源权利制度研究——基于现行自然资源法律制度的分析评价》，中国农业大学硕士论文，2005。

59. 陈毅：《博弈规则与合作秩序——理解集体行动中合作的难题》，吉林大学博士论文，2007。

60. 陈银蓉：《我国政府土地管理行为的研究》，华中农业大学博士论文，2000。

61. 陈雨梅：《唐代关中农田水利、水利管理及立法研究》，西北大学硕士论文，2010。
62. 陈祖海：《水资源价格问题研究》，华中农业大学博士论文，2001。
63. 陈振明：《公共管理前沿》，福建人民出版社，2002。
64. 陈振明：《公共组织理论（公共管理学科前沿丛书）》，上海人民出版社，2009。
65. 陈振明：《理解公共事务》，北京大学出版社，2011。
66. 成红、徐颖：《农业水权流转法律制度探析》，《法学杂志》2010年第5期。
67. 成婧：《苏北农村社会资本与农民政治参与》，《天水行政学院学报》2008年第4期。
68. 成娜：《集体行动视角下农村公共物品自主供给的影响因素分析——基于王集村的一项实地研究》，山东大学硕士论文，2010。
69. 程昆、潘朝顺、黄亚雄：《农村社会资本的特性、变化及其对农村非正规金融运行的影响》，《农业经济问题》2006年第6期。
70. 仇志峰：《我国农民用水协会组织建立与管理运行研究》，山东大学硕士论文，2010。
71. 从忻：《孝妇河流域水资源管理法律问题研究》，山东科技大学博士论文，2010。
72. 崔宝玉：《欠发达地区农村社区公共产品农户参与供给研究——以安徽省为例》，浙江大学博士论文，2009。
73. 单平基：《水权取得及转让制度研究——以民法上水资源国家所有权之证成为基础》，吉林农业大学博士论文，2011。
74. 单以红：《水权市场建设与运作研究》，河海大学博士论文，2007。
75. 党晓虹、黄占斌：《水资源社区自主管理的历史考察——以明清晋陕地区为例》，《兰州学刊》2011年第5期。
76. 党永锋：《政府、市场与社会关系的政治生态学分析》，《大庆师范学院学报》2011年第1期。
77. 邓红亮、赵竹村：《推动村民一事一议筹资筹劳制度促进农村公益事业建设》，《农村经营管理》2007年第12期。
78. 邓沐平：《中型灌区管理体制改革实践与探索》，《陕西水利》2010年

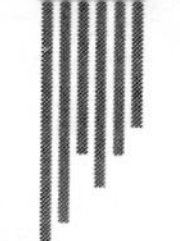

第 6 期。

79. 邓绍云、邱清华：《西北干旱区域水资源可持续利用评价指标体系的构建》，《中国农学通报》2011 年第 1 期。

80. 丁魁礼：《农民集体行动中的合作条件研究——以农村公共产品自愿供给为例》，华中科技大学硕士论文，2007。

81. 丁平：《我国农业灌溉用水管理体制研究》，华中农业大学博士论文，2006。

82. 丁谦：《我国农村公共物品供给模式研究》，江西财经大学硕士论文，2006。

83. 董海荣：《社会学视角的社区自然资源管理研究》，中国农业大学博士论文，2005。

84. 董宏纪、张宁：《小型水利工程农户参与式管理的激励机制设计——理论模型与实证分析》，《中国农村水利水电》2008 年第 10 期。

85. 董前程：《农村公共产品供给中的主体博弈及制度选择》，《淮南师范学院学报》2005 年第 6 期。

86. 董少林：《公共选择理论视角下地方政府利益研究》，复旦大学博士论文，2009。

87. 董永强：《"零赋税时代"农村公共品提供难的博弈模型分析》，《现代农业科技》2006 年第 2 期。

88. 杜君楠：《浅析中国农村小型水利设施投融资中存在的问题及对策》，《安徽农业科学》2009 年第 7 期。

89. 杜明军：《农田水利基础设施中的利益关系探析》，《黄河科技大学学报》2009 年第 5 期。

90. 杜威漩：《交易成本、制度效率与农业水资源管理制度创新》，《节水灌溉》2007 年第 8 期。

91. 杜威漩：《论政府在水资源管理中的角色定位》，《水利发展研究》2007 年第 9 期。

92. 杜威漩：《农田水利问题研究综述：组织制度与供给》，《水利发展研究》2011 年第 12 期。

93. 杜威漩：《制度创新与合作博弈均衡的实现——农业水利设施投资困境与对策》，《水利发展研究》2005 年第 11 期。

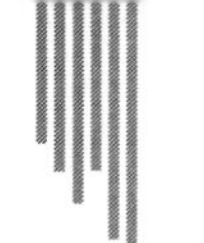

94. 杜威漩：《中国农业水资源管理制度创新研究——理论框架、制度透视与创新构想》，浙江大学博士论文，2005。
95. 段绪柱：《国家权力与自治权力的互构与博弈——转型中国乡村社会权力关系研究》，吉林大学博士论文，2010。
96. 段永红：《中国水市场培育研究》，华中农业大学博士论文)，2005。
97. 樊宝洪：《基于乡镇财政视角的农村公共产品供给研究》，南京农业大学博士论文，2007。
98. 樊根耀：《生态环境治理制度研究》，西北农林科技大学博士论文，2002。
99. 范仓海：《水资源公共政策形成机制研究综述》，《生产力研究》2008年第23期。
100. 方堃肖、肖微：《从“国家单方供给”到“社会协同治理”——协同学语境下的县域农村公共服务模式变革研究》，《宏观管理》2009年第1期。
101. 方银水：《取消农业税后农村公共产品主要提供主体间的博弈分析》，《理论与改革》2006年第3期。
102. 方银水：《中国农村公共产品的规范化政府提供模式研究》，厦门大学博士论文，2008。
103. 房保言、田双亮、王志刚：《新农村基础设施建设中农民的合作意愿博弈分析》，《乡镇经济》2009年第8期。
104. 丰存斌、刘素仙：《论农村公共物品供给体系多元化与第三部门参与》，《福建论坛·人文社会科学版》2011年第5期。
105. 丰景春、高蕾：《我国农业水费改革及建议》，《水利经济》2008年第9期。
106. 冯广志：《回顾总结60年历程　认识农田水利发展规律》，《中国水利》2009年第19期。
107. 冯健：《农村环境治理的经济学分析》，浙江大学硕士论文，2005。
108. 冯林、朱艳静、司伟：《基于博弈论的农村基础设施投资主体行为优化分析》，《云南财经大学学报》2008年第4期。
109. 符加林、崔浩、黄晓红：《农村社区公共物品的农户自愿供给——基于声誉理论的分析》，《经济经纬》2007年第4期。

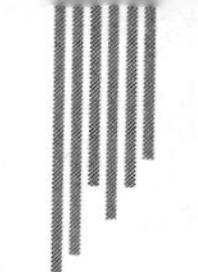

110. 付登科:《水域资源环境管理模式研究》，南昌大学硕士论文，2007。
111. 付峰、张在旭、马志现:《我国水资源价格改革问题探讨》，《价格理论与实践》2010年第5期。
112. 傅奇蕾:《聊城市小型水利设施产权制度改革研究》，山东农业大学硕士论文，2007。
113. 甘琳:《PPP模式在农村水利基础设施建设中的应用研究》，重庆大学博士论文，2011。
114. 高明、刘淑荣:《价格调节与水资源集约利用》，《农业现代化研究》2006年第1期。
115. 高明:《公私合作模式在农村基础设施建设中的应用》，《宏观经济管理》2010年第7期。
116. 高明:《共生理论：区域城乡公共服务一体化的新思路》，《西南农业大学学报》2012年第1期。
117. 高明:《价格调节与水资源集约利用》，《农业现代化研究》2006年第1期。
118. 高明:《论我国水权制度的调适与创新》，《水利经济》2006年第1期。
119. 高明:《农户节水灌溉技术应用动因与激励对策》，《中国农村水利水电》2006年第7期。
120. 高明:《农业水资源保护主体与行为逻辑分析》，《西北农林大学学报》2010年第1期。
121. 高明:《我国粮食主产区耕地可持续利用研究——以黑龙江省为例》，《经济纵横》2004年第7期。
122. 高明:《我国农村公共物品政策演变：论从制度外走向制度内供给的必然》，《华中农业大学学报》2012年第6期。
123. 高明:《现阶段农户对耕地投入的实证研究》，《中国农业资源与区划》2005年第4期。
124. 高明:《自然资源集约利用的技术创新与政府激励》，《国土与自然资源研究》2005年第7期。
125. 高升荣:《水环境与农业水资源利用——明清时期太湖与关中地区的比较研究》，陕西师范大学博士论文，2006。

126. 高晓露:《现代国际水法的发展趋势及对中国的启示》,《学术交流》2009 年第 4 期。

127. 高有福:《环境保护中政府行为的经济学分析与对策研究》,吉林大学博士论文,2006。

128. 高圆圆、左停:《村委会在提供社会保障类公共品方面的作用》,《农业经济问题》2011 年第 3 期。

129. 高圆圆、左停:《农村社会保障公共品供给的跨越:从政府管理走向政府治理与村委会代理》,《农村经济》2010 年第 7 期。

130. 郜绍辉:《公共物品的市场供给之辨》,《安阳工学院学报》2009 年第 5 期。

131. 戈锋:《内蒙古小型水利工程经营管理模式研究》,中国农业科学院硕士论文,2007。

132. 葛颜祥:《水权市场与农用水资源配置》,山东农业大学博士论文,2003。

133. 顾宝群、吴军彩、董瑞海:《灌区参与式节水管理体制改革探讨》,《河北水利》2008 年第 S1 期。

134. 顾金喜:《社会公平合作体系与农村公共产品供给优化研究》,浙江大学博士论文,2009。

135. 关慧、蔡冬冬:《中国农村公共物品供给不足的博弈分析》,《中国经贸导刊》2010 年第 18 期。

136. 管斌:《市场化政府经济行为及其法律规范》,湖南大学博士论文,2007。

137. 管义伟:《供给、认同与社会融合:我国农村社区服务体制的变迁及其后果——对河南省息县的实证研究》,华中师范大学博士论文,2010。

138. 桂华:《组织与合作:论中国基层治理二难困境——从农田水利治理谈起》,《社会科学》2010 年第 11 期。

139. 郭莉:《我国农业水资源配置及其法律保障机制研究——以乌江流域为例》,河海大学硕士论文,2006。

140. 郭丽、崔强:《关于农业水权制度的法律思考》,《安徽农业科学》2009 年第 28 期。

141. 郭亮：《对当前农田水利现状的社会学解释》，《毛泽东邓小平理论研究》2011 年第 4 期。

142. 郭佩霞、朱明熙：《村社组织、乡村精英：乡村社区公共产品供给的底层机制——基于乡村内生秩序与制度变迁逻辑》，《开发研究》2010 年第 5 期。

143. 郭善民、王荣：《农业水价政策作用的效果分析》，《农业经济问题》2004 年第 7 期。

144. 郭善民：《灌溉管理制度改革问题研究——以皂河灌区为例》，南京农业大学博士论文，2004。

145. 国务院发展研究中心“完善小型农田水利建设和管理机制研究”课题组：《我国小型农田水利建设和管理机制：一个政策框架》，《改革》2011 年第 8 期。

146. 韩慧：《农村灌溉用水社区管理模式研究——以宁夏青铜峡灌区南庄村为例》，中央民族大学硕士论文，2010。

147. 韩晶：《基于“大部制”的流域管理体制研究》，《生态经济》2008 年第 10 期。

148. 韩青、袁学国：《参与式灌溉管理对农户用水行为的影响》，《中国人口·资源与环境》2011 年第 4 期。

149. 韩小梅、杨平富、陈祖梅、胡小梅、苏蓉、郭健、曾荆利：《漳河灌区农业供水两部制水价制度执行情况调研》，《中国农村水利水电》2007 年第 1 期。

150. 韩宇平、阮本清：《区域水安全评价指标体系初步研究》，《环境科学学报》2003 年第 2 期。

151. 郝少英、伏苓、贾志峰：《论国际水法的价值目标及其实现》，《环境与可持续发展》2010 年第 5 期。

152. 何逢标、唐德善：《农业水权：农民的紧箍咒还是护身符》，《生态经济》2006 年第 11 期。

153. 何逢标：《塔里木河流域水权配置研究》，河海大学博士论文，2007。

154. 和莹：《公共池塘资源管理的制度分析——以水资源管理为例》，西北大学硕士论文，2007。

155. 贺雪峰、郭亮：《农田水利的利益主体及其成本效益分析》，《管理世界》2010 年第 7 期。
156. 贺雪峰：《农田水利利益主体分析》，《社会观察》2011 年第 6 期。
157. 洪必纲：《公共物品供给中的租及寻租博弈研究》，湖南大学博士论文，2010。
158. 侯成波，薛强：《构建和谐水法规体系》，《水利发展研究》2007 年第 4 期。
159. 胡发平：《用水合作组织——农村水利改革发展的呼唤》，《水利发展研究》2009 年第 5 期。
160. 胡浩：《价格杠杆在关中地区中水资源配置中的作用研究》，西北大学硕士论文，2002。
161. 胡继连：《农用水权的界定、实施效率及改进策略》，《农业经济问题》2010 年第 11 期。
162. 胡健：《近代陕南地区农田水利纠纷解决与乡村社会研究》，西北大学硕士论文，2007。
163. 胡松、梁虹、舒栋才、代稳：《我国水安全研究现状及展望》，《水科学与工程技术》2010 年第 3 期。
164. 胡武贤、江华：《农村公共物品市场化供给与政府监管》，《改革与战略》2008 年第 12 期。
165. 胡拥军、毛爽：《农村社区公共产品合作供给的决策机制——基于“熟人社会”的博弈框架》，《兰州学刊》2011 年第 1 期。
166. 胡志莹：《多人重复公共物品困境中合作行为影响的实验研究》，同济大学博士论文，2008。
167. 黄春雷：《农村社区公共池塘型水资源治理问题研究》，华中农业大学硕士论文，2006。
168. 黄大金：《中国乡村社区治理研究》，湖南农业大学博士论文，2010。
169. 黄海斌：《中国水资源利用与经济社会可持续发展研究》，西北农林科技大学硕士论文，2007。
170. 黄剑宇：《社会资本视角下的农村公共产品供给》，《内蒙古农业大学学报》2007 年第 3 期。
171. 黄锦坤：《水资源价格形成机制研究——以贵阳市为例》，贵州大学硕

士论文，2008。

172. 黄丽华：《中国农村公共产品供给制度变迁与制度创新》，吉林大学博士论文，2008。
173. 黄璐璐：《乡村精英与农村公共物品自发供给》，《重庆科技学院学报》2010年第7期。
174. 黄明元、邹冬生、李东晖：《农业循环经济主体行为博弈与协同优势分析——兼论政府发展农业循环经济的制度设计》，《经济地理》2011年第2期。
175. 黄涛珍：《面向可持续发展的水价理论与实践》，河海大学博士论文，2004。
176. 黄霞、胡中华：《我国流域管理体制的法律缺陷及其对策》，《中国国土资源经济》2009年第3期。
177. 黄艳翥：《对农村小型水利工程现状及改革的思考》，《今日科苑》2011年第8期。
178. 黄永新：《西部农村社区公共产品的农民自主治理——基于广西北部湾农村地区的调查》，中央民族大学博士论文，2011。
179. 黄志坚、崔波、吴健辉：《社会资本视域下的农村问题研究综述》，《商业研究》2009年第9期。
180. 贾晋、钟茜：《农村税费改革后的乡镇政府行为研究综述及展望》，《求实》2009年第7期。
181. 贾康、孙洁：《公私伙伴关系（PPP）的概念、起源、特征与功能》，《财政研究》2009年第10期。
182. 江林茜：《论资源环境持续利用中的市场机制问题》，《资源开发与市场》2007年第2期。
183. 江永清：《稀缺性、政府与市场作用边界问题——超越传统的公共物品分析途径》，《成都行政学院学报》2007年第4期。
184. 姜东晖：《农用水资源需求管理理论与政策研究》，山东农业大学博士论文，2009。
185. 姜伟：《我国农用水权制度研究》，中国海洋大学硕士论文，2006。
186. 姜文来：《农业水价承载力研究》，《中国水利》2003年第6期。
187. 姜文来：《支撑粮食安全的农业水资源阈值研究与展望》，《农业展

望》2010年第9期。
188. 蒋邦全：《农田水利基础设施建设现状及困境探讨》，《现代商贸工业》2010年第2期。
189. 蒋俊杰：《我国农村灌溉管理的制度创新》，复旦大学博士论文，2005。
190. 蒋云钟：《水资源管理与水安全预警》，《建设科技》2009年第5期。
191. 焦晋鹏：《农业产业结构调整中政府与农户的博弈分析》，《集体经济》2010年第4期。
192. 靳雪：《水权银行的建设与管理研究》，山东农业大学博士论文，2011。
193. 鞠秋立：《我国水资源管理理论与实践研究》，吉林大学硕士论文，2004。
194. 柯龙山：《我国农田水利设施供给机制：变迁、困境与创新——基于南方旱涝灾害的思考》，《农业现代化研究》2010年第5期。
195. 孔进：《公共文化服务供给：政府的作用》，山东大学博士论文，2010。
196. 孔喜梅：《农村水利设施管理和维护的困境与对策研究》，《安徽农业科学》2011年第13期。
197. 郎友兴、周文：《社会资本与农村社区建设的可持续性》，《浙江社会科学》2008年第11期。
198. 雷波：《农业水资源效用评价研究》，中国农业科学院博士论文，2010。
199. 雷玉琼、胡文期：《混合产权交易制度：公共池塘资源治理的有效路径》，《江西财经大学学报》2009年第5期。
200. 雷玉桃：《流域水资源管理制度研究》，华中农业大学博士论文，2004。
201. 黎元生、胡熠：《从科层到网络：流域治理机制创新的路径选择》，《福州党校学报》2010年第2期。
202. 李长健、吴薇、卞晓伟：《基于水资源可持续发展的民间组织问题探究》，《江西农业大学学报》2009年第4期。
203. 李国祥：《农田水利建设和管护主体研究》，《农村金融研究》2011年

第 6 期。

204. 李海燕：《我国社会组织参与公共服务研究》，内蒙古大学硕士论文，2010。

205. 李鹤：《权利视角下农村社区参与水资源管理研究——B 市案例分析》，中国农业大学博士论文，2007。

206. 李华：《经济—人口—资源—环境协调度的预警研究》，山东科技大学博士论文，2010。

207. 李劼：《社会资本及其在自然资源管理中的作用》，《林业经济》2008 年第 10 期。

208. 李津燕：《地方政府行为与市场秩序构建》，武汉大学博士论文，2005。

209. 李军：《乡村精英：农村社会资本内生性增长点》，《调研世界》2007 年第 3 期。

210. 李科：《我国农业水资源可持续利用的对策研究》，成都理工大学硕士论文，2007。

211. 李可：《自主管理灌排区的运行机制及其绩效分析》，河南农业大学大学硕士论文，2004。

212. 李丽莉：《流域水权发生与配置及其在农业中的应用》，甘肃农业大学硕士论文，2005。

213. 李林：《生态资源可持续利用的制度分析》，四川大学博士论文，2006。

214. 李凌：《相关利益主体的互动对参与式灌溉管理体制发育的影响——以湖南省铁山南灌区井塘用水户协会为案例》，中国农业大学硕士论文，2005。

215. 李六：《社会资本：形成机制与作用机制研究》，复旦大学博士论文，2010。

216. 李培蕾、钟玉秀、韩益民：《我国农业水费的征收与废除初步探讨》，《水利发展研究》2009 年第 4 期。

217. 李鹏、汪志农、李强：《大型灌区农业水价改革中存在的问题与对策》，《安徽农业科学》2008 年第 14 期。

218. 李鹏：《可持续发展的农业水价理论与改革》，西北农林科技大学硕士

论文，2008。

219. 李岐山：《农田水利工程建设管理的若干问题探讨》，《黑龙江科技信息》2010年第1期。
220. 李强、郭锦墉、蔡根女：《我国农村公共产品的自愿供给：一个博弈分析的框架》，《东南学术》2007年第1期。
221. 李琴熊、启泉、孙良媛：《利益主体博弈与农村公共品供给的困境》，《农业经济问题》2005年第4期。
222. 李铁光：《灌区资产管理及运行管理费用的动态分析》，武汉大学硕士论文，2004。
223. 李万超：《多策并举破解农田水利建设资金难题》，《武汉金融》2011年第3期。
224. 李威：《水价改革对农业灌溉的影响》，《灌溉排水学报》2007年第3期。
225. 李雪梅：《基于多中心理论的环境治理模式研究》，大连理工大学博士论文，2010。
226. 李雪松：《中国水资源制度研究》，武汉大学博士论文，2005。
227. 李燕玲：《我国流域水资源管理的法律问题》，福州大学硕士论文，2004。
228. 李英哲：《我国农村公共产品供求及其制度研究创新》，西南财经大学博士论文，2010。
229. 李颖明：《粮食主产区农业水资源可持续利用分析》，《中国农村经济》2007年第9期。
230. 李永忠：《水利管理体制和运行机制的探讨》，《农业科技与信息》2008年第16期。
231. 李友生：《农业水资源可持续利用的经济分析》，南京农业大学博士论文，2004。
232. 李云燕：《论循环经济运行机制——基于市场机制与政府行为的分析》，《现代经济探讨》2010年第9期。
233. 李兆捷：《我国农村社会资本研究评述》，《安徽农业科学》2011年第16期。
234. 梁柏章：《我国农村居民的集体行动研究——以社会资本为视角》，广

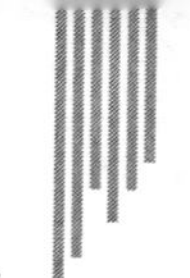

西民族大学硕士论文，2010。

235. 廖永松：《农业水价改革的问题与出路》，《中国农村水利水电》2004年第3期。

236. 凌玲：《基于村民参与视角的农村公共物品供给影响因素研究》，浙江大学硕士论文，2010。

237. 刘布春、梅旭荣、李玉中、杨有禄：《农业水资源安全的定义及其内涵和外延》，《中国农业科学》2006年第5期。

238. 刘布春：《河套灌区农业水资源安全评价研究》，中国农业科学院博士论文，2007。

239. 刘晨霞、于蓉、赵勇：《农业水费计收与管理探讨》，《现代农业科技》2010年第4期。

240. 刘成玉、孙小燕：《产权改革：理顺农田水利设施管护体制的突破口》，《农村经济》2006年第11期。

241. 刘大坤：《后农业税时代我国农村公共产品供给模式研究》，南京师范大学硕士论文，2008。

242. 刘道胜：《农村小型水利工程管理体制及存在的主要问题》，《工程与建设》2007年第4期。

243. 刘得扬、杨征、朱方明：《组织结构变迁、基层农田水利建设与国家农业安全》，《软科学》2011年第11期。

244. 刘芳：《流域水资源治理模式的比较制度分析——以新疆塔里木河流域治理为例》，浙江大学博士论文，2010。

245. 刘光俊、王云诚、毕红霞：《财政分权下中央政府与地方政府的博弈分析》，《生产力研究》2010年第9期。

246. 刘红梅、王克强、黄智俊：《农业水价格补贴方式选择的经济学分析》，《山西财经大学学报》2006年第5期。

247. 刘红梅、王克强、郑策：《水资源管理中的公众参与研究——以农业用水管理为例》，《中国行政管理》2010年第7期。

248. 刘洪：《集体行动与经济绩效——曼瑟尔·奥尔森经济思想评述》，《当代经济研究》2002年第7期。

249. 刘建英、陈慧：《论PPP模式在水利基础设施建设项目中的应用》，《工作研究》2012年第6期。

250. 刘靖：《新农村建设背景下政府保障农村公共物品有效供给的对策研究》，吉林大学博士论文，2010。
251. 刘俊浩：《农村社区农田水利建设组织动员机制研究》，西南农业大学博士论文，2005。
252. 刘力谭、向勇、寇荣：《农村税费改革前中国农田水利建设投入模式历史分析》，《新疆农垦经济》2007 年第 4 期。
253. 刘普：《中国水资源市场化制度研究》，武汉大学博士论文，2010。
254. 刘七军、党彦军、刘军翠：《流域水资源管理问题研究》，《开发研究》2008 年第 5 期。
255. 刘戎：《社会资本视角的流域水资源治理研究》，河海大学博士论文，2007。
256. 刘戎：《组织间关系理论与方法在水资源治理中的引入》，《科技与经济》2010 年第 6 期。
257. 刘瑞亮：《征地过程中地方政府、中央政府、农民的博弈分析》，《兰州学刊》2010 年第 6 期。
258. 刘石成：《我国农田水利设施建设中存在的问题及对策研究》，《宏观经济研究》2011 年第 8 期。
259. 刘涛：《干旱半干旱地区农田灌溉节水治理模式及其绩效研究——以甘肃省民乐县为例》，南京农业大学博士论文，2009。
260. 刘涛：《农田水利的制度设计困境与实践方向》，《人大建设》2009 年第 4 期。
261. 刘婷婷、王亮：《我国水价制度的弊端及对策分析》，《中国商界》2010 年第 4 期。
262. 刘伟：《中国水制度的经济学分析》，复旦大学博士论文，2004。
263. 刘文、彭小波：《我国的农业水资源安全分析》，《农业经济》2006 年第 10 期。
264. 刘文：《我国农业水资源问题分析》，《农业经济》2007 年第 1 期。
265. 刘文荣、陈鹏、马小明：《公共池塘资源管理的自治制度分析》，《环境科学动态》2005 年第 2 期。
266. 刘晓峰、刘祖云：《区域公共品供给中的地方政府合作：角色定位与制度安排》，《贵州社会科学》2011 年第 1 期。

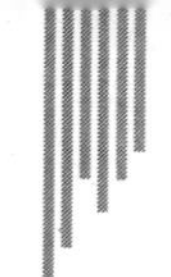

267. 刘晓杰：《和谐社会视阈下农村公共领域矛盾及其化解研究——基于豫北西部L村小亲族行动单位的调查》，华北农业大学硕士论文，2010。

268. 刘肖军：《山东省农田水利建设发展战略研究》，山东大学硕士论文，2007。

269. 刘欣：《农村水利公共设施的供给与需求分析》，《中国农村水利水电》2007年第7期。

270. 刘洋：《供给的逻辑——以豫西库区及荆门农村为个案》，华中科技大学硕士论文，2006。

271. 刘一：《区域内水权初始分配机制研究》，重庆大学硕士论文，2006。

272. 刘渝：《基于生态安全与农业安全目标下的农业水资源利用与管理研究》，华中农业大学博士论文，2009。

273. 刘媛媛、黄艳斐：《用水合作社让水资源活起来》，《中国农民合作社》2011年第3期。

274. 刘振山：《超越“集体行动困境”——埃莉诺·奥斯特罗姆的自主组织理论述评》，《山东科技大学学报》2004年第1期。

275. 龙春霞：《农村“一事一议”筹资筹劳制度运行中的困境与突破——基于社会资本的视角》，《广东社会科学》2010年第7期。

276. 卢志锋：《河西地区农民参与式灌溉研究——基于集体行动理论》，兰州大学硕士论文，2009。

277. 卢祖国、陈雪梅：《论我国流域管理——碎片化治理之策》，《生态经济》2009年第4期。

278. 陆海曙：《基于博弈论的流域水资源利用冲突及初始水权分配研究》，河海大学博士论文，2007。

279. 陆亚雄：《农业用水理论价格及实施方法研究》，国防科学技术大学硕士论文，2007。

280. 陆益龙：《水权水市场制度与节水型社会的建设》，《南方社会科学》2009年第7期。

281. 吕俊：《小型农田水利设施供给机制：基于政府层级差异》，《改革》2012年第3期。

282. 吕永成：《善治取向下的村域公共治理模式研究——以中牟县村域公

共治理模式为表述对象》，华中师范大学博士论文，2009。

283. 罗鸿：《外部性内部化的公共政策手段和科斯定理》，《现代商贸工业》2007年第12期。

284. 罗兴佐、贺雪峰：《取消农业税后农村水利供给的制度设计及其困境》，《中国农村水利水电》2008年第4期。

285. 罗兴佐、贺雪峰：《乡村水利的组织基础——以荆门农田水利调查为例》，《学海》2003年第6期。

286. 罗兴佐、刘书文：《市场失灵与政府缺位——农田水利的双重困境》，《中国农村水利水电》2005年第6期。

287. 罗兴佐、王琼：《"一事一议"难题与农田水利供给困境》，《调研世界》2006年第4期。

288. 罗兴佐：《对当前若干农田水利政策的反思》，《调研世界》2008年第1期。

289. 罗兴佐：《论新中国农田水利政策的变迁》，《探索与争鸣》2011年第8期。

290. 罗兴佐：《农民合作灌溉的瓦解与近年我国的农业旱灾》，《水利发展研究》2008年第5期。

291. 罗兴佐：《税费改革前后农田水利制度的比较与评述》，《改革与战略》2007年第7期。

292. 罗兴佐：《政府要在农田水利建设中发挥主导作用》，《探索与争鸣》2010年第8期。

293. 罗兴佐：《治水：国家介入与农民合作——荆门五村研究》，华中师范大学博士论文，2005。

294. 马超：《农民用水权益的理论体系研究及影响因素分析》，《水利经济》2010年第4期。

295. 马成林、王锋：《新农村社区合作组织建设理论、政策与实践的博弈分析》，《改革与战略》2007年第5期。

296. 马丽娜：《我国水资源管理体制研究》，西北大学硕士论文，2008。

297. 马培衢、刘伟章、雷海章：《农业水资源配置有效性分析》，《财经研究》2006年第5期。

298. 马培衢、刘伟章：《集体行动逻辑与灌区农户灌溉行为分析——基于

中国漳河灌区微观数据的研究》,《财经研究》2006 年第 12 期。

299. 马培衢:《农业水资源有效配置的经济分析》,华中农业大学博士论文,2007。

300. 马涛:《灌区运行状况及可持续发展评价研究》,沈阳农业大学博士论文,2008。

301. 马文高:《我国中部欠发达地区农村公共产品的供给困境及对策——以湖南省 L 县 S 乡农田水利基础设施供给为视角》,湖南师范大学硕士论文,2010。

302. 马晓河、方松海:《中国的水资源状况与农业生产》,《农业经济》2006 年第 10 期。

303. 马孝义、赵文举:《基于帕累托优化的农业用水定价机制与模型研究》,《科技导报》2006 年第 10 期。

304. 毛春梅:《农业水价改革与节水效果的关系分析》,《中国农村水利水电》2005 年第 4 期。

305. 毛寿龙、杨志云:《无政府状态、合作的困境与农村灌溉制度分析——荆门市沙洋县高阳镇村组农业用水供给模式的个案研究》,《理论探讨》2010 年第 2 期。

306. 孟德锋:《农户参与灌溉管理改革的影响研究——以苏北地区为例》,南京农业大学博士论文,2009。

307. 孟戈:《灌溉水费与农民负担及节水的关系——灌溉水费的征收现状及政策建议》,《价格理论与实践》2009 年第 4 期。

308. 孟静:《水资源管理体制研究——以水资源管理模式与排污许可证制度为视角》,河北大学硕士论文,2010。

309. 孟鑫:《农田水利管理制度创新中的机遇与挑战》,《中国集体经济》2010 年第 12 期。

310. 孟秀丽:《小型农田水利工程建设存在的问题及管理措施》,《中国技术新产品》2010 年第 5 期。

311. 穆贤清:《农户参与灌溉管理的制度保障研究——基于我国农民用水者协会的案例分析》,浙江大学博士论文,2004。

312. 倪细云、文亚青:《农田水利基础设施建设的影响因素》,《改革》2011 年第 10 期。

313. 年自力、雷波、胡亚琼：《新疆农业灌溉用水推行终端水价初探》，《节水灌溉》2009年第12期。
314. 聂爱平：《我国水资源生态保护立法探讨》，《江西社会科学》2009年第11期。
315. 聂飞：《当前我国农村社会资本培育研究》，《广东农业科学》2010年第1期。
316. 宁淼、叶文虎：《我国淡水湖泊的水环境安全及其保障对策研究》，《北京大学学报（自然科学版）》，网络版（预印本），2009年第1期。
317. 牛俊、汪志农、董增川、张晓涛：《关中灌区支、斗渠管理体制改革模式分析》，《中国农村水利水电》2009年第5期。
318. 彭长生：《农村公共品合作供给的影响因素研究——以“村村通”道路工程为例》，南京农业大学博士论文，2007。
319. 彭学军：《流域管理与行政区域管理相结合的水资源管理体制研究》，山东大学硕士论文，2006。
320. 蒲实：《水资源价格定价模型研究》，《经济体制改革》2007年第1期。
321. 钱焕欢、倪焱平：《农业用水水权现状与制度创新》，《中国农村水利水电》2007年第5期。
322. 茜坤：《我国地下水资源可持续利用法律制度研究》，浙江农林大学硕士论文，2010。
323. 乔文军：《农业水权及其制度建设研究》，西北农林科技大学硕士论文，2007。
324. 乔西现：《江河流域水资源统一管理的理论与实践》，西安理工大学博士论文，2008。
325. 秦兰兰：《农用水资源利用限额管理制度研究》，山东农业大学硕士论文，2009。
326. 青年研究专项课题组：《我国水利发展改革中政府与市场关系的初步探讨》，《水利发展研究》2010年第8期。
327. 曲红梅：《水资源需求管理制度研究》，浙江大学硕士论文，2007。
328. 曲延春：《我国农村公共产品供给体制变迁研究》，山东大学博士论文，2008。

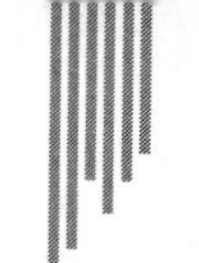

329. 曲永芳：《我国农村农田水利供给问题研究》，山东大学硕士论文，2008。

330. 任海军、胡伟、翟敏园、张翔：《非政府组织与农田水利设施参与式管理研究》，《宿州学院学报》2011 年第 10 期。

331. 戎立军：《水资源水权及其管理研究》，武汉大学硕士论文，2004。

332. 戎丽丽：《水权质量与水资源经济效率研究》，山东农业大学博士论文，2010。

333. 阮萌：《中国公共物品供给转型的路径研究》，南开大学博士论文，2009。

334. 阮守武：《公共选择理论及其应用研究》，中国科学技术大学博士论文，2007。

335. 陕西省财政厅：《大整合大投入带动小型农田水利大发展》，《中国财政》2010 年第 24 期。

336. 邵江婷：《基于社区发展的我国农业生态补偿法律问题研究——以湖北省为例》，华中农业大学硕士论文，2010。

337. 邵自平：《〈中华人民共和国水土保持法〉释义（四）》，《中国水利》2011 年第 9 期。

338. 沈满洪：《水权交易制度研究——中国的案例分析》，浙江大学博士论文，2004。

339. 沈满洪：《中国水资源安全保障体系构建》，《中国地质大学学报（社会科学版）》2006 年第 1 期。

340. 生效友：《农业水权转让中的农民权益保护机制研究——以内蒙古农业水权向工业用水转让为例》，中国农业科学院硕士论文，2007。

341. 石峰：《组织参与的力量性与缺失性替补——关中两大水利系统的历史与社会文化关联》，武汉大学博士论文，2005。

342. 时影：《论走出集体行动困境的第四种思维》，《辽宁行政学院学报》2008 年第 1 期。

343. 水利部发展研究中心“基层水利”调研组：《我国基层水利改革与发展调研报告》，《水利发展研究》2009 年第 7 期。

344. 宋超群：《山东省小型农田水利设施供给模式研究》，山东农业大学硕士论文，2011。

345. 宋洪远、吴仲斌：《盈利能力、社会资源介入与产权制度改革——基于小型农田水利设施建设与管理问题的研究》，《中国农村经济》2009年第3期。
346. 宋君：《农村公共物品供给的逻辑体系和框架分析》，《农业经济》2007年第7期。
347. 宋文献：《我国乡镇财政体制重构研究》，西北农林科技大学博士论文，2004。
348. 宋言奇：《社会资本与农村生态环境保护》，《人文杂志》2010年第1期。
349. 宋研、晏鹰：《农村合作组织与公共水资源供给——异质性视角下的社群集体行动问题》，《经济与管理研究》2011年第6期。
350. 孙才志、杨俊、王会：《面向小康社会的水资源安全保障体系研究》，《中国地质大学学报》2007年第1期。
351. 孙才志、张蕾、闫冬：《我国水资源安全影响因素与发展态势研究》，《水利经济》2008年第1期。
352. 孙健：《水资源保护制度的法律效率》，《经济导刊》2011年第5期。
353. 孙筠：《治理视野中的公共物品多元化供给机制研究》，山东大学硕士论文，2009。
354. 孙立国：《农田水利建设中关于农户参与灌溉管理的探讨》，《才智》2011年第14期。
355. 谭水平：《农村公共产品供给中农村民间组织的作用分析》《中国市场》2011年第28期。
356. 汤钧：《农田水利建设机制探析》，《农村经济与科技》2010年第12期。
357. 汤莉：《农业灌溉水价核算方法研究》，新疆农业大学硕士论文，2006。
358. 汤尚颖、宋胜帮：《基于和谐发展的流域综合管理体制改革研究》，《中国地质大学学报》2009年第4期。
359. 汤玉江、冯臻：《大型灌区水利管理体制和运行机制改革初探》，《水利科技与经济》2009年第7期。

360. 唐曲：《水权市场的构建与运行条件研究》，中国农业科学院硕士论文，2007。

361. 唐曙暇：《完善农业水资源管理机制方法探析》，《环境与可持续发展》2008 年第 5 期。

362. 唐伟群：《黄河水资源管理制度研究》，武汉大学博士论文，2004。

363. 陶勇：《中国地方政府行为企业化变迁的财政逻辑》，《上海财经大学学报》2011 年第 1 期。

364. 滕玉军：《中国水资源管理体制改革研究》，《宏观经济研究》2006 年第 6 期。

365. 滕月、王芳：《公共池塘资源的自选择治理安排》，《哈尔滨商业大学学报》2008 年第 2 期。

366. 田百民：《农村小型农田水利设施建设存在的问题及对策》，《科技向导》2011 年第 2 期。

367. 田圃德、张春玲：《我国农业用水水价分析》，《河海大学学报》2003 年第 3 期。

368. 田圃德：《水权制度与水权市场研究》，河海大学博士论文，2004。

369. 田先红、陈玲：《农田水利的三种模式比较及启示——以湖北省荆门市新贺泵站为例》，《南京农业大学学报》2012 年第 1 期。

370. 童洁、魏奇锋、李宏伟：《农田水利：从路径依赖走向路径创造》，《财经问题研究》2011 年第 10 期。

371. 万丽丽：《我国水权配置体制改革及农业水权的发展》，西南政法大学硕士论文），2006。

372. 汪斌：《基于项目治理理论的公益性水利工程专业化建设管理体制研究》，河海大学博士论文，2007。

373. 汪冰：《村庄水利中的农民合作——以 J 市 S 村“刘片承包”为例》，华中师范大学硕士论文，2004。

374. 汪国平：《农业水价改革的利益相关者博弈分析》，《科技通报》2011 年第 4 期。

375. 汪红梅：《我国农村社会资本变迁的经济分析》，华中科技大学博士论文，2008。

376. 汪杰贵、周生春：《构建农村公共服务农民自主组织供给制度——

基于乡村社会资本重构视角的研究》,《经济体制改革》2011年第2期。

377. 汪雅梅:《水资源短缺地区水市场调控模式研究与实证》,西南理工大学硕士论文,2007。

378. 王彬:《对中国水短缺问题的经济学分析》,复旦大学博士论文,2004。

379. 王大伟:《农村公共产品协同供给机制研究》,哈尔滨工业大学博士论文,2009。

380. 王德福:《着力解决农田水利建设的五大矛盾》,《中国国情国力》2011年第6期。

381. 王冠军、陈献、柳长顺、张秋平、戴向前:《新时期我国农田水利存在问题及发展对策》,《农村水利》2011年第5期。

382. 王桂宾:《农业用水权有偿转让理论及其应用研究》,华北水利水电学院硕士论文,2007。

383. 王国栋、张玉琨:《中央政府与地方政府的博弈分析》,《中国经贸导刊》2009年第15期。

384. 王海锋、张旺、庞靖鹏、范卓玮:《水资源费征收管理的现状与建议》,《价格月刊》2011年第8期。

385. 王慧琴、张彩虹、邹家红:《我国湿地资源保护的博弈分析》,《生态经济》2011年第2期。

386. 王建平:《新时期小型农田水利设施管理模式探讨》,《农业考古》2011年第6期。

387. 王金霞、徐志刚、黄季焜等:《水资源管理制度改革、农业生产与反贫困》,《经济学》2005年第1期。

388. 王婧:《中国北方地区节水农作制度研究》,沈阳农业大学博士论文,2009。

389. 王科:《论公民参与型公共管理模式及在中国的构建路径》,吉林大学博士论文,2010。

390. 王克强、刘红梅、黄智俊:《我国灌溉水价格形成机制的问题及对策》,《经济问题》2007年第1期。

391. 王克强、刘红梅:《建立精准的用水计量体系和累进的农业用水价格

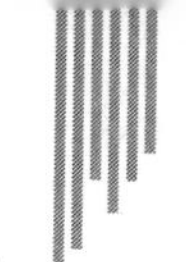

机制的调查研究》，《软科学》2010年第24期。

392. 王克强、刘红梅：《中国农业水权流转的制约因素分析》，《农业经济问题》2009年第10期。

393. 王磊：《公共产品供给主体选择与变迁的制度经济学分析——理论分析框架及在中国的应用》，山东大学博士论文，2008。

394. 王立志：《从价格构成探讨水资源管理模式》，《未来与发展》2006年第10期。

395. 王书军：《中国农村公共产品供给主体及其供给行为研究》，华中科技大学博士论文，2009。

396. 王万山：《自然资源混合市场机制及其优化研究——兼论中国自然资源混合市场建设》，浙江大学博士论文，2003。

397. 王炜：《水资源公允配置理论研究》，中国地质大学博士论文，2011。

398. 王霞丽：《西北地区农村水利基础设施的管护问题研究》，天津商业大学硕士论文，2011。

399. 王小明：《社会资本的经济分析》，复旦大学博士论文，2008。

400. 王晓莉，刘永功：《我国的灌溉管理体制变革及其评价》，《中国农村水利水电》2010年第5期。

401. 王学渊：《基于前沿面理论的农业水资源生产配置效率研究》，浙江大学博士论文，2008。

402. 王亚华：《中国灌溉管理面临的困境及出路》，《绿叶》2009年第12期。

403. 王艳：《流域水环境管理合作促进机制博弈分析》，《系统工程》2007年第8期。

404. 王洋：《新型农业社会化服务体系构建研究》，东北农业大学硕士论文，2010。

405. 王颖：《中国特色农村公共产品供给体制研究》，吉林大学博士论文，2011。

406. 王永财：《企业内生性环境治理的动机及其实现机制》，东北财经大学硕士论文，2007。

407. 王永莲：《我国农村公共产品供给机制研究》，西北大学博士论文，2009。

408. 王远坤：《水安全评价体系及其应用研究》，山东大学硕士论文，2006。

409. 王悦：《科学确定水资源价格是完善水资源市场的基石》，《技术经济》2005 年第 3 期。

410. 王志凌、魏聪：《公共池塘资源的治理之道——解读奥斯特罗姆的〈公共事物的治理之道〉》，《消费导刊》2008 年第 8 期。

411. 王资峰：《中国流域水环境管理体制研究》，中国人民大学博士论文，2010。

412. 卫晓明：《农村小型水利工程发展现状分析》，《山西建筑》2011 年第 7 期。

413. 魏丽丽、付强、张少坤：《水资源价值与价格研究进展》，《东北水利水电》2007 年第 1 期。

414. 文学容：《水权转让法律制度研究》，湖南大学硕士论文，2006。

415. 吴宏耀：《政策解读——2011 年中央一号文件为何锁定水利》，《以诗会友》2010 年第 23 期。

416. 吴华庆：《当前小型农田水利工程管理中存在的问题及对策》，《民营科技》2011 年第 5 期。

417. 吴俊培、卢洪友：《公共品的“公”、“私”供给效率制度安排——理论假说》，《经济评论》2004 年第 4 期。

418. 吴楠：《我国流域管理立法研究——体制创新与法制化》，西北民族大学硕士论文，2010。

419. 吴寿宝：《水价格体系及其在水资源优化配置中的作用》，《治淮》2008 年第 10 期。

420. 吴文静：《水市场的培育途径研究》，河海大学硕士论文，2004。

421. 吴雅丽：《完善我国水资源管理体制的法律思考》，重庆大学硕士论文，2008。

422. 吴志军：《试论 1957 年冬、1958 年春农田水利建设运动》，《北京党史》2006 年第 1 期

423. 武华光：《山东省灌溉水资源利用管理研究》，山东农业大学博士论文，2006。

424. 奚欢：《我国水资源可持续利用法律制度研究》，西南政法大学硕士论

文，2005。

425. 席恒：《公共物品多元供给机制：一个公共管理的视角》，《人文杂志》2005 年第 3 期。

426. 夏军、朱一中：《水资源安全的度量：水资源承载力的研究与挑战》，《自然资源学报》2002 年第 3 期。

427. 夏铭君、姜文来：《基于流域粮食安全的农业水资源阈值研究》，《农业现代化研究》2007 年第 2 期。

428. 肖俊：《江西省水资源安全评价》，长沙理工大学硕士论文，2008。

429. 肖融、于薇：《国外水资源保护立法对我国农业水资源保护立法的启示》，《法治与社会》2011 年第 12 期。

430. 肖卫：《有限理性、契约与集体行动：中国农民合作的产生与效率研究》，湖南农业大学博士论文，2011。

431. 谢丁：《我国农田水利政策变迁的政治学分析：1949～1957》，华中师范大学硕士论文，2006。

432. 谢元鉴：《构建中小型水利设施农民参与式管理体制研究——以水库、灌区工程为例》，厦门大学硕士论文，2006。

433. 辛晨：《我国社区自然资源保护法律问题研究——以湖北省为例》，华中农业大学硕士论文，2009。

434. 邢成举：《农田水利：体制改革与组织合作的断裂》，《周口师范学院学报》2010 年第 7 期。

435. 幸丽娟、田双亮：《基于博弈视角的农村公共物品自愿供给研究》，《经营者管理》2010 年第 13 期。

436. 熊晓青：《我国水资源保护法律制度研究》，《现代商贸工业》2011 年第 1 期。

437. 徐成波、王薇、温立萍：《小型农田水利工程运行管护中的主要问题和建议》，《中国水利》2011 年第 7 期。

438. 徐成波、赵健、王薇：《农民用水户协会建设经验与体会》，《中国水利》2008 年第 7 期。

439. 徐海燕：《论节水型社会视野下的农业水权制度构建——以甘肃张掖为例》，兰州大学硕士论文，2009。

440. 徐晗宇：《我国水资源管理体制研究》，东北林业大学硕士论文，2005。
441. 徐向阳：《灌溉节水激励模型研究》，中南大学博士论文，2009。
442. 徐晓鹏，武春友：《水资源价格理论研究综述》，《甘肃社会科学》2005年第3期。
443. 许长新、马超：《我国农民用水权益保障：理论框架及政策选择》，《农村现代化》2011年第3期。
444. 许奕辉：《广东省水资源费改革研究》，暨南大学硕士论文，2011。
445. 薛莉：《农业生产用水的供应体系与运行机制研究》，山东农业大学硕士论文，2005。
446. 薛玉洁：《农民用水者协会若干法律问题研究——以张掖黑河灌区为例》，兰州大学硕士论文，2009。
447. 严新明、童星：《市场失灵和政府失灵的两种表现及民间组织应对的研究》，《中国行政管理》2010年第11期。
448. 闫留义：《中国县级政府公共产品供给问题研究》，天津师范大学硕士论文，2009。
449. 闫越：《我国公共服务供给的体制机制问题研究》，吉林大学博士论文，2008。
450. 晏鹰、朱宪辰、宋妍、高岳：《社区共享资源合作供给的信任博弈模型》，《技术经济》2008年第8期。
451. 杨斌：《农业水价改革与农民承受能力研究》，《价格月刊》2007年第12期。
452. 杨大楷、汪若君：《基于水资源需求管理的农村水价制定》，《新会计》2011年第3期。
453. 杨海芳：《我国现行〈水法〉的新发展》，《江西社会科学》2005年第4期。
454. 杨平富、李赵琴、丁俊芝：《农业用水超定额累进加价制度探讨》，《节水灌溉》2005年第3期。
455. 杨秦霞：《农村公共服务变迁研究——以Y村为个案》，四川省社会科学院研究生院硕士论文，2010。
456. 杨朔：《当代中国农田水利建设变迁研究》，西北农林科技大学硕士论文，2008。

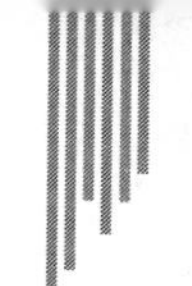

457. 杨婷：《山东省水资源管理体制研究》，山东大学硕士论文，2008。

458. 杨晓萍：《农业投入中政府与农户的博弈分析》，《重庆交通学院学报》2005 年第 12 期。

459. 杨雪锋：《循环经济的运行机制研究》，华中科技大学博士论文，2006。

460. 杨艳：《新型农村合作医疗利益相关主体行为博弈分析》，《经济研究导刊》2009 年第 26 期。

461. 杨毅：《我国城乡基本公共服务协同体制研究》，华中师范大学博士论文，2008。

462. 杨永华：《对我国农田水利建设滞后的原因透视及立法思考》，《农业经济》2011 年第 1 期。

463. 杨宇、马友华：《论我国水资源的多主体共同治理》，《华北电力大学学报》2011 年第 1 期。

464. 杨占宏：《对小型水利工程管理使用权改革的调查与思考》，《科技信息》2010 年第 2 期。

465. 姚迈新：《公共治理的理论基础：政府、市场与社会的三边互动》，《陕西行政学院学报》2010 年第 1 期。

466. 叶璠：《农民用水户协会组织形式探索》，《中国水利》2008 年第 5 期。

467. 叶全胜：《东江源饮用水源地保护区法律机制构建》，昆明理工大学硕士论文，2007。

468. 叶正伟：《我国农业水资源安全与农村水利调整战略探讨》，《农业经济》2003 年第 10 期。

469. 尹成波：《农村排涝的“囚徒困境”及反思》，《管理现代化》2010 年第 6 期。

470. 尹彦芳：《水资源物权研究》，兰州大学硕士论文，2010。

471. 于洪涛：《跨流域调水定价与调整机制研究》，郑州大学博士论文，2010。

472. 于印辉：《我国农村公共产品供给问题研究》，东北财经大学博士论文，2010。

473. 余利丰：《农田水利基础设施建设与农业发展关系研究》，华中科技大学硕士论文，2006。
474. 余梦秋、陈家泽：《水资源产权重构的逻辑思路与实施对策》，《农村经济》2009年第8期。
475. 郁建兴、高翔：《农业农村发展中的政府与市场、社会：一个分析框架》，《中国社会科学》2009年第6期。
476. 袁明松：《论新〈水法〉流域管理体制的缺陷及完善》，《广西政法管理干部学院学报》2004年第1期。
477. 曾畅云：《水环境安全及其指标体系研究——以北京市为例》，首都师范大学硕士论文，2004。
478. 曾桂华：《农民用水协会参与灌溉管理的研究——以山东省为例》，山东大学硕士论文，2010。
479. 曾莉：《政府供给农村公共物品的行为选择》，《商业时代》2008年第10期。
480. 曾庆庆：《基于流域统一管理的地方政府合作研究》，上海交通大学硕士论文，2010。
481. 曾文忠：《我国水资源管理体制存在的问题及其完善》，苏州大学硕士论文，2010。
482. 张艾平：《1949～1965年河南农田水利评析》，河南大学硕士论文，2007。
483. 张炳淳：《我国当代水法治的历史变迁和发展趋势》，《法学评论》2011年第2期。
484. 张超、吴春梅：《民间组织参与农村公共服务的激励——委托代理视角》，《经济与管理研究》2011年第7期。
485. 张超、张益、孙超：《试论流域水资源统一管理体制的构建》，《新西部》2011年第24期。
486. 张戈跃：《我国农村饮用水源保护法律制度研究》，中国政法大学硕士论文，2010。
487. 张国芳：《社会资本视野中的村庄治理》，浙江大学博士论文，2009。
488. 张紧跟、唐玉亮：《流域治理中的政府间环境协作机制研究——以小东江治理为例》，《公共管理学报》2007年第3期。
489. 张进华：《我国农田水利政策变迁及其绩效研究》，西南政法大学硕士

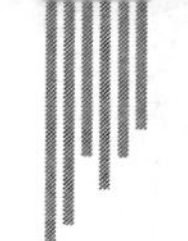

论文，2010。
490. 张景华：《自然资源产权制度创新：自治组织自主治理的视角》，《哈尔滨商业大学学报》2010年第3期。
491. 张磊、赵志青：《水资源费征收管理的现状与建议》，《吉林农业》2010年第10期。
492. 张丽娟：《地下水市场的发育及其决定因素研究——北方地区的实证研究》，沈阳农业大学硕士论文，2005。
493. 张利平、夏军、胡志芳：《中国水资源状况与水资源安全问题分析》，《长江流域资源与环境》2009年第2期。
494. 张龙：《水权相关法律问题研究》，山东大学硕士论文，2009。
495. 张宁：《农村小型水利工程农户参与式管理及效率研究——以浙江省为例的实证分析》，浙江大学博士论文，2007。
496. 张谦元、梁海燕：《西北地区农业节水实践与立法完善》，《中国水利》2010年第10期。
497. 张全红：《我国小型农田水利设施治理制度分析》，《农业经济》2006年第10期。
498. 张三：《可再生自然资源的社区管理研究》，中国社会科学院博士论文，2002。
499. 张素君：《水安全的理论分析及立法探讨》，《法制与社会》2008年第10期。
500. 张素珍：《水资源系统及其概念模型的构建》，《安徽农业科学》2008年第34期。
501. 张翔、夏军、贾绍凤：《水安全定义及其评价指数的应用》，《资源科学》2005年第3期。
502. 张晓岚、刘昌明、高媛媛、王红瑞：《水资源安全若干问题研究》，《中国农村水利水电》2011年第1期。
503. 张晓清：《农民用水协会在灌区农村发展中的作用分析——以河套灌区农民用水协会为例》，东北财经大学硕士论文，2010。
504. 张鑫、王家辰：《农田水利设施建设中村社力量不足的研究——基于利益相关者的视角》，《改革与战略》2012年第2期。
505. 张艳：《灌区基层管理体制改革之思考》，《经济论坛》2010年第

6 期。

506. 张燕林：《中国未来粮食安全研究——基于虚拟耕地进口视角》，西南财经大学博士论文，2010。
507. 张毅婷：《我国地下水资源保护立法问题研究》，河海大学博士论文，2007。
508. 张运华：《南方季节性缺水灌区管理制度研究——以江西省鹰潭市白塔渠灌区为例》，南京农业大学博士论文，2005。
509. 张泽：《国际水资源安全问题研究》，中共中央党校博士论文，2009。
510. 张振华：《集体选择的困境及其在公共池塘资源治理中的克服——印第安纳学派的多中心自主治理理论述评》，《政治学研究》2010 年第 2 期。
511. 张振武：《论农业水资源管理的几个转变》，《科技创新导报》2008 年第 16 期。
512. 张忠宇：《我国环境可持续利用的机制设计研究》，吉林大学博士论文，2010。
513. 赵江燕：《国内农业灌溉水价研究综述》，《甘肃农业科技》2006 年第 4 期。
514. 赵立飞、刘颖：《农业水资源紧缺对我国粮食安全的影响分析》，《北方经济》2010 年第 10 期。
515. 赵立娟：《农民用水者协会形成及其有效运行的经济分析——基于内蒙古世行三期灌溉项目区的案例分析》，内蒙古农业大学博士论文，2009。
516. 赵连阁：《灌区水价提升的经济、社会和环境效果——基于辽宁省的分析》，《中国农村经济》2006 年第 12 期。
517. 赵珊、齐兴利：《组织制度改革对农业水利基础设施运行的影响分析——以陡山农业水利基础设施为例》，《农村经济》2012 年第 3 期。
518. 赵亚洲：《我国水资源流域管理与区域管理相结合体制研究》，东北师范大学硕士论文，2009。
519. 赵永刚、何爱平：《农村合作组织、集体行动和公共水资源的供给——社会资本视角下的渭河流域农民用水者协会绩效分析》，《重庆

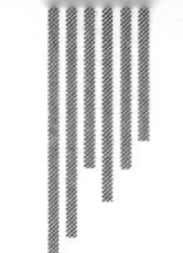

工商大学学报》2007 年第 2 期。
520. 郑芳：《水资源安全理论和保障机制研究》，山东农业大学硕士论文，2007。
521. 郑芳：《水资源管理制度变迁的经济学分析》，《中国农村水利水电》2007 年第 4 期。
522. 郑风田：《加强农田水利建设刻不容缓——今年中央一号文件为何定位农田水利建设》，《价格理论与实践》2011 年第 1 期。
523. 郑通汉：《论水资源安全与水资源安全预警》，《中国水利》2003 年第 6 期。
524. 郑玉清：《农田水利基础设施投资问题研究——以山东省微山县为例》，山东农业大学硕士论文，2010。
525. 周海炜、范从林、陈岩：《流域水污染防治中的水资源网络组织及其治理》，《水利水电科技进展》2010 年第 4 期。
526. 周红云：《村级治理中的社会资本因素分析——对山东 C 县和湖北 G 市等地若干村落的实证研究》，清华大学博士论文，2004。
527. 周洪文、张应良：《农田水利建设视野的社区公共产品供给制度创新》[J]，《改革》2012 年第 1 期。
528. 周杰：《农村水利参与式管理机制研究——以浙江省诸暨市水利会为例》，浙江大学硕士论文，2007。
529. 周晓平：《小型农田水利工程治理制度与治理模式研究》，河海大学博士论文，2007。
530. 周妍：《水资源定价研究》，天津大学硕士论文，2007。
531. 周宜军：《常熟市农村小型水利工程管理体制改革研究》，上海交通大学硕士论文，2008。
532. 周玉玺、葛颜祥：《水权交易制度绩效分析》，《中国人口·资源与环境》2006 年第 4 期。
533. 周玉玺、胡继连、周霞：《基于长期合作博弈的农村小流域灌溉组织制度研究》，《水利发展研究》2002 年第 5 期。
534. 周玉玺、胡继连：《基于水资源外部性特征的配置制度安排研究》，《山东科技大学学报》2002 年第 1 期。
535. 周玉玺：《水资源管理制度创新与政策选择研究》，山东农业大学博士论文，2005。

536. 朱红根、翁贞林、康兰媛：《农户参与农田水利建设意愿影响因素的理论与实证分析——基于江西省619户种粮大户的微观调查数据》，《自然资源学报》2010年第4期。

537. 朱宏启：《二十世纪华北农具、水井的社会经济透视》，南京农业大学博士论文，2004。

538. 朱建国：《我国农业环境资源管理立法现状与动态综述》，《中国农业资源与区划》2004年第1期。

539. 朱杰敏、张玲：《农业灌区水价政策及其对节水的影响》，《中国农村水利水电》2007年第11期。

540. 朱妮娜：《农田水利设施维护的地方政府管理困境及对策》，湖南师范大学硕士论文，2011。

541. 祝丽花：《乡村集体行动的产生逻辑》，华中师范大学硕士论文，2009。

542. Bricenoc A, Estche N, Shafik. Infrastructure Services in Developing Countries; Access, Quality, Costs and Policy Reform. The World Bank, 2004.

543. Easterly. W, L. Serven. *The Limits of Stabilization*. Stanford: Stanford University Press, 2003.

544. Freeman, R. E. Strategic *Management: Stakeholder Approach*. Pitman, Boston, 2004.

545. Hu, B. D. Estimation of Chinese Agricultural Production Efficiencies with Panel Data . *Mathematics and Computers in Simulation*, 2005.

社会科学文献出版社网站

www.ssap.com.cn

1. 查询最新图书　　2. 分类查询各学科图书

3. 查询新闻发布会、学术研讨会的相关消息

4. 注册会员，网上购书，分享交流

本社网站是一个分享、互动交流的平台，“读者服务”、“作者服务”、“经销商专区”、“图书馆服务”和“网上直播”等为广大读者、作者、经销商、馆配商和媒体提供了最充分的互动交流空间。

“读者俱乐部”实行会员制管理，不同级别会员享受不同的购书优惠（最低 7.5 折），会员购书同时还享受积分赠送、购书免邮费等待遇。“读者俱乐部”将不定期从注册的会员或者反馈信息的读者中抽出一部分幸运读者，免费赠送我社出版的新书或者数字出版物等产品。

“网上书城”拥有纸书、电子书、光盘和数据库等多种形式的产品，为受众提供最权威、最全面的产品出版信息。书城不定期推出部分特惠产品。

咨询/邮购电话：010-59367028　　邮箱：duzhe@ssap.cn

网站支持（销售）联系电话：010-59367070　　QQ：1265056568　　邮箱：service@ssap.cn

邮购地址：北京市西城区北三环中路甲 29 号院 3 号楼华龙大厦　社科文献出版社　学术传播中心　邮编：100029

银行户名：社会科学文献出版社发行部　　开户银行：中国工商银行北京北太平庄支行　　账号：0200010009200367306

图书在版编目（CIP）数据

中国农业水资源安全管理／高明著．—北京：社会科学文献出版社，2012．12
（福建省社会科学规划项目博士文库）
ISBN 978－7－5097－3752－1

Ⅰ．①中…　Ⅱ．①高…　Ⅲ．①农业资源－水资源－安全管理－研究－中国　Ⅳ．①S279．2

中国版本图书馆 CIP 数据核字（2012）第 218199 号

·福建省社会科学规划项目博士文库·
中国农业水资源安全管理

著　　者／高　明

出 版 人／谢寿光
出 版 者／社会科学文献出版社
地　　址／北京市西城区北三环中路甲 29 号院 3 号楼华龙大厦
邮政编码／100029

责任部门／社会政法分社（010）59367156　　责任编辑／赵慧英　关晶焱
电子信箱／shekebu@ssap.cn　　责任校对／曹艳浏
项目统筹／王　绯　　责任印制／岳　阳
经　　销／社会科学文献出版社市场营销中心（010）59367081　59367089
读者服务／读者服务中心（010）59367028

印　　装／三河市尚艺印装有限公司
开　　本／787mm×1092mm　1/16　　印　　张／20
版　　次／2012 年 12 月第 1 版　　字　　数／325 千字
印　　次／2012 年 12 月第 1 次印刷
书　　号／ISBN 978－7－5097－3752－1
定　　价／59．00 元